城市生态
规划、修复与管理
——以广州市增城区为例

李 锋 王 东 廖绮晶 等编著

U0376439

中国建筑工业出版社

审图号：粤AS（2021）023号

图书在版编目（CIP）数据

城市生态规划、修复与管理：以广州市增城区为例／
李锋等编著．—北京：中国建筑工业出版社，2021.11
ISBN 978-7-112-26760-6

Ⅰ．①城… Ⅱ．①李… Ⅲ．①城市环境—生态环境—
环境规划—广州②生态城市—城市建设—广州 Ⅳ.
①X321

中国版本图书馆CIP数据核字（2021）第211082号

　　本书在作者多年城市生态规划、修复和管理研究基础上，运用多学科综合方法，综合考虑国家生态文明战略和广东省地方发展需求，借鉴国内外城市化与低碳生态城市研究理论与实践，在对广州市增城区优势、劣势、机遇和挑战分析的基础上，针对存在的问题，对增城区低碳生态城市的发展战略与建设框架、生态经济功能区划与分区发展导引、城市生态控制规划与空间管制导引、产业生态转型与低碳经济建设、生态基础设施网络规划、河流生态修复规划、重点工程建设、生态管理和能力建设等方面进行了系统而深入的研究，并提出了适合当地发展的实施政策建议。本书对城市生态、环境、经济、社会、国土空间规划、生态修复、城乡建设管理领域及相关专业的科研人员、管理人员、领导干部和高等院校师生等具有重要的参考价值。

责任编辑：杜　洁
书籍设计：锋尚设计
责任校对：王　烨

城市生态规划、修复与管理——以广州市增城区为例
李　锋　王　东　廖绮晶　等编著
*
中国建筑工业出版社出版、发行（北京海淀三里河路9号）
各地新华书店、建筑书店经销
北京锋尚制版有限公司制版
北京富诚彩色印刷有限公司印刷
*
开本：850毫米×1168毫米　1/16　印张：15½　字数：347千字
2022年5月第一版　　2022年5月第一次印刷
定价：**149.00**元
ISBN 978-7-112-26760-6
　　（38502）

编委会

前　言

　　环境与发展是国际社会普遍关注的重大问题，生态安全已成为国家安全的重要组成部分。快速的城市化和强烈的人类活动正在改变我们赖以生存的地球环境。据联合国预测，到2050年，世界上将有70%的人口居住在城市。城市化促进了社会经济的高速发展，同时也带来了许多严重的生态环境问题，如资源短缺、生物多样性锐减、洪涝灾害、热岛效应、温室效应、大气污染、水体污染、噪声污染等，从而引起公共健康和社会经济等方面的问题。随着城市化进程的加速和城市环境问题的加剧，人们越来越认识到城市生态规划、修复与管理对城市生态系统健康和可持续发展的重要意义。

　　党的十八大以来，在生态文明思想指导下，城市生态规划、修复与管理方法和政策的研究、探索与实践日益得到重视。城市是以人类活动为中心的社会—经济—自然复合生态系统。生态系统服务是当前城市生态系统研究的前沿热点。近年来频发的城市洪涝灾害和大气污染等问题使得越来越多的人认识到：城市除了有市政设施以外，还要有生态基础设施，需要充分发挥城市及区域的生态系统服务，为实现可持续发展构筑坚实的保障。

　　"十四五"规划和2035年远景目标纲要系统阐述了面向新时代高质量发展的新型城镇化总体部署，特大城市周边县（区）的生态化和绿色统筹发展将对实现城市群、都市圈的高质量发展起到关键作用。具体体现在以下方面：

　　一是承接农业转移人口市民化。在城镇基本公共服务常住人口全覆盖，实现农业转移人口全面融入城市过程中发挥重要载体作用。

　　二是作为城镇化空间格局的重要支点和纽带。大城市群和都市圈的壮大，将引导大中小城市发展方向和建设重点，形成疏密有致、分工协作、功能完善的城镇化空间格局。县域地区则要在推进公共服务、环境卫生、市政公用、产业配套等设施提级扩能，加快补齐公共卫生防控救治、垃圾无害化资源化处理、污水收集处理、排水管网建设、老旧小区改造等领域补足短板弱项，增强综合承载能力和治理能力。

　　三是塑造高品质的城乡品质。要按照资源环境承载能力，以水定人、以水定地，合理确定城市规模和空间结构，统筹安排城市建设、产业发展、生态涵养、基础设施和公共服务。同时还应当提升城市智慧化水平，推进生态修复和功能完善工程，建设低碳城市。

　　广州市高度重视生态规划和绿色发展转型的创新实践，在广州市、增城区有关部门、领导的支持下，自2013年起，我们持续以增城区为样本和示范，开展县（区）域的低碳城市生态规划与建设研究与实践，后期也获得了国家重点研发计划课题《珠三角城市群生态景观重建与受损生态空间修复技术（2016YFC0502804）》的支持，将增城区作为课题组长期的研究和示范基地。

　　广州市增城区是广州市市辖区，位于广东省中东部、广州市东部、珠江三角洲东北部。增城区地处粤港澳大湾区核心区域，具有"多城辐射效应"，是广州市"东进"战略的主要实施地，也是广州通往东莞、深圳、香港和粤东各地的交通咽喉。增城区文化底蕴深厚，是全国城乡融合发展试验区，其北部自然生态优美、中部宜居城市建设和县（区）域综合服务体系完备、南部依托珠三角东岸区位优势形成现代化的制造和商贸物流产业集群。我们认为，增城区可作为我国中等城市和南方特大城市周边县（区）域发展的典型代表，在这里持续开展的系列研究和创新实践，可作为一个范例，为全国低碳城市和绿色发展提供参考与借鉴。

本书主要内容是课题组2013—2015年以特大城市周边县（区）域低碳绿色发展为背景，开展的生态规划与管理政策研究成果。主要包括：（1）开展增城区低碳生态城市建设的基础条件调查与现状评价，结合增城区的生态区位、城市发展水平等特征，确定增城区生态城市建设的总体战略目标和发展定位，开展顶层战略规划与设计；（2）结合增城区城市定位以及生态环境演变情况，识别限制增城区可持续发展的关键问题，确定增城区低碳生态发展总体战略、目标和关键领域，提出增城区低碳生态发展战略和空间发展指引；（3）以生态城市规划建设领域的公共政策为平台，结合生态规划控制体系、生态基础设施网络及重点生态工程、低碳生态产业、河流廊道的生态修复等专项研究，以及相关示范项目，探索城镇化进程中生态文明建设统筹推进机制；（4）总结和借鉴国内外现有低碳生态城市发展的模式、经验与政策，结合增城区城市发展阶段、城乡规划管理体制以及低碳生态城市建设理念与技术方法，提出有效的公共政策和创新现行的管理制度，并跟踪政策实施效果，提出相关政策建议。此次将相关成果整理出版，旨在展示落实生态文明思想，践行绿色发展模式的方法论和若干技术与管理模式创新。为准确表达有关研究和评估结果，书中各项主要数据仍沿用当时研究的数据和资料，并注明年份。

本书得到了广州市有关规划研究项目和国家重点研发计划课题《珠三角城市群生态景观重建与受损生态空间修复技术（2016YFC0502804）》的资助。

本书主要编写人员有李锋、王东、郭昊羽、廖绮晶、黄鼎曦、李晓晖、贾举杰、张迪瀚、刘红晓、徐翀琦、高洁、郑善文、杨琰瑛、郜慧、朱恒榛、孙晓、张泽阳、周岱霖、吴丽娟、刘涛、吴婕等。贾举杰、刘红晓、徐翀琦、高洁、郑善文、杨琰瑛、李晓晖等作为章节主要参加人员做了大量研究工作。贾举杰为书籍的校对工作作出了贡献。感谢项目组各位成员的积极参与和帮助。感谢本书完成过程中所用到的参考文献的作者们。

感谢清华大学建筑学院、中国科学院生态环境研究中心、广州市规划局（现为广州市规划和自然资源局）、广州市城市规划勘测设计研究院、广州市增城区规划局（现为广州市规划和自然资源局增城区分局）等单位的相关部门在研究工作期间给予的热情帮助与支持。

感谢清华大学建筑学院景观学系系主任杨锐教授的大力支持和帮助！

感谢中国建筑工业出版社杜洁主任和张杭编辑对本书出版所给予的积极帮助。

本书力求立足学科前沿，遵从理论、方法与实践并重的原则。但由于时间、精力和专业知识水平有限和受技术数据的限制，本书可能存在不足之处，衷心期望学术界、企业界、政府部门的前辈、专家、学者、领导以及关心本研究领域的同行们提出宝贵的批评意见和建议；同时，也殷切希望本书的出版能引起各界有关人士对低碳城市生态规划、修复和管理研究的更大关注和兴趣。

李锋

2021年8月，清华园

目　录

前　言

1　生态文明引领城市绿色转型　　　　　　　　　　　　1

1.1　研究背景与起源　　　　　　　　　　　　　　　2
1.2　相关研究进展　　　　　　　　　　　　　　　　3
1.3　研究方法与技术路线　　　　　　　　　　　　　6

2　增城区区域概况与系统辨识　　　　　　　　　　　9

2.1　生态区位与生态本底　　　　　　　　　　　　　10
2.2　复合生态系统辨识与评价　　　　　　　　　　　15
2.3　低碳生态城市建设的SWOT分析　　　　　　　　33

3　低碳生态城市评价指标体系　　　　　　　　　　　39

3.1　构建原则和参考指标体系　　　　　　　　　　　40
3.2　指标体系　　　　　　　　　　　　　　　　　　41
3.3　方法和数据　　　　　　　　　　　　　　　　　52
3.4　结果分析　　　　　　　　　　　　　　　　　　54
3.5　讨论与结论　　　　　　　　　　　　　　　　　57

4　生态经济功能区划与分区发展导引　　　　　　　　59

4.1　区划目标　　　　　　　　　　　　　　　　　　60
4.2　区划指导思想　　　　　　　　　　　　　　　　60
4.3　区划原则　　　　　　　　　　　　　　　　　　61
4.4　区划方法　　　　　　　　　　　　　　　　　　63
4.5　区划内容与方案　　　　　　　　　　　　　　　63
4.6　分区发展导引　　　　　　　　　　　　　　　　77

4.7 空间优化对策 81

5 生态控制规划体系 85

5.1 规划背景 86
5.2 生态控制规划方法 86
5.3 生态控制规划体系 87
5.4 不同尺度城市生态控制规划 89

6 生态基础设施体系及重点生态工程 97

6.1 生态基础设施体系构建 98
6.2 生态基础设施规划与建设 107
6.3 重点生态工程建设 131

7 低碳生态产业 155

7.1 产业生态文明 156
7.2 产业生态转型与发展目标 157
7.3 重点生态产业发展与新兴产业培育 161
7.4 重点生态产业园建设与管理 169

8 碳排放核算与土地利用优化 173

8.1 研究方法与数据来源 174
8.2 碳排放清单的制定 175
8.3 土地利用变化与城市碳排放关联性分析 182
8.4 基于碳减排的土地利用优化方案 185

9 河流廊道的生态修复 191

9.1 河流廊道及其特点 193
9.2 河流廊道现状分析 196
9.3 生态修复目标与方法 201
9.4 城乡结合部生态修复策略 202
9.5 城市建成区生态修复策略 207
9.6 生态敏感区生态修复策略 209
9.7 生态修复规划实施途径 210

10 生态管理对策与政策建议 215

10.1 加强组织领导，统一协调推进 216
10.2 建立预防为主，治理为辅的生态城市管理理念 217
10.3 生态资产与生态服务监管体系 217
10.4 建立生态文明绩效考核机制 219
10.5 建立生态城市信息管理系统 220
10.6 完善生态城市产业发展对策 221
10.7 完善生态系统补偿机制 223
10.8 高度重视人文精神对生态城市建设的作用 224
10.9 提倡绿色低碳的生产生活消费模式 226
10.10 完善公众参与生态城市管理的制度 227
10.11 综合：构建技术革新、体制创新、行为引导的复合生态管理模式 228

参考文献 231

1

生态文明
引领城市绿色转型

1.1
研究背景与起源

1.1.1　生态文明引领的城镇化新要求

　　生态环境保护和经济发展是辩证统一、相辅相成的，建设生态文明、推动绿色低碳循环发展，不仅可以满足人民日益增长的优美生态环境需要，而且可以推动实现更高质量、更有效率、更加公平、更可持续、更为安全的发展，走出一条生产发展、生活富裕、生态良好的文明发展道路。当前，我国生态文明建设进入了以降碳为重点战略方向、推动减污降碳协同增效、促进经济社会发展全面绿色转型、实现生态环境质量改善由量变到质变的关键时期。

　　我们要完整、准确、全面贯彻新发展理念，保持战略定力，站在人与自然和谐共生的高度来谋划经济社会发展，坚持节约资源和保护环境的基本国策，坚持节约优先、保护优先、自然恢复为主的方针，形成节约资源和保护环境的空间格局、产业结构、生产方式、生活方式，统筹污染治理、生态保护、应对气候变化，促进生态环境持续改善，努力建设人与自然和谐共生的现代化。

　　新型城镇化就是要改变原来的以牺牲资源环境来获取高增长率的发展模式，走人与自然协调发展的道路。在人口不断向城镇集聚的过程中，既要注重提高居民的生活质量和幸福指数，更要考虑城镇的资源承载能力和生态环境压力，协调人口、资源、环境与经济发展的关系，实现城镇的可持续发展。生态文明建设与新型城镇化的目标是一致的，都是要实现人与自然和谐相处，促进经济的可持续发展，新型城镇化建设过程就是在践行生态文明理念，二者相辅相成相互促进。

1.1.2　广州市增城区低碳生态规划建设管理的代表性

　　"十四五"规划和2035年远景目标纲要提出，"坚持走中国特色新型城镇化道路，深入推进以人为核心的新型城镇化战略，以城市群、都市圈为依托促进大中小城市和小城镇协调联动、特色化发展，使更多人民群众享有更高品质的城市生活""统筹兼顾经济、生活、生态、安全等多元需要，转变超大特大城市开发建设方式，坚持产城融合，完善郊区新城功能，实现多中心、组团式发展""加快县城补短板强弱项，推进公共服务、环境卫生、市政公用、产业配套等设施提级扩能，增强综合承载能力和治理能力"。

近10年，广东省和广州市在国家各有关部委的支持和指导下，大力推动了规划创新转型、加强城市基础设施建设、实施绿色建筑行动计划、改革创新体制机制等领域城市低碳生态建设实践，积极探索以规划为统领，走集约、智能、绿色和低碳的城市化道路，探索适应区域和城乡协调发展的空间策略，构建大中小城市和小城镇协调发展，多中心、网络化的空间格局，以及组团式、紧凑型城市空间形态，同时以珠三角城市群的若干市、县（区）为试点，逐步健全从规划编制到实施全过程的低碳生态城市建设管理机制。

广州市增城区是广州市市辖区，位于广东省中东部、广州市东部、珠江三角洲东北部。增城区地处粤港澳大湾区核心区域，具有"多城辐射效应"，是广州市"东进"战略的主要实施地，也是广州通往东莞、深圳、香港和粤东各地的交通咽喉。增城区文化底蕴深厚，是全国城乡融合发展试验区，其北部自然生态优美、中部宜居城市建设和县（区）域综合服务体系完备、南部依托珠三角东岸区位优势形成现代化的制造和商贸物流产业集群。课题组自2013年起，持续深度参与了增城低碳生态规划建设管理的规划策划、技术集成和体制机制研究工作。

面向新时代高质量发展要求，以增城区为代表的特大城市周边县（区）的生态化和绿色统筹发展将对实现城市群、都市圈的高质量发展起到关键作用。一方面增城区是粤港澳大湾区世界级城镇群的一个重要县域节点，另一方面又同时在北、中、南三个地带分别具备生态保护、城镇发展和产业发展三类代表性生态规划建设管理路径。据此我们认为增城的探索与实践，可以作为一个典型案例。

1.2
相关研究进展

1.2.1　生态文明理念

生态文明是物质文明与精神文明在社会关系上的具体体现，是人类在生存发展过程中，在认识事物发展的客观规律下，既保持人、自然、社会三者的和谐共处、协调发展，又积极完善上述三者的相互关系，从而获得人类社会的可持续、稳定、健康发展的文明，其核心是"人与自然协调发展"。生态文明作为人类文明的一种形态，具有极其丰富的内涵，体现了人与自然的和谐关系，是现代人类文明的重要组成部分，也与时代发展紧密相连。

生态文明理念的产生及发展是随着对发展与环境关系认识的飞跃逐步发展而来的，生态文明的建设应该注重人与自然的和谐统一的辩证关系，肯定环境资源在经济体系中的价值，突出国土空间异质性客观属性。王如松认为生态文明是人类在实践过程中的物质生产、消费方式、价值观念、资源开发、环境影响等的总和，是认知文明、物态文明、体制文明和心态文明的综合。目前，生态文明理念已被广泛应用于环境司法、政府职能、生态城市建设等众多领域。生态城市建设作为落实生态文明理念的重要举措和重要空间载体，它同生态文明在内涵上具有一致性，也是追求人与自然、人与人以及人与社会的和谐，可以说生态城市是生态文明发展到一定阶段的产物。

1.2.2　城市生态管理的概念和内涵

城市是一类社会—经济—自然复合生态系统，其对自然资源的开发、人口资源的调配与生态环境的发展都会产生影响。20世纪六七十年代，针对城市生态环境的末端治理与生态破坏的应急环境管理催生了现代城市生态管理，联合国教科文组织所发起的"人与生物圈（MAB）"计划也与建设一个社会和谐、经济高效、生态宜居的人与自然、城市有机融合的现代城市复合生态系统的目标相合。城市生态管理是为实现生存环境可持续发展的管理方式，对经济与社会发展具有协调、平衡的重要作用。从本质上看，城市生态管理是在衡量地区生态系统承载力的基础上实施的城市管理，其目标是为了实现生态的平衡、打造宜居的环境、维持城市的可持续发展；此外，城市生态管理本身就具有一定的复合性，其管理是从社会、经济、自然相互作用、相互制约的系统入手，达到物质、能量、信息的高效利用；城市生态管理强调以生态资产、生态代谢、生态服务为范畴，生态卫生、生态安全、生态景观、生态产业、生态文化等多层面，区域、产业、人居等多维的系统管理和能力建设。

在中国经济、社会转型的当前阶段，如何实现城市经济和社会发展同生态环境建设的有机协调统一，成为城市化过程中亟待解决的重要问题。我国各级党委、政府日益重视生态文明与城市建设的紧密结合，这要求在加紧中国城市化的同时，必须树立生态城市理念、加强城市生态管理。

1.2.3　县域地区的城镇化新思路

县域是农业农村农民问题集中区域和统筹城乡发展的关键载体，日益成为经济社会发展的重要一级和有力抓手，新时期县域经济转型颇具潜力。

1　县域城镇化需因地制宜

在我国特大城市过度蔓延、"大城市病"日益突出、中小城市城镇化动力严重不足的现实条件下，探索中国县域发展创新的模式与路径显得尤为重要。县域城市化面临的难题主要有：（1）金融创新问题；（2）产业转型问题；（3）机制改革问题；（4）区域协同问题；（5）其他问题。

我国县域城镇化的典型路径可以总结为以下几类：第一，城乡一体化统筹发展路径；第二，都市边缘及城市群区域发展路径；第三，特殊资源地区发展路径；第四，新型工业化发展路径。第五，生态农业化发展路径；第六，其他发展路径。

2　县域城镇化的多元类型

城市群带动型：江苏省宜兴市就是充分发挥与城市群内中心城市、其他大城市、城市网络体系的密切关系，利用区位优势推动县域经济和县域城市化的发展。

交通要道带动型：山东半岛的一些县域，如胶州市、青岛市胶南区、威海市文登区、莱阳市等，借助港口及邻近韩国的优势，加强与韩国的经贸往来，通过县域外向型经济的发展，推动县域城市化的发展。

市场带动型：浙江省义乌市，坚定不移地实施"兴商建市"的发展战略，大力发展小商品批发业，充分带动相关产业的发展，如今已经成为全国乃至东南亚最大的小商品流通、展示、信息和配送中心。

旅游带动型：山东省曲阜市通过旅游业带动了酒店业、餐饮业、交通业、文化产业及其他相关服务产业的发展，创造了大量的城市就业机会，为县域城镇化的发展创造条件，推动了县域城镇化的发展。

工业主导型：浙江、江苏、福建、山东等沿海地区的很多县域就是通过发展工业建立起来的，江苏省的江阴市就是一个典型的走工业主导型城镇化道路的县级市。

外资推动型：东南沿海的广东、海南、福建、山东等省份的县域，通过吸引外资，逐步形成以外向型经济为主的经济强县。

生态农业发展型：山东省寿光市通过农业产业化，形成了一个完整的生产经营体系，集生产、加工、运输、中介、服务、科技等多个环节，通过组合各种生产要素，实现区域整体产业链条，从而创造大量的城市非农就业机会。

3　县域城镇化的突出问题及解决途径

突出问题：①县域的城市化拉动力不足；②县域城市化发展的不平衡性；③制度性障碍的普遍存在；④县域乡镇企业分布分散；⑤县域城镇吸纳能力有限；⑥其他问题。

解决途径：①县域功能和结构升级；②城镇生活方式与品质再造；③乡村建设与

新田园生活样态；④产业集聚与提升城市就业；⑤制度投入与社会结构创新；⑥其他
途径。

1.3
研究方法与技术路线

1.3.1   研究的基本着力点

在广州增城区的研究与实践中，课题组坚持以创建国家低碳生态示范城市为目标，
以处理好经济社会发展与资源环境之间的关系为着力点，以深入推进城乡一体化为载
体。探索构建把生态文明建设融入经济、政治、社会、文化建设各方面和全过程的"五
位一体"总体布局，发展生态经济，维护生态安全，优化生态环境，保留生态空间，树
立生态文化，完善生态制度，让城市融入大自然，让居民望得见山、看得见水、记得住
乡愁，走出生产发展、生活富裕、生态良好的文明发展之路。

1   坚持生态文明、环境优先，走绿色低碳城市化道路

把生态文明理念全面融入城镇化进程，着力推进绿色发展、循环发展、低碳发展，
节约集约利用土地、水、能源等资源，强化环境保护和生态修复，减少对自然的干扰和
损害，推动形成绿色低碳的生产生活方式和城市建设运营模式。落实中央关于提高城镇
化质量、加强生态文明建设的要求，积极引进国际上低碳生态城市规划建设的先进理
念，突出城镇规划对低碳生态城市建设的引导和整合作用，以"绿色、低碳、生态"理
念推动规划技术创新、行动创新、体制机制创新，促进城市的健康科学发展。

2   坚持生态文明建设与社会经济发展并重

生态保护不能是被动的保护，而应当是积极、主动、动态的保护。生态保护需要在
维护和提高生态环境承载力的前提下，促进生态环境与经济社会协调发展。必须协调好
经济社会发展与生态环境保护的关系，必须坚持经济建设和生态环境保护并举，在发展

中重保护，在保护中求发展，实施可持续发展战略。

3 复合生态系统理论与方法

马世骏院士和王如松院士在20世纪80年代首次提出了社会—经济—自然复合生态系统理论和方法，并以城市与区域为对象界定了复合生态系统的结构和功能，提出了复合生态系统中水、土、气、生、矿等环境因子的耦合和生产、流通、消费、还原、调控等人类活动的系统分析方法。揭示了以资源代谢在时间、空间尺度上的滞留和耗竭，系统耦合在结构、功能关系上的破碎和板结，社会行为在局部和整体关系上的短见和调控机制上的缺损为主的生态动力学机制和整体、协同、循环、自生的生态控制论机理。本书的研究也将遵循这一复合生态系统的理论与方法。

4 坚持统筹谋划、重点突破

深入分析限制增城区可持续发展的关键问题，按照立足当前、着眼长远、逐步推进的原则，在城市空间布局、小城镇绿色发展、生态基础设施建设、新城绿色设计与施工、生态工程技术在城市规划中的应用等领域进行重点突破，将规划体系打造成为统筹和落实建设低碳生态城市的重要平台。结合不同区域、不同生态功能、不同生态层面的生态环境特点以及社会经济特点，以生态工程措施为主，加大生态保护与修复力度，采取相应的生态保护对策和措施。应将增城低碳生态示范市建设当作人民群众生产、生活、生态系统质量提升的多维协调过程，应选择生态建设的重点领域和重点区域作为突破，循序渐进、分类指导、分步实施、有序推进。

统筹城镇和农村地区的生态环境保护，统筹水域生态系统与陆域生态系统的修复与保护，合理配置公共资源，推进规划区及其周边关联的广大流域范围内的生态破坏与环境污染的综合治理。坚持长远谋划、总体设计，对全局性、普遍性的生态环境问题，要全面部署、全面推进。同时，抓住重点地区、重点行业的突出问题和难点问题，集中力量率先突破。

5 坚持政府宏观调控与社会共同参与

发挥政府政策引导和宏观调控作用，落实目标与责任，提高党委政府在生态文明建设方面的主导作用，加大投入，强化管理，通过行政、经济、法律等多种手段，提供良好的政策环境和公共服务。充分利用市场机制，统筹利用国际、国内两个市场和两种资源，调动企业和社会组织的积极性与创造性，引导企业投资，接受公众的参与和监督，建立和完善公众参与机制，建立多元化的投资机制和运行有效的生态环境保护补偿机制，全方位、多渠道筹措生态文明建设资金，实现政府和公众等各方面力量的有机结合，鼓励和引导广大公众及社会力量参与支持增城区低碳生态示范市的建设。

1.3.2　研究的技术路线

　　围绕"城市生态规划、修复与管理"这一核心内容，运用多学科综合的方法，紧扣国家生态文明战略和广东省地方发展需求，借鉴国内外城市化与低碳生态城市理论与实践经验，针对广州市增城区低碳生态城市与生态产业、生态分区与规划管控、生态基础设施体系及重点生态工程建设等主要内容进行了系统而深入的研究，最后提出了特大城市周边县域低碳生态城市建设的对策政策建议。

　　研究的技术路线如图1-1所示。

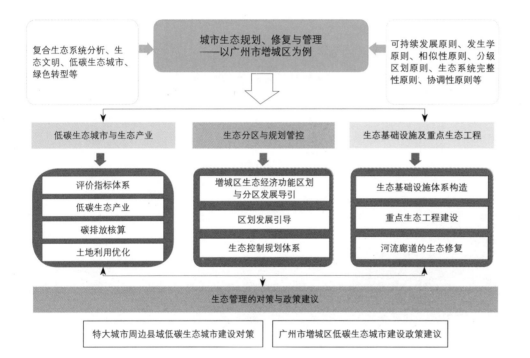

图1-1　研究的技术路线图

2

增城区区域概况
与系统辨识

2.1
生态区位与生态本底

2.1.1 生态区位

　　增城区是广州市市辖区，位于广东省中东部、广州市东部，珠江流域下游北岸，珠江三角洲东北部。东界博罗，北接龙门，西联从化，西南临广州市白云、黄埔两区，南隔东江与东莞市相望。增城地处广州、香港、深圳、东莞等大都市区间，具有"多城辐射效应"，发展空间大，是广州东部板块的重要组成部分，是广州"东进"战略的主要实施地，是广州通往东莞、深圳、香港和粤东各地的交通咽喉。

1 地质地貌

　　增城地区多为丘陵、谷地，总的地形走向为东西两侧高，中间低，汇水于增江。北部山地面积约占全市面积的8.3%；丘陵主要分布在中部，约占全市面积的35.1%；低丘和台地集中在中南部，约占全市面积的23.2%；南部是广阔而典型的三角洲平原，加上河谷平原，约占全市面积的33.4%。

　　山地：分布在北部的山脉，属九连山脉的延长，即南昆山的南缘，由牛牯嶂、大尖山等组成。高度500－1000m，其中牛牯嶂高1084.3m，为县内第一高峰。超过1000m的山还有8座，大都是与龙门县交界。山脉向西南一直伸延至广州白云山。东部为罗浮山的余脉，以与博罗、龙门交界的四方山（1012m）为最高。

　　丘陵：在市内中部及西部，山势降低，成为丘陵，高度200－500m。中部丘陵有数十座超过400m的山峰，其位置正好在市内地理坐标的中间，如梅花顶（494.7m）、王屋山（449.4m）等，形成增江与西福河分水岭。南部的丘陵，地势更低，仅南香山（433m）、油麻山（433.6m）超过400m，其余一般为200－300m，不少呈台地状态，高度150m以下。

　　平原：分布在增江以及西福河两岸。其中派潭河中上游为第四系近代冲积物组成，厚约13m；增江中游为泛平原，堆积层厚3.5－12m。

2 水文气象

增城区属亚热带海洋性季风气候，年降雨量在1800mm左右，气候温暖湿润，雨量充沛，适合农副产品的生产。境内青山绿水，风景秀丽。市区众山环抱，一江穿城。南部属美丽的珠江三角洲平原。全市森林覆盖率达53.3%，拥有蕉石岭、大封门、南香山、金坑等9个森林公园和自然生态保护区，是广州东翼的"绿肺"，也是珠江三角洲大工业圈中的绿洲。

增城水系属珠江支流东江水系，水资源相当丰富。流域面积超过500km²的河流有东江、增江、西福河3条，超过100km²的河流有官湖河、兰溪水、派潭河、二龙河、雅瑶河和金坑河6条。全市多年平均径流深1140mm，径流量19.88亿m³，多年平均过境客水179.5亿m³（其中增江的龙门水28.7亿m³，东江北干流150.8亿m³），主客水合计约200亿m³，人均占有量为2万多立方米，居全省前列。除地表水外，地下水资源亦较丰富，全境地下水蕴藏量超过3亿m³，可利用量约2亿m³。南部还有潮水进入。

3 自然资源

增城区处于丘陵山地与珠江三角洲平原过渡地带，土地肥沃、山川秀丽。已探明的矿产资源有20多种，其中石灰石、花岗岩、陶瓷土等含量较大。人均水资源居全省各市（县）前列，有丰富的冷矿泉和温泉。

旅游资源丰富。这里有历史悠久的何仙姑家庙、东南亚之最的盘龙古藤、西园挂绿、凤台览胜、百花崖影、古海遗踪、正果佛寺等众多的名胜古迹；有裕达隆花园、高滩温泉及4个国际级高尔夫球场等旅游景点和设施；还有百花山庄度假村、增城宾馆、挂绿宾馆、太阳城娱乐广场、紫云山庄以及一批酒店为游客休闲度假提供优质服务。

2.1.2 生态本底

珠江三角洲是由珠江水系的西江、北江、东江及其支流潭江、绥江、增江携带泥沙沉积形成的复合型三角洲。珠江三角洲濒临南海，是我国南亚热带最大的冲积平原，也是我国经济最发达的地区之一，珠江三角洲经济区覆盖广州、深圳、东莞、佛山、惠州、中山、珠海、江门和肇庆9个市。

1 地质地貌

珠江三角洲在燕山期花岗石侵入体和中生界、新生界的盖层沉积的残余基础上，受不同时期断裂的影响，形成断陷盆地。珠江三角洲东有大岭山、羊台山，北有白云山、摩星岭，西有皂幕山、古兜山。山丘走向多与北东向构造线一致，又被北西向构造线切交。

珠江三角洲东、西、北三面围山，南面临海，为马蹄状的港湾型三角洲。广阔的珠江三角洲平原，整体地势低平，平原内部丘陵、台地、残丘星罗棋布。莲花山、七目嶂—乌禽嶂山地、罗浮山等山脉的余脉，延入珠江三角洲，形成散布各地的台地和孤丘甚至低山。其中，台地集中分布在番禺至广州一带，分布最广的有相对高度20－25m、45－50m两级。珠江三角洲平原呈现出一种平坦中有凸起，无际中有分隔的地貌特征。

珠江三角洲地区主要为冲积平原，平原总面积2.81万km²，地势较低。这一特征直接影响地表排水，河涌水渠易受潮水顶托，还会产生倒灌。地面平坦，水力坡度小，排水速度慢，持续的高强度降水，易产生积水。

2　气候

珠江三角洲位于北纬21°－23°，东经112°－113°之间，大部分地区位于北回归线以南，属南亚热带的海洋性季风气候。冬季处在大陆冷高压南缘，受大陆季风影响，略带大陆性。夏季则为海上吹来的东南风与西南风所调节，不及华中地区酷热。年均气温22℃左右，最冷月均气温12℃－13℃，最热月均气温约28℃。全年实际有霜日在3天以下。年降水量1600－2000mm。降水集中在夏季，4－9月降雨量占全年的80%以上。降雨强度大。夏秋间台风频繁，7－9月为珠江口台风最盛季节，暴雨也最多。台风降水量一般为200mm，最大500mm。常遇锋面雨，但冬季降水较少。冬季天气冷暖变化无常，气温骤降可达16℃－17℃，最长连续降温日为7－8天。冬季陆风风速较强，常达5m/s左右；夏季海风风速较弱，常仅3m/s。夏秋台风风速常大于10m/s，并引起风暴潮，造成严重灾害。

3　水文与水资源

珠江三角洲水网密布，水道纵横交错，水系集水面积2.68万km²。网河区西、北、东江主干河道长294km。主要河道近100条，其中入注珠江三角洲的中小河流有流溪河、潭江、增江和深圳河等。珠江三角洲的主要出口有8处，"三江汇流，八口出海"成为三角洲水系的重要特色。

整个珠江三角洲河与涌纵横分布，河网密度大。珠江三角洲又可分为西北江三角洲和东江三角洲，西北江三角洲河网密度为0.81km/km²，东江三角洲为0.88km/km²。

珠江流域面积45.37万km²，水量特别丰富，多年平均水资源总量为3385亿m³。三角洲接纳珠江水系的来水中，西江占珠江总径流量的43.5%，北江、东江各占13.5%、7.3%。上游大量的径流也给珠江三角洲平原城市带来洪水之患。珠江是我国七大江河中含沙量最小的河流，西江高要站、北江石角站、东江博罗站断面多年平均含沙量分别为0.341kg/m³、0.134kg/m³、0.111kg/m³。

珠江河口潮汐属不规则混合半日潮，为弱潮河口，潮差较小。八大口门平均高潮位为0.44－0.74m，平均低潮位为−0.88－−0.41m，平均潮差为0.85－1.62m，最大涨潮差为2.90－3.41m。三角洲多年平均涨潮量3500亿m³，多年平均落潮量6780亿m³，净泄量3280亿m³。虎门及崖门的山潮比小于1，是受潮流作用为主的潮汐水道，其余6个口门为以径流作用为主的河道。每年枯水期，由于进入三角洲的径流减少、河口潮汐动力加强，咸潮上溯影响明显。

4 土壤与植被

珠江三角洲平原多冲积土和海积淤泥，土壤类型复杂。主要由河海沉积物和沉积物形成的各类水稻土、脱潮土和潮土。花岗岩发育的赤红壤等，土层深厚，质地黏重，沿海草滩及红树林海岸发育了盐渍沼泽土，红树林地区产生了盐碱田。

珠江三角洲土地覆被以林地为主，地带性植被是亚热带季风常绿阔叶林。由于人类长期活动的干扰，区域内原生植被几乎破坏殆尽，原始的季雨林仅存于自然保护区内。天然次生阔叶林也保存较少，大部分是马尾松、湿地松、杉树、桉树或相思等单优势种人工林，林地面积偏小。

珠江三角洲热带性植物较多。在三角洲区植物常见种达500多种，分属130多科373属，其中纯热带属占42%。虽然人工开垦使天然植被消失，但在一些村落的"风水林"和"杂木林"中，仍可见热带树种残存，如格木、土沉香等。在山谷还见有海芋、野芭蕉群丛分布，林下灌木、藤本、草本植物也以热带种属为主。广泛分布的榕、木棉、鱼尾葵、凤凰木亦为热带树种。珠江口红树林中，有秋茄、木榄等，沙滩上有海刀豆、厚藤等，在东莞、宝安、深圳、珠海均有分布。

北部生态保育区

中部生态优化区

挂绿湖生态核心区

中心城区

南部现代产业基地

图2-1 增城区典型生态系
统实景

2.2
复合生态系统辨识与评价

2.2.1　增城区自然生态特征

1　地：用地类型丰富，建设用地增长加快，但地均产量不高

（1）总体土地资源：资源类型丰富多样

①地形地貌方面，总体呈北高南低之势

增城区位于粤中丘陵区东部，地区多为丘陵、谷地。增城区南北地形地貌差异明显：北部的派潭镇、正果、小楼等地区为低山丘陵区，海拔500－1000m，相对标高500－600m，山势陡峻，坡度大于30°，多为V形谷，其中派潭镇境内的牛牯嶂海拔1084m，是区内的最高峰；中部的荔城、朱村、中新等地区为丘陵、河谷平原，海拔200－400m，相对标高200－300m，山坡较缓，多呈浑圆、馒头状，坡度15°－30°。该地区盆地与河谷较多，其中靠近增江和西福河两岸的山丘，地势较为低平，形成丘陵、平原交错的状态；南部的新塘、石滩等地区为三角洲冲、洪积平原，海拔100－200m，相对标高50－100m，有较多河流分布，形成低矮的丘陵及河流阶地。该地区属珠江三角洲平原，其西北部有丘陵分布，是古代海岸分布地带，多为江河冲积和古海滩堆积而成，土地比较肥沃。

②土壤类型方面，增城区拥有较丰富的土壤类型

大致可分为松散土体、层状较软火山岩组、层状较软沉积岩组、层状较硬沉积岩组、层状坚硬碳酸岩组、块状较硬－坚硬侵入岩组以及坚硬变质岩组。

③耕地资源方面，增城全区人均耕地面积高于广州市平均标准

2013年，增城区基本农田面积58.4万亩，人均耕地面积约为0.562亩[1]，高于广州市人均0.3亩的标准（图2-2）。

（2）建设用地：增速加快，总体沿道路、河流轴向发展

①增城区现状建设用地主要分布在中部和南部地区

增城全区总面积1616.5km²，2013年现状建设用地面积为234.27km²，占总用地面积的14.51%，主要分布在南部的新塘、中新和中部荔城和朱村。非建设用地主要分布在北部派潭、正果和小楼三镇，共1380.53km²，占总用地面积的85.4%（表2-1）。

① 人均耕地面积按2013年
增城区农业人口62.27万
人计算。

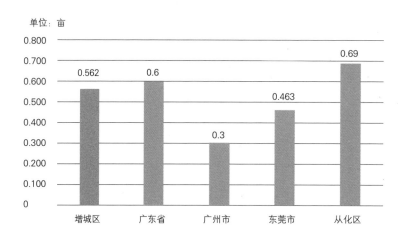

单位: 亩

图2-2　增城区人均耕地面积对比

（资料来源: 根据广东省、广州市以及增城区国土二调数据整理。）

增城区2013年土地利用现状一览表　　　　　　　　　　　　　　　表2-1

一级分类	二级分类	面积（km^2）	比例（%）
农用地	耕地	233.51	14.46
	园地	327.47	20.28
	林地	656.79	40.67
	牧草地	63.34	0.39
	其他农用地	117.63	72.77
	小计	1398.75	83.09
建设用地	城乡建设用地	180.78	11.18
	交通水利用地	50.7	2.13
	其他建设用地	2.79	0.172
	小计	234.27	14.51
其他土地	水域	38.54	2.387
	自然保留地	0.24	0.015
	小计	38.78	2.40
	总计	1671.8	100

资料来源: 根据增城区国土资源和房屋管理局提供资料整理。

②增城区建设用地增长有不断加快的趋势

　　1986—2013年建设用地变化显示，1986—2000年增城区建设用地年均增长3.1km^2，但2000—2013年建设用地年均增长已达6.9km^2。尽管增城区2013年建设用地开发强度仅为14.51%，低于广州全市平均22%的开发强度，但建设用地增长过快将会对生态用地的保育构成威胁（图2-3、图2-4）。

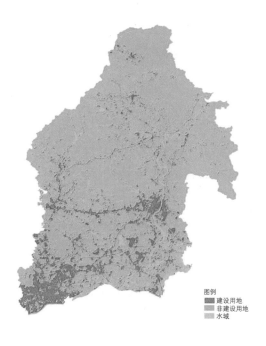

图2-3　2013年增城区建设用地分布图
（资料来源：根据增城区国土资源和房屋管理局提供资料绘制。）

图例
■ 建设用地
■ 非建设用地
□ 水域

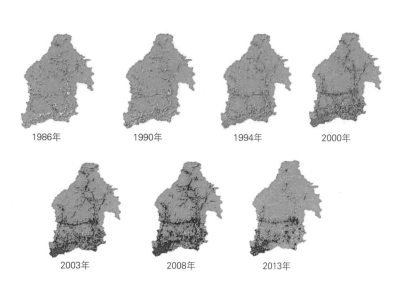

1986年　　1990年　　1994年　　2000年

2003年　　2008年　　2013年

图2-4　1986—2013年增城区建设用地增长分析图

③增城区建设用地增长分布受交通基础设施带动明显

从2013年现状建设用地分布可以看到，增城区现状建设用地主要沿广汕公路和广惠高速公路、增江、东江轴向分布，随着基础设施网络的逐步建设，用地呈现从点状分布向网络分布的趋势；随着新塘、中新镇的工业和城镇化进程加快，增城区用地增长的重心呈现从以荔城为中心的单一中心分布转向荔城、新塘的双中心分布。

④增城区土地利用效率较为低下

2013年增城区单位建设用地GDP产出为422.35万元/hm²，与广州市平均水平（709.5万元/hm²）和周边地区存在一定的差距（图2-5、图2-6）。

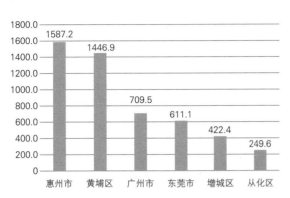

图2-5　2013年增城区单位建设地GDP产出与周边地区对比表
（单位：万元/hm²）

（资料来源：根据2014年各地市区统计年鉴整理。）

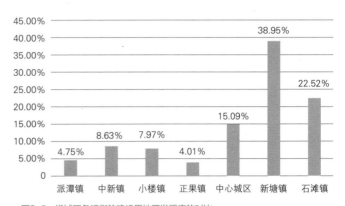

图2-6　增城区各镇街的建设用地开发强度的对比

（资料来源：根据增城区国土资源和房屋管理局提供资料整理。）

（3）重要林园地分布：主要集中在北部生态区

林地资源丰富且北部集中。根据增城区农业局提供的相关资料以及广州市森林公园统计数据等资料，增城区现有县级自然保护区4个、省级风景名胜区1个、森林公园10个。增城区森林覆盖率达54.4%（表2-2、图2-7）。

增城区自然保护区、风景名胜区和森林公园一览表　　　　　　　　　　　　　　　表2-2

	名称	地点	主要类型	面积（km²）	备注
自然保护区	增城野生稻自然保护区	镇龙镇洋田河	珍贵野生稻	0.04	县级
	增城大东坑次生林保护区	派潭镇	稀有次生阔叶林	2.5	县级
	兰溪河珍稀水生动物及其生态县级自然保护区	正果镇，属于畲族村和兰溪村区域河段	珍稀水生动物及其生态	—	县级
	陈家林自然保护区	新塘	林木	—	县级
风景名胜	白水寨风景名胜区	派潭镇	山岳型风景名胜区	170	省级
森林公园	大封门森林公园	派潭镇	林地	22.3	
	蕉石岭森林公园	石滩镇	林地	8.2	
	兰溪森林公园	正果镇	林地	46.1	
	石门森林公园	从化区与增城区交接处	林地	37.8	
	高滩森林公园	派潭镇	林地	33.7	
	白江湖森林公园	正果、小楼镇交接	林地	15.6	
	派潭凤凰山森林公园	派潭镇	林地	7.3	
	白洞森林公园	中新镇	林地	9.5	
	中新森林公园	中新镇	林地	3.1	
	南香山森林公园	新塘镇	林地	8.2	

资料来源：2014年广东省生态环境厅、增城区农业农村局提供的相关资料以及广州市森林公园统计数据。

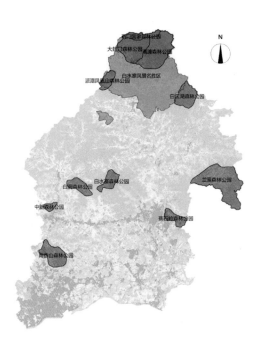

图2-7 增城区现状风景名
胜区及森林公园分布图
（资料来源：2014年增城区
农业局、广州市森林公园
统计数据。）

（4）矿产资源分布：有一定产量分布，多为小型矿点

①矿产资源种类多，但多量小、分布散

增城区现已探明的矿产资源有20多种，除石灰石、花岗岩、陶瓷土等含量较大以
外，各类矿产资源多为小型分布，开采潜力有限。矿产资源分布方面，增城区北部及派
潭矿产资源较为丰富。

②增城区拥有丰富的冷矿泉和温泉资源

人均水资源居全省各市（县）前列。其中，地下热水主要分布于增城区高滩地区，
属于小型中低温型。

（5）地质灾害情况：以山体崩塌、滑坡等小型灾害为主，中北部低丘陵区
为隐患多发点

①灾害类型以小型灾害为主

根据《增城区地质灾害防治规划（2012—2020年）》的相关现状分析资料，增城
区已发地质灾害主要类型有崩塌、滑坡、泥石流和地面塌陷4种类型，而地质灾害隐患
则有崩塌、滑坡、地面塌陷和地面沉降4种类型。目前全区共有75处地质灾害隐患点，
其中潜在地质灾害险情以小型居多，有72处，占灾情点总数96%；属中型有3处，占灾
情点总数4%；无大型及特大型灾害点。

②灾害在空间分布特征上，以中北部的隐患为主

增城区地形总体上由北向南，从低山丘陵逐渐过渡为三角洲冲积平原。中北部的低
山丘陵区分布有66处崩塌隐患点，7处滑坡隐患点；南部主要是三角洲冲积平原区仅分
布有1处地面沉降隐患点。

2 水：水资源丰沛，水环境保护压力大

（1）水资源总量与水环境：水资源丰沛，特色显著

①增城区水资源总量丰沛

根据《增城区水资源综合规划报告（2011—2030）》的现状分析，增城区多年平均本地地表水资源量19.85亿m³，过境客水约170.31亿m³（其中增江约28.28亿m³，东江约为142.03亿m³），地下水资源量为3.94亿m³，地表水量与地下水量的重复量为3.82亿m³。地表水多年平均可利用量为6.44亿m³，地下水可开采量为1.23亿m³，扣除地表水和地下水重复计算量后，水资源多年平均可利用总量为6.52亿m³（表2-3）。

增城区近年水资源总量统计表   表2-3

年份	年降水量（亿m³）	地表资源（亿m³）	地下资源（亿m³）	不重复计算量（万m³）	水资源总量（亿m³）	产水系数	产水模数（万m³/km²）
2005	35.28	21.50	5.37	1300	21.63	0.61	124.02
2006	38.67	24.24	4.35	1151	24.36	0.63	150.65
2007	29.10	16.78	3.50	1094	16.89	0.58	104.48
2008	37.67	22.86	4.11	1069	22.97	0.61	142.03
2009	20.58	15.84	3.33	1088	15.95	0.6	98.64
2010	33.09	20.06	3.99	1132	20.17	0.61	124.77

资料来源：《增城区水资源综合规划报告（2011—2030）》。

②河流水系发达

增城区水系属东江水系，呈现流量大、流速快、洪峰高等特点，各河流由北往南流入增江，而后汇入东江；南部地势低平，河叉交错，河面宽阔，多浅滩，河床纵坡呈波状起伏，坡降小，东江由东往西横贯增城南部。共有9条主要的河流水系，分为东江及东江北干流、增江、派潭河、二龙河、西福河、雅瑶河、官湖河、兰溪水、温涌（表2-4）。

增城区主要河流一览表   表2-4

河流名称	河道起点	河道终点	河流长度（km）	平均坡降（‰）	流域面积（km²）
东江	寻乌县桠髻钵	石龙	520	0.39	27040
增江	新丰七星岭	新家浦	203	0.74	3160
派潭河	南昆山马坑镇	小楼镇大楼	36	5.5	357.5
二龙河	马鞍山	小楼镇大楼	22.5	2.8	122.7
西福河	大鹧鸪山	仙村巷头	58	1.1	580

续表

河流名称	河道起点	河道终点	河流长度（km）	平均坡降（‰）	流域面积（km²）
雅瑶河	增城华峰山	新塘镇大墩村	21	1.6	129
官湖河	广州萝岗区	新塘镇久裕村	24.4	2.0	106
兰溪水	罗浮山酥醪洞白水门	沙庄村口	58.6	4.3	147.8
温涌	白云区长坑	石沥口闸	15.94	3.14	37.0

资料来源：《增城区水资源综合规划报告（2011—2030）》。

③水库种类多、规模较大

增城区现状水库主要有联合水库、联安水库、百花林水库、增塘水库和白洞水库等中型水库5座，小（一）型水库17座以及小（二）型水库91座，同时，增城区拥有位于惠州博罗的联和水库约40%的水权（表2-5）。

增城区主要水库概况表   表2-5

序号	水库名称	集雨面积（km²）	总库容（万m³）	兴利库容（万m³）	现状水质
1	联和水库	110.8	8216	5641	Ⅱ
2	联安水库	42	3057	1808	Ⅱ
3	增塘水库	34.4	1390	184	Ⅲ
4	百花林水库	17.4	1084	768	Ⅱ
5	白洞水库	16.4	1069	528	Ⅲ

（2）降水量时空分布特征：地区与年份分布不均衡

从降雨量的空间分布上看，北多南少。北部正果地区最多年降雨量达3049.1mm；南部石滩地区最少降雨量只有877mm。

从降雨量的年内分配上看，雨量丰沛、年内分布不均。从降水季节分配来看，本市降水冬春少、夏秋多、汛期雨量集中。多年平均汛期（4-9月）降雨量占全年降雨量的80%以上，而非汛期（10月-翌年3月）只占全年降雨量的20%左右。而从降雨的年纪变化来看，降雨的总体水平是呈增长的趋势。

（3）饮用水源地保护情况：供水水源水质情况良好

现状饮用水源地的保护区划是根据广东省人民政府（2011年5月27日）批复的《广州市饮用水源保护区区划调整方案》（粤府函〔2011〕162号），在相关部门的精准管理下，供水水源地多年来保持较好水质，其中增城区水源保护地的情况如下表（表2-6）。

增城区现状饮用水源保护地一览表   表2-6

序号	保护区名称和级别	水质目标
1	新塘、西洲、新和水厂饮用水源保护区	
	新塘、西洲水厂一级保护区	Ⅱ
	新和水厂一级保护区	Ⅱ
	新塘、西洲、新和水厂二级保护区	Ⅱ
		Ⅲ
		Ⅲ
		Ⅲ
	新塘、西洲、新和水厂准保护区	Ⅱ
		Ⅲ
2	增城区荔城水厂饮用水源保护区	
	荔城水厂一级保护区	Ⅱ
	荔城水厂二级保护区	Ⅲ
		Ⅱ
		Ⅲ
	荔城水厂准保护区	Ⅲ
		Ⅱ
		Ⅱ
		Ⅲ
		Ⅲ

资料来源:《广州市饮用水源保护区区划调整方案》。

(4)水质情况:总体水质较好,局部受工业及城镇活动影响较大,污染风险增加

①供水水质达标率优良

根据增城区水务局2014年10月1日开始的水质公示情况,增城区供水水质综合合格率已达100%。

②河流水质受城市建设与城镇生活影响较大,总体北部好于南部

总体上,增城北部河流水质好于南部河流,北部山区河流水质较好,南部水质偶有超标。根据增江河24小时自动检测站的监测统计,2012年以来,增江河、东江北干流等境内主要河流的水质持续好转,达到国家Ⅲ类标准,部分河段达到Ⅱ类标准,全市饮用水源水质和城市水域功能区水质达标率为100%。其中,增江水质持续良好,基本达到Ⅲ类,但近年来,增江水质面临下降的风险,主要表现为藻类、高锰酸钾指数以及氨氮指数等有所增高,水质呈富营养化,常出现铁、锰等金属元素超标,其主要原在于上游的正果镇、小楼镇、荔城街大量生活污水和农业、畜牧业、餐饮服务业的污水未经处理即排入河道,造成增江水质变差。东江北干流沿岸为增城区工业发达的城镇,各类型企业的工业废水、大量未经处理的生活污水排入河道,受工业废水、城镇生活污水影响,同时枯水期水源受咸潮影响,存在超Ⅲ类水的情况。西福河上游水质较好,下游水质受化工厂排污影响为Ⅳ类水。

③水库水质总体良好,但面临污染风险

主要水库除增塘水库和白洞水库在汛期受面源污染严重为Ⅳ类水以外,其他水库水

质保持良好，水库营养化总体水平为中等。自2008年以来，部分水库已出现了水质的富营养化现象和明显的富营养化趋势。根据增城区环保局对4座中型水库水质监测，增塘水库和白洞水库存在污染物超标现象，水库水资源污染的主要原因与风险在于：工矿企业排放的污染物造成水资源污染、垃圾填埋场渗滤液造成的污染、养殖场的排放造成的污染、生活污水和废弃物对水环境造成污染、餐饮业的水污染、农业生产中的农药、化肥的影响等。

（5）污染处理设施情况：总体滞后于城镇建设高速发展的步伐，环境保护的压力大

①污水处理率不够理想，城乡间差异较大

① 资料来源:《增城区排水专项规划（2014）》。

截至2013年，增城区共有截污主干管网总长约95.64km，污水处理总规模34.8万t/d，实际处理规模约31.63万t/d，纳污面积合计152.3km^2，污水处理率约为70%[1]，污染处理率仍有较大的提升空间；生活污水处理率方面，城乡差异十分明显，城市生活污水的处理率可达90%，农村生活污水处理率仅为54%。

②污水处理系统的纳污能力有限

现有的各污水处理系统基本上只完成了主干管网的建设，主干管网的配套支线管网建设未同步跟进，北部三镇、朱村街、仙村镇和石滩三江、中新镇的福和、永宁、宁西等片区目前仍未建设污水处理设施；部分城镇污水处理厂的配套管网建设严重滞后，污水处理厂的处理能力与实际处理量不匹配。此外，荔城街道等旧城区的污水大多数是通过合流式管网直排河涌，截污口通常设于河涌，受到潮水、雨水及地下水等影响，造成了污水截污率较低。

3 气：空气质量尚好，但有污染加重的风险

（1）气候特征大气环境：属亚热带海洋性季风气候，空气质量良好

①增城区属亚热带海洋性季风气候，雨量充沛

年降雨量在1800mm左右，每年4-9月降雨量为全年降雨量的80%，夏季有暴雨。全年日照时间长，年光照量在2000h左右。气候温暖，年平均气温为21.6℃，冬季平均温度为12.4℃（1月），夏季平均温度为28.3℃（8月），无霜冻。全年主导风向为北风和东北风，其次为南风，年平均风速为2.5m/s。总的来说本市气候温暖湿润，雨量充沛，适合农副产品的生产。

②增城区热岛效应强度不大

其年平均热岛强度为1.3℃，四季平均强度差异不大，在广州市域及周边地区范围内属于中等偏弱强度的地区，热岛效应控制得较好。

③热岛的空间分布格局与城市建设用地和绿地的分布格局一致

在南部新塘及荔城等城镇工业、商业或居住密集区温度较高，热岛效应强度大，而在北部三镇绿地、农田、水库、自然保护区等地区温度较低。

（2）废气排放：以产业的工艺废气与燃料废气为主，大气环境质量尚好，但有污染加重的风险

①空气质量总体良好，北部较南部更好

根据增城区环境质量自动监测系统的统计数据，近年来（2010—2014年）空气质量总体保持了国家二级标准，优良率达到了100%。近5年全年灰霾天总数来保持在80天以内，空气质量总体好于广州市平均水平（广州市年平均灰霾天数为85.7天）。空气质量存在南北显著差异，北部三镇明显好于南部。

②废气排放以工业生产为主

增城区环境空气污染主要来源于工业企业的工艺废气以及燃料废气，主要是由于整体功能布局不合理等历史发展原因造成，增城现有城区功能混杂、人口密度较高、工业区与居住区交错穿插的现象较为突出，特别是在南部的新塘镇与石滩镇，由于工业密集，人口密度较大，局部区域大气环境污染的风险较大。

4 物：固态污染物处置处于起步阶段，无害化处理程度较低

固态污染物：污染处理设施建设滞后于城镇发展的需要

总体来看，增城区环境卫生基础设施相对其城市功能和定位而言存在一定的差距，且地区分布不平衡，城乡在环卫资源配置上存在较大差距。环境卫生问题一定程度上制约着城乡环境卫生的改善与发展。2014年增城区垃圾量日产量达到1214t，其中城市占63%，农村占37%。增城区现有生活垃圾收运、处理设施显著不足，农村及北部地区设施配套显著不足。增城区现有完工并投入使用的转运站共7座，日处理量总计约为600t，但北部三镇仅有3个简易垃圾转运站，且用于运输的车辆十分简陋，部分区域现有的垃圾收集设施仍为敞开式的垃圾池、垃圾桶或者露天堆放点，市容环境卫生机械化作业水平低。生活垃圾处理设施较为落后，且无害化处理能力不足。现有垃圾处理场设施（垃圾填埋场）两处，主要有棠厦垃圾填埋场和陈家林垃圾填埋场，日处理能力约为1200t，但垃圾无害化处理设施仅为简易垃圾填埋场，且仅有一处（棠厦垃圾填埋场）达到了卫生填埋的标准，同时现有填埋场都面临填埋库容饱和的问题，2-3年需要封场。

5 生：生物资源丰富，南北分布差异较大

生物资源：自然条件良好，生物种类繁多，都市农业稳步发展

①森林资源良好

2012年，增城区森林覆盖面积达86431hm²，森林覆盖率达54.4%，城市公园绿地面积621hm²。城区建成绿化覆盖面积1498hm²，建成区绿化覆盖率49.9%。城市人均公园绿地面积43.25m²[①]，总体自然条件良好。在林地的空间分布上，北部三镇资源条件更为优异。

① 数据来源：《增城区2013年统计年鉴》。

②生物种类繁多

增城区良好的自然条件为多种动物栖息繁衍和植物生长提供良好的生态环境，生物种类多且生长快速。现有植物300余种，动物120余种，地带性植被为南亚热带季风常绿阔叶林，山地丘陵的森林多为次生林和人工林，少量为天然林。栽培植物具有热带向亚热带过渡的鲜明特征，果树资源丰富，其中荔枝品种多达55种。增城区也是广东省主要的粮产区，地域特色农业品种优势显著，截至2011年，增城区已有增城挂绿、增城荔枝、凉粉草、丝苗米、迟菜心5个国家级地理标志保护产品，其他主要特产有小楼黑皮冬瓜、增城迟菜心、增城乌榄、乌榄、派潭凉粉草、密石红柿、正果腊味、黄塘头菜、白水寨番薯。

2.2.2 增城区经济生态特征

1 产：经济发展势头良好、南强北弱格局形成

（1）经济规模：经济总量增长势头良好

2013年增城区国内生产总值（GDP）达到1026.23亿元（含广汽本田），经济规模与南沙区基本持平。2013年增城区人均GDP达到84812.70元。

2000—2013年间，增城区国内生产总值年均增长14.11%，略高于广州市13.54%的平均增速，显示了增城区经济发展的良好势头（图2-8～图2-10）。

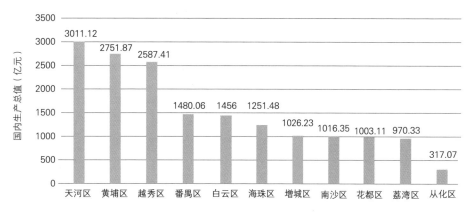

图2-8　2013年广州市各区国内生产总值
（资料来源：《2014广州统计年鉴》）

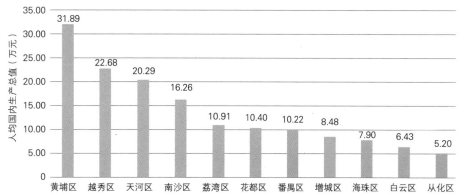

图2-9　2013年广州市各区人均国内生产总值
（资料来源：《2014广州统计年鉴》）

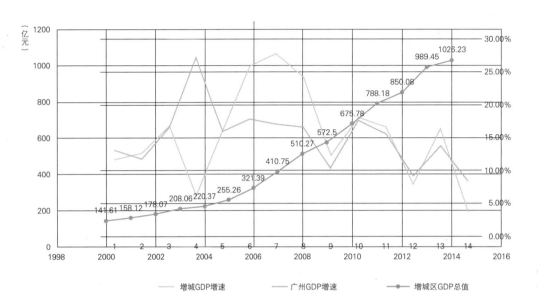

图2-10 增城区2000-
2014年GDP增长趋势图
（单位：亿元）
（资料来源：《增城年鉴》。）

（2）产业结构：以工业为主导，处于工业化加速阶段

增城区已逐步建立以工业为主导，二三产业协同发展的产业结构。工业主导地位不断加强，服装、食品加工、建材、化工、机械等产业初具规模。但从产业结构变化来看，第三产业占比提升缓慢，仍有较大的发展空间（图2-11）。

从增城区的产业结构与周边地区的对比来看，增城区现在处于工业化加速阶段，并逐步向工业化成熟阶段过渡（图2-12）。

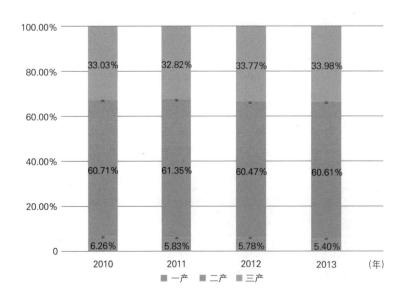

图2-11 2010-2013年
增城区三产结构比例一览
（资料来源：《增城年鉴
（2000—2014）》）

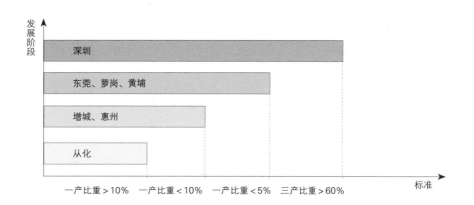

图2-12 增城区与周边城
市工业化阶段分析图
（资料来源：《增城城市总
体发展战略规划》。）

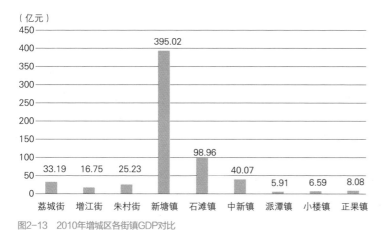

图2-13 2010年增城区各街镇GDP对比
注：2010年新塘镇尚未拆分，数据仍按6镇3街统计。
（资料来源：《增城区总体规划（2008—2020）》。）

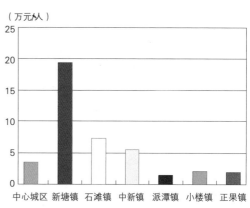

图2-14 增城区各街镇人均工农业总产值分布图（2010年）
（资料来源：《增城区总体规划（2008—2020）》。）

（3）发展布局：南北差异显著

增城区经济发展南强北弱的格局基本形成。从2010年各镇街的GDP对比来看，新塘镇GDP高达395.02亿元，几乎是北部三镇GDP总和的20倍之多。从人均工农业总产值来看，新塘镇较北部三镇高出4-5倍，区域发展不均衡相当显著（图2-13、图2-14）。

南中北三片区发展主要特征与主导产业差异也较为明显。南部新塘镇为增城区经济发展的重心，工业产业发达，石滩镇为新兴工业重镇，工业产业发展潜力较大。中部城区是地区行政与文化的中心，各类生活服务业、商贸、行政等服务较为发达。北部三镇则以生态农业为主导产业，重点发展都市农业与生态旅游业（表2-7）。

增城区各街镇主要特征与主导产业   表2-7

街镇	主要特征	主导产业
中心城区	行政与文化中心	生活性服务业，商贸服务、行政服务、房地产
新塘镇	工业重镇，经济中心	加工制造业、物流服务业、现代生产服务业

街镇	主要特征	主导产业
石滩镇	新兴工业重镇	鞋业、皮具、汽车制造、五金、纺织、农副产品加工
仙村镇	工业重镇	织布、制衣、电子、精密五金、家具生产
中新镇	工业城镇	化工、汽车用品、塑料加工
派潭镇	生态旅游文化乡镇	旅游业、规模农业、农产品加工物流业以及房地产业
小楼镇	生态型农业乡镇	都市农业生产
正果镇	生态型农业与旅游乡镇	都市农业为主，湿地生态与民族民俗旅游

资料来源：增城区城乡规划局提供的各街镇概况资料。

2 城：双心分离、宜居环境建设有待提升

双心分离是增城区城镇发展的基本特征。增城区行政、文化、教育中心位于中心城区，但是南部地区由于交通区位优势以及受广州东进策略的辐射影响，工业经济发展更为迅速，尤其是新塘镇，工农业总产值占市域的一半以上，市域经济中心位于新塘镇，形成了经济中心和行政、文化、教育中心分离的双中心结构。

双心分离的结构特征，一方面造成位于中心城区的市域服务功能，如文化、教育、行政办公等公共服务功能无法有效覆盖南部地区，且由于新塘等南部镇区存在一定的自身配套设施，使得公共资源无法得到最大化利用；另一方面，由于经济核心的偏移，中心城区的地位有所下降，并且由于缺乏经济支撑，制约了中心服务能力的提升，导致中心城区空间结构拓展动力不足，使得中心城区良好的地区资源得不到有效利用。

南部街镇生产和生活空间发生竞争，环境质量有待提高。南部新塘镇和石滩镇现状工业用地及仓储用地占建设用地比例均超过30%，远高于国家15%－30%的规范标准。另一方面，南部镇街也在加快住宅房地产的开发，工业化。

北部三镇公共服务设施用地供应不足。从小楼镇、派潭镇、正果镇的现状建设用地构成比例来看，公共服务设施与绿地广场用地仅占13.05%－14.25%，低于15%－20%国家标准，公共服务设施的供给水平不足，城镇建设水平亟待提升。

3 流：外部交通网络成型，内部交通基础设施建设有待提高

（1）综合交通：广州市东部交通门户，多重交通网络汇集

增城区是广州市东部门户。增城区地处粤东交通大动脉的"黄金走廊"上，是广州东部联系珠江三角洲西岸城市的交通门户，多层次、多等级的交通线路在增城区境内经过。

　　铁路方面，现状广深铁路贯穿南部地区。广深铁路是内地与香港联系的重要通道，也是目前广州与香港、深圳、东莞等城市联系的主要轨道交通方式，在增城区境内里程共33.5km，设有新塘、沙埔、仙村、石滩4个货运站，增城区境内无客运功能。

　　水运方面，有东江3级航道（通航能力为1000t）30km；增江七级航道（通行能力为50t）24km，受限于航道技术等级，总体通航能力有限。增城区共有4处码头，分别是新塘港（国家级口岸、客货码头分离，20万人次、310万t），仙村港（沙石煤炭货运，20万t），石滩港（货运，120万t），荔城港（客运）。

　　公路方面，增城区同广州市衔接的公路有国道G107、G324、广深高速、广惠高速和广园东快速路，共有13个出入口。同东莞市衔接的有国道G107、广深高速、广园东快速和省道S256。同惠州市衔接的有国道G324、广惠高速、省道S119，共有出入口4个。同从化市衔接的有省道S355、S256、S118，共有出入口4个。

（2）道路网络：公路网络已初具雏形，但街镇间联系有待加强，城区道路网络密度较低

　　增城区地处粤东交通大动脉的"黄金走廊"上，公路线网纵横交错。市域内的国道G107、G324，省道S118、S119、S256、S355，广深高速、广惠高速、广河高速、增莞深高速和广园东快速路，以及荔新公路，构成公路线网的主框架，同众多的县道、乡村公路连接一起，组成交通网络，沟通全市城乡各地。

　　从现状道路网络系统来看，增城区东西向交通联系较多，南北联系较少。南北镇街仅依靠增从高速以及省道S118、S233、S119，各街镇之间的道路联系有待完善。

　　另一方面，增城区现状路网密度较低，远低于国家规范的要求，总体服务能力有待进一步提升。

（3）公共交通：公共交通设施配置尚显不足

　　增城区现状无轨道交通服务，2012年常规公交日均客流量6.27万人次。现状拥有公交车约370辆，万人拥有量2.73标台，与国家规范（10－12.5标台）有较大差距。

　　公交线路33条，主要集中在中心城区与新塘镇区：中心城区内部线路8条、跨镇线路10条；新塘镇内部线路10条、跨镇线路5条。总体而言，增城区公交线网总体线网密度偏低、很多镇区之间没有公交线路，公交车辆配置存在不足。

2.2.3　增城区社会生态特征

1　人：总量增长，分布集中在新塘镇和荔城街

（1）户籍人口：增长速度较为缓慢

　　2000年增城区户籍总人口为81.07万人，2004年为84.18万人，从2000—2004年人

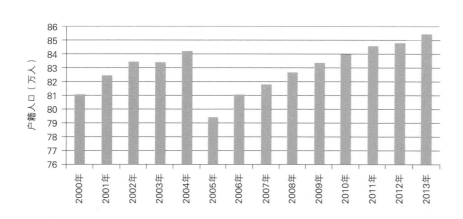

图2-15　2000—2013年
增城区户籍人口变动分析①
（资料来源：《2014年增城
统计年鉴》。）

① 2005年4月28日，国务院
批准（国函〔2005〕35号）
将增城区中新镇的镇龙
居委会和镇龙、迳头、
九楼、大坦、麦村、
金坑、均和、福洞、
福山、大涵、汤村、
旺村、洋田、新田14个
村，新塘镇的贤江、
新庄、永岗、禾丰4个
村划归广州市萝岗区
管辖。

口增长来看，户籍人口增长率不到1%，户籍人口增长较为缓慢。2005年4月，增城区
中新镇和新塘镇部分地区划归广州市萝岗区管辖。2005年末人口减少到79.43万人。到
2013年末，增城区户籍总人口85.44万人。总体而言，2006年以来，增城区户籍人口年
均增加约0.6万 - 0.8万人（图2-15）。

（2）暂住人口：总体呈增长趋势，占常住人口比例不断上升

2000年增城区暂住人口为19.33万人，占2000年常住人口的19.2%；2007年达
24.89万人，占2007年常住人口的23.3%（表2-8）。根据2013年增城区流动人员抽查
统计结果显示，增城区暂住人口达46.71万人，比重占2013年常住人口的35.3%。总体
来看，增城区暂住人口呈增长趋势，占常住人口比例不断上升。

2000—2007年增城区暂住人口变动统计表（单位：万人）　　　　　　　　　　　　　表2-8

年份（年）	合计	占常住人口比例（%）	中心城区	新塘镇	石滩镇	中新镇	派潭镇	小楼镇	正果镇
2000	19.33	19.2	3.44	11.74	0.69	2.10	0.62	0.60	0.14
2001	21.85	20.9	3.80	13.60	3.14	0.90	0.21	0.05	0.15
2002	20.60	19.8	1.61	13.55	3.88	1.08	0.17	0.21	0.10
2003	21.97	20.9	1.67	17.37	1.90	0.64	0.10	0.20	0.09
2004	22.73	21.3	1.89	17.57	1.92	0.89	0.14	0.21	0.11
2005	25.00	23.9	2.52	19.21	2.28	0.53	0.11	0.22	0.13
2006	25.89	24.2	2.57	17.50	4.00	1.50	0.10	0.12	0.10
2007	24.89	23.3	2.32	17.50	3.23	1.51	0.11	0.13	0.09

资料来源：《增城区城市总体规划（2010—2020）》。

（3）常住人口：分布集中在新塘镇、荔城街两地

2013年末，增城区常住人口为132.15万人，主要集中在新塘镇、荔城街两地，其
次是永宁街、石滩镇，其他镇街常住人口偏少。

从2013年广州市常住人口密度来看，增城区常住人口密度仅为651万人/km²，远低于越秀、海珠、天河、荔湾等中心城区，也低于广州市的平均水平（1739万人/km²），位列广州市倒数第二。

（4）城镇化水平：快速推进，但低于珠江三角洲平均水平

2010年末，增城区城镇人口55.52万人，城镇化率为53.55%，低于广东省城镇化率（达66.2%），更低于珠江三角洲城镇化率（达82.72%），尚处于城镇化快速推进阶段。其中，荔城街、新塘镇、增江街等地城镇化水平较高，小楼镇、正果镇、派潭镇三镇城镇化水平较低。

2 服：以户籍人口为主体配置，南北公共服务水平差异大

（1）以户籍人口为主体进行设施配置

基础教育方面，2013年，增城区共有幼儿园113所，在园幼儿3.19万人，3-6周岁户籍人口入园率94.25%；公办小学95所，初中40所，小学和初中在校生分别为7.21万人和3.84万人；公办普通高（完）中10所，在校学生2.19万人，基本满足户籍人口的基础教育需求。

卫生方面，增城区共有各类卫生机构393个，其中医院8个（非政府举办机构5个），镇级卫生院9个，社区卫生服务中心（站）9个，村卫生站269间，门诊部6个，诊所、卫生所、医务室74个，疾病预防控制中心1个，血站1个，妇幼保健院1个。

文化体育方面，2013年，增城区共有公共体育场馆4个，剧场及影剧场5个。全市"三馆一站"（包括文化馆、文化站、图书馆和博物馆）公共文化设施建筑面积11.9万m²，同比增长1.71%。

（2）服务设施等级不高，乡村地区配套不足

与常住人口空间分布态势类似，增城区服务设施相对集中在荔城街与新塘镇等中南部地区，但总体来看，服务设施的等级不高，尚未形成高水平的综合服务中心，对全区的服务能力不足。另一方面，乡村地区的教育、医疗、体育设施的配套稍显不足，城乡基本公共设施尚未实现均等化。

2.2.4 复合生态系统总体评判

1 生态本底优越，但建设与保护矛盾凸显

增城区生态本底条件优越，山林密布、水系发达，宜居的城市环境是其重要发展优势。当前，城乡建设用地以工业及村居用地为主，商务、商业等服务业用地零散分布。

随着工业经济与房地产经济的发展，生产与城市生活空间出现竞争，城市的生态环境压力明显增大。一方面，随着城市的快速发展，城镇建设用地与基本农田、林地、水系保护的矛盾逐渐凸显；另一方面，部分工业用地占地指标大，土地产出水平不高，农村土地使用效率偏低，土地的集约性与高效性有待加强。

2 环境管控基础好，但系统性建设亟待完善

通过建设农村污水处理厂、推广农村生活垃圾分类、重点地区环境重点整治等一系列措施，增城区环境改善明显，一系列环境基础设施的建设，也奠定了良好的环境管控基础。

但同时，增城区仍主要存在三方面的环境问题：一是水环境面临不同的水污染问题，例如，派潭农家乐旅游产业的发展影响河流水质，农田施用化肥、农药造成的面源污染影响联安水库的水质，市政截污管网建设尚不健全，未形成雨污分流，城区面源污染影响挂绿湖的水质。二是垃圾处理与利用困难，目前增城区垃圾处理仍以填埋和焚烧为主，且仅有一处卫生填埋场，其处理能力为550t/天，远远无法满足增城区每日1214t垃圾的卫生处理需求。三是洪涝灾害风险提高，北部山区发生洪涝灾害的生态风险较高，城区也因排水管网建设相对滞后，面临内涝风险。

针对当前增城区主要的环境问题，需要在完善点状环境基础设施的同时，进一步加强设施的系统性建设，构建从设施到管网，从城市到乡村的环境管控设施体系。

3 绿化工程成效明显，但生态效益有待提高

多年来，增城在全区范围内大力推进绿道建设、开展全民植树绿化活动，实施城区、镇区、社区小公园绿化建设，推进主干河流及道路的生态景观林带建设，加快挂绿湖周边绿化建设，在提高城市品位，改善生态环境与人居环境方面取得明显成效。但部分绿化工程推倒重来，对原有场地的破坏较大，植物的选择与群落构建稍显粗糙，其生态效益有待提高。

4 资源禀赋优良，但资源效益挖掘不足

增城区地貌类型多样，区内低山谷地、丘陵河谷、冲积平原并存，北部林地比重大，全区森林覆盖率达到54.4%，拥有10个森林公园，是广州市东翼的"绿肺"，并与河源市、惠州市的生态林地共同构筑成为珠江三角洲大工业圈中的绿洲。增城区拥有独特的森林资源和田园风光，但在保护生态的同时如何挖掘资源效益，形成生态与经济良性互动，是目前增城区亟须解决的难题。

5 经济发展态势良好，但地区发展不均衡

增城区经济保持较快增速，并已形成汽车、摩托车、纺织服装三大支柱产业，有国家级经济技术开发区和多个工业园。增城区作为广州市"东进"战略的节点，是广州市东部的综合交通枢纽，其经济发展动力足，态势良好。但同时，增城地区经济发展不均衡，呈现独特的"南部生产—中部生活—北部生态"的差异化发展格局。如何充分利用地区差异化的资源禀赋，制定相应的经济发展策略，维系区域和谐、可持续发展，是增城区低碳生态城市建设关注的重点。

6 城镇化平稳推进，但服务设施配套不足

伴随着产业发展与房地产开发，增城区的常住人口呈现稳定增长特征，其城镇化也平稳推进。但与此同时，由于增城区偏重于工业与居住发展，其服务设施的配套滞后。一方面是城镇服务设施等级不高，缺乏高水平服务中心；另一方面是乡村服务设施配套不足，影响城乡一体化发展。

2.3
低碳生态城市建设的SWOT分析

2.3.1 优势（Strength）

1 独具特色的生态区位

增城区地处南亚热带，属海洋性季风气候，气候温和，地势南低北高，南部属珠江三角洲平原，北部是典型的岭南山地。增城区森林资源丰富，是珠江三角洲地区森林公园密集的生态城市，全市森林覆盖率达54.4%，拥有大封门、蕉石岭等9个森林公园和自然生态保护区，是广州东翼的"绿肺"，北优的绿色生态屏障。也是工业高度发达的珠江三角洲经济圈中的一块"翡翠绿洲"。

增城区地处广州、香港、深圳、东莞等大都市区间，具有"多城辐射效应"，因此

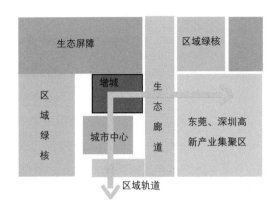

图2-16 增城区在珠江三
角洲中的区位优势

其生态城市建设与其他山区城市有着较大的区别，具有很多潜在的外部优势，尤其体现在通过生态环境资源向生态产业转化的需求较大。近年珠江三角洲地区居民平均收入增加，对健康、休闲、文化旅游的消费意识提升，对旅游的质量和新意提出了更高要求，区位优势使得增城区的生态休闲旅游吸引各地游客纷至沓来，特色生态旅游业具有很大的市场发展空间（图2-16）。

2 青山环绕、绿水穿城的生态格局

增城区北部地势较高，南部较低。北部以低山为主，是九连山脉的延长部分，山脉呈东北与南西走向，平行排列的中山与低山，其间形成了东江与增江；中南部以丘陵地和台地为主；南部是三角洲平原和河谷平原。增城区水系发达，流域面积超过500km²的河流有3条，超过100km²的有6条。青山环绕、绿水穿城是增城区生态格局的典型写照，为低碳生态城市建设奠定良好基础。

3 相对丰富的土地资源优势

增城区土地资源丰富。地形条件分析显示，增城区适宜建设的土地资源面积约占土地总面积的57.06%，主要分布在中南部的平原和低丘地区，可用土地资源相对丰富。同时，增城区内土地类型多样。全区地势自北向南降低，依次大致分为中低山谷地、丘陵河谷平原、冲积平原3种类型，各类型面积约各占总面积的三分之一。相对丰富与特色的土地资源，为低碳生态城市建设提供相对充裕的空间。

4 坚实有力的建设基础

为构建生态优美的幸福增城，近年来增城区全面加强林业生态建设和园林绿化工作，通过实施主体功能区划、青山绿地工程、全民植树绿化、增绿添花工程、挂绿湖周边绿化建设工程、公园化战略等措施，目前增城区共有12个森林公园和20个以经济

林为主体的生态公园，森林覆盖率达到54.4%，其中生态公益林60万亩，占全区林地面积51%；人均公共绿地面积19.73m^2，规划建设了荔湖、鹤之洲、湖心岛等10个湿地公园，现有湿地总面积约2.6万亩，全区2600km各类道路和河流全面实现了林网化、林荫化，增城区已成为广州东部的"绿肺"和珠江三角洲城市群中难得的一块绿洲。

增城区先后荣获"全国生态文明建设示范市""绿色小康县""全国绿化模范县（市）""全国森林防火先进单位""林业生态县（市）"等荣誉称号，为低碳生态城市建设奠定了坚实有力的基础。

2.3.2 劣势（Weakness）

1 生态资源效益挖掘不足

增城区在确定南、中、北主体功能区不同发展方向的基础上，各功能区在生态资源效益的挖掘上存在一定的不足。南部由于过分追求经济忽略生态环境建设，生产与城市生活空间出现竞争，导致城市的生态环境压力明显增大，生态设施的效益难以呈现。中部生态设施建设方式较单一，单纯由政府推进生态设施的建设，长远考虑到公益设施的经营性不足，使得大部分的生态效益被开发商掠夺，并遗留包括绿道的经营问题及挂绿湖地区的后续开发。北部体现为产业发展与资源禀赋的不对应，以农业为主的产业发展和其生态资源的丰富程度并不对应，并且缺乏专业策划和专业服务机构促进生态到经济效益的转化。

2 生态产业发展缺乏充分的联动性

当前，增城区生态农业、生态旅游业、生态服务业等产业仍处于各自为政的发展阶段，主要以"小打小闹"为主，难以形成规模化成片发展。包括增城区北部绿道沿线旅游业复合发展情况落后，小楼人家生态农业与旅游服务业未实现融合，大规模的农作物种植基地应与体验式农业旅游相结合，以总部经济、现代物流、教育服务、科研等为主的生产性服务业未实现联动效应。以金融总部为主的总部经济仍处于发展初期，汽车制造、牛仔服装制造等传统工业仍是产业支撑，服务全区的生产性服务业园区尚未建立。

此外，乡村地区经济模式单一。以种植业、养殖业为主的农业项目经营效率低下，由于缺乏可持续的项目而无法获得资金、用地指标、专业人才和配套政策等，农业经济发展较为落后。另一方面"农户生产—自给自足—自主销售"的生产模式造成效率低下、就业困难，从而形成农村地区"产值低—缺乏劳动力—劳动力外迁—低产值"的恶性循环。

3 基础设施与公共服务设施建设滞后

近年来，伴随增城区经济加速发展，增城区城镇规模迅速扩张。城镇规模的扩张主要是以工业项目建设以及房地产开发为主，表现在城镇用地上主要是居住用地和工业用地扩张，城市基础设施和公共服务设施的发展速度明显难以赶上城镇规模的快速扩张。而且增城区城镇发展水平差异较大，北部城镇的基础设施、公共服务设施建设本身就较为滞后，因此，增城区基础设施、公共服务设施建设较为滞后的问题，也是增城区低碳生态城市建设中需要重点关注的问题。

4   绿化建设重形象轻生态

当前城市生态建设过于注重形象美化，而忽视生态系统的功能。生态用地是维系人类社会生存的基础，为人类的社会、经济和文化生活创造必不可少的环境资源条件，不仅是确保区域生态安全、保障城乡可持续发展的支撑，同时具有农业生产、基础设施承载、旅游休闲、文化景观等多种价值。因此，生态用地应注重体现生态、经济、社会服务等多方面功能。

2.3.3   机遇（Opportunity）

1   引导低碳生态城市建设需求

在新的城市发展语境下，城市发展应注重观念更新、体制革新、技术创新和文化复兴，是新型工业化、服务业现代化、社会信息化和农业现代化的生态发育过程。传统的产业内部升级和产业转移模式已成为过去式，下一阶段的产业转型升级是生态化、信息化和现代化的体现，增城区是广东省产业转型升级与城镇化建设的亮点，又是助推广州市生态型产业发展的重要枢纽，在此环境下，生态城市建设具备巨大的发展潜力。

2   大广州战略提供生态优先发展策略

增城区紧临广州市北部山区，同时位于广州市北部的"赤坭—荔城绿色生态走廊"和广州市中部的"江高—新塘绿色生态走廊"当中，在广州市总体规划中是"东进"的主要发展地区，增城区已定为广州市重点发展的片区之一，相关产业也在逐渐向增城区转移。同时，随着广州地铁13号线、16号线、21号线和城际轨道交通广汕线、穗深城际铁路以及广惠汕高铁等一系列轨道交通的规划建设，增城区将成为广州市周边同时具备生态条件和产业辐射能力的重要城市。在此契机下，用好用活大广州的机遇，加快与广州市的产业转型、生态廊道等全方位对接，可使增城区成为独具特色的生态城区。

3   增城区战略升级助推低碳生态转型发展

生态文明建设被给予了前所未有的重视，发展生态经济"大产业"是增城区作为建设广州市周边中等城市的战略选择，从落实主体功能区规划上贯彻扩容提质的战略方针是实现生态型和低密度理念、响应国家发展低碳经济号召、与珠江三角洲及广州市中心城区优势互补和错位发展的重要抓手。随着"四大一美"及"绿道"升级等战略深入发展，增城区实施公园化战略、花园工程、挂绿新城低碳示范建设等重大项目，增城区正在从传统以消耗资源为主的生产方式中转型，步入更健康、更现代、更高档次的城市发展模式当中，为生态城市建设提供温床。

2.3.4 威胁（Threat）

1 生态建设受到土地资源供给的限制

挂绿新城、广州教育城等战略性发展平台的建设需要占用大量的建设用地规模，任何产业的发展都需要配套设施的支撑，因此土地资源供给压力也将日益加剧，从而将制约增城区建设生态城市所必需的土地要素投入，产业拓展的空间不大。因此加强国土规划，完善区域政策，调整产业布局，促进土地资源的集约利用势在必行。必须从城乡土地使用政策上找到合理的办法，对具有较大潜力的生态产业给予一定的政策倾斜，从根本上协调好经济发展与土地需求的矛盾。

2 低碳生态城市建设面临资金压力

生态城市建设需要通过加大基础设施投入来提高其产业承接能力。生态城市发展必须拒绝一些高污染、高能耗的企业，从事绿色生态产品生产，尤其是发展乡村经济，需要充分考虑政策倾向和资金扶持的问题。城乡统筹必须按均等化要求逐步提高对外来人口的公共服务水平，所有这些活动都需要足够的财力保障，无疑将给地方政府带来较大的财政压力。因此必须大力发展创新和特色金融，拓展融资渠道，大力招商引资，确保资金到位，保障低碳生态城市建设发展。

3 缺乏有针对性的政策机制和行动计划

建设低碳生态城市是对传统发展模式的反思和创新，在全国范围内尚处于探索实践阶段，在广东省范围内也缺乏明晰的生态城市建设配套政策与机制。生态城市建设需要依靠投资拉动、鼓励措施、政策优惠等带动生态旅游产业、现代农业和服务业的发展，更需要一套完整的能同时实现生态保护和经济发展的实施机制。如何制定有针对性的政策机制和行动计划，是保障低碳生态城市建设的关键。

3

低碳生态城市
评价指标体系

城市是社会—经济—自然复合生态系统。低碳生态城市的建设是一项涉及面广、综合性强的系统工程。当前低碳生态城市建设正处在一个从理论到实践的探索过程，迫切需要有明确的发展目标和规范的评价标准来引导低碳生态城市的规划、建设、管理各个环节。

3.1
构建原则和参考指标体系

3.1.1　指标体系的构建原则

低碳生态城市指标体系构建的总体原则是建立一套设计合理、操作性强的指标体系，使低碳生态城市这个抽象的复杂系统变得可被理解、被量测，让城市管理决策部门可以定期地了解当前城市处于什么位置，距离低碳生态城市的目标还有多远，未来该如何发展，以期为城市的规划、建设、管理和决策提供数据支持。构建指标体系时遵守以下基本原则：

完备性：可持续发展指标体系中，社会、经济、生态、环境、机制等方面都应该得到体现，而且应得到同样的重视，并相对完备。

客观性：指标体系应当客观体现可持续发展的科学内涵，特别是要体现人们需求的系统性和代际公平性。

独立性：各项指标意义上应互相独立，避免指标之间的包容和重叠。

可测性：指标应可以定量测度，定性指标也应有一定的量化手段进行处理。

数据可获得性：要充分考虑到数据的采集和指标量化的难易程度。

引领性：考虑到增城区的生态环境、经济发展以及管理方面的基础条件较好，参照国家最新政策要求，如生态文明建设区的指标和水污染防治行动计划中的部分指标设置。

动态性：指标体系中的指标对时间、空间或系统结构的变化应具有一定的灵敏度，可以反映社会的努力和重视程度以及可持续发展的态势。

相对稳定性：指标体系中的指标应在相当长一个时段内具有引导和存在意义，短期问题应不予考虑。但绝对不变的指标是不可能的，指标体系将随着时间的推移和情况的改变有所变化。

3.1.2　指标体系覆盖面

根据低碳生态城市内涵、目标与低碳生态城市建设的社会性与过程性的特点，增城区低碳生态城市评价指标体系的构建应覆盖以下领域：

（1）反映增城区低碳生态城市建设的三个基本点：生态经济、生态环境与生态文化的主要特征；

（2）反映增城区低碳生态城市的状态、动态和可持续发展实力；

（3）反映政府与社会在低碳生态城市建设中的努力过程与效果。

3.1.3　参考指标体系

《生态县、生态市、生态省建设指标（修订稿）》（国家环保总局，2007）

《国家生态文明建设试点示范区指标（试行）》（环境保护部，2013）

《绿色低碳重点小城镇建设评价指标（试行）》（住房和城乡建设部，财政部，国家发展和改革委员会，2011）

《住房和城乡建设部低碳生态试点城（镇）申报管理暂行办法》建规〔2011〕78号

《水污染防治行动计划》（国务院，2015）

3.2

指标体系

本指标体系以《生态县、生态市、生态省建设指标（修订稿）》为蓝本，参考了《国家生态文明建设试点示范区指标（试行）》以及其他国内外低碳生态城市指标体系，以及国家的最新生态环保要求，和珠江三角洲、广州市、增城区的相关规划，按照经济发展、生态建设、环境保护和社会进步4个方面，构建了38个指标，其中25个控制性指标，13个引导性指标。根据现状提出了2020年和2030年的规划目标建议值，最终目标值的确定需要根据增城区的现状值和具体情况进行设定。

3.2.1 指标体系

指标体系详见表3-1。

增城区低碳生态城市评价指标体系 表3-1

类别	序号	名称	单位	现状值	2020①规划值	2030规划值	参考值	指标性质	广州市增城区相关负责部门
经济发展	1	地区生产总值	亿元	1026	1628	3515	—	控制性	发改局
	2	农民年人均纯收入	元/人	15858	34500	50000	8000	控制性	发改局、农业局
	3	单位GDP能耗	吨标煤/万元	0.5264	0.5	0.35	0.9	控制性	发改局、经信委、环保局
	4	单位工业增加值新鲜水耗	m³/万元	63	42	20	20	控制性	经信委、环保局
	5	应当实施强制性清洁生产企业通过验收的比例	%	100	100	100	100	引导性	经信委、环保局
	6	第三产业占GDP比例	%	34.36	40	50	40	引导性	发改局、经信委、
	7	生态环保投资占财政收入的比例	%	5.31	10	15	15	引导性	发改局、经信委、环保局
	8	农业灌溉水有效利用系数		0.6	0.6	0.7	0.55	引导性	农业局、水务局
	9	主要农产品中有机、绿色及无公害产品种植面积的比重	%	20（估算）	30	60	60	引导性	农业局、环保局
生态建设	10	森林覆盖率	%	54.4	56	58	山区＞70，丘陵≥40，平原≥15	控制性	林业局、规划局
	11	受保护地区占国土面积比例	%	22	25	30	20	控制性	规划局、城建局、环保局、林业局
	12	*生态用地面积占国土面积的比例	%	43	45	50	20	控制性	规划局、城建局、环保局、林业局
	13	*人均生态用地	m²/人	814	815	820	200	控制性	规划局、城建局
	14	*城镇人均公共绿地面积	m²/人	19.7	20	20	12	控制性	规划局、城建局
环境保护	15	空气质量优良天数比例（好于或等于2级天比例）	%	77	90	98	达到功能区标准	控制性	环保局、发改局
	16	水环境质量（达到功能区标准，区域优于Ⅲ类水比例）	%	50	80	100	达到功能区标准，且城市无劣V类水体	控制性	环保局、经信委
	17	化学需氧量（COD）排放强度	kg/万元（GDP）	0.81	0.7	0.6	0.4	控制性	环保局、经信委
	18	二氧化硫（SO_2）排放强度	kg/万元（GDP）	0.31	0.28	0.25	0.5	控制性	环保局、经信委
	19	集中式饮用水源水质达标率	%	100	100	100	100	控制性	水务局、环保局
	20	城镇污水集中处理率	%	90	100	100	85	控制性	水务局、环保局
	21	工业用水重复率	%	35.76	70	80	80	控制性	经信委、环保局
	22	城镇生活垃圾无害化处理率	%	83.3	100	100	90	控制性	城建局、环保局

① 本书是基于2015年的研究成果，此处数据不做更新。

类别	序号	名称	单位	现状值	2020①规划值	2030规划值	参考值	指标性质	广州市增城区相关负责部门
环境保护	23	工业固体废物处置利用率	%	100	100	100	90	控制性	环保局、经信委
	24	规模化畜禽养殖场粪便综合利用率	%	100	100	100	95	控制性	农业局、经信委、环保局
	25	*农家乐环境达标率	%	30（估算）	60	85	90	控制性	环保局、农业局
	26	农药施用强度	kg/hm²	40.27	20	3	3	控制性	农业局、环保局
	27	化肥施用强度	kg/hm²	852.4	140	120	250	控制性	农业局、环保局
	28	农村污水处理率	%	54	80	90	80	引导性	环保局、农业局
	29	秸秆综合利用率	%	87	90	95	95	引导性	农业局、环保局
社会进步	30	*新建筑绿色建筑比例	%	24	50	75	75	控制性	规划局、城建局
	31	*可再生能源比例	%	3（估算）	5	10	15	控制性	发改局、经信委、城建局
	32	*环境信息公开率	%	80	70	100	100	控制性	发改局、环保局
	33	*非传统水源利用率	%	2（估算）	5	8	20	引导性	水务局、发改局、经信委
	34	*绿色交通出行比例	%	50（估算）	55	70	70	引导性	交通局、规划局、发改局
	35	公众对环境的满意率	%	85	90	98	85	引导性	环保局
	36	*市民环境知识普及率	%	80	85	100	95	引导性	环保局
	37	*生态文明建设工作占党政实绩考核的比例	%	5（估算）	15	20	22	引导性	市政府
	38	*保护自然景观和历史景观，传承历史文化，保持特色风貌	专家打分	75	80	90	100	引导性	规划局、环保局

说明：1. *为在《生态县、生态市、生态省建设指标（修订稿）》基础上新添加的指标。
2. 控制性和引导性指标。控制性指标为重要且易于实现和考核的指标，需要重点考核，引导性指标非常重要，但是基于目前的发展水平，较难达到和考核的指标，可以在不同阶段选择性进行考核。
3. 上述负责部门均为广州市增城区相关职能部门。发改局为广州市增城区发展和改革局，农业局为广州市增城区农业农村局，经信委为广州市增城区经济和信息化委员会，环保局为广州市生态环境局增城区分局，水务局为广州市增城区水务局，林业局为广州市增城区林业和园林局，规划局为广州市规划和自然资源局增城区分局，城建局为广州市增城区住房和城乡建设局，交通局为广州市增城区交通运输局，市政府为广州市增城区人民政府。

3.2.2　指标解释

1　地区生产总值

　　指标解释：地区生产总值简称为地区GDP，是指本地区所有常住单位在一定时期内生产活动的最终成果。地区生产总值等于各产业增加值之和。

　　数据来源：统计部门。

2   农民年人均纯收入

指标解释：指乡镇辖区内农村常住居民家庭总收入中，扣除从事生产和非生产经营费用支出、缴纳税款、上交承包集体任务金额以后剩余的，可直接用于进行生产性、非生产性建设投资、生活消费和积蓄的那一部分收入。

数据来源：统计部门。

3   单位GDP能耗

指标解释：指万元国内生产总值的耗能量。计算公式为：

$$单位GDP能耗 = \frac{总能耗（tce）}{国内生产总值（万元）} \qquad (3-1)$$

数据来源：统计、经济综合管理、能源管理等部门。

4   单位工业增加值新鲜水耗

指标解释：工业用新鲜水量指报告期内企业厂区内用于生产和生活的新鲜水量（生活用水单独计量且生活污水不与工业废水混排的除外），它等于企业从城市自来水取用的水量和企业自备水用量之和。工业增加值指全部企业工业增加值，不限于规模以上企业工业增加值。计算公式为：

$$单位工业增加值新鲜水耗 = \frac{工业用新鲜水量（m^3）}{工业增加值（万元）} \qquad (3-2)$$

数据来源：统计、经贸、水利、环保等部门。

5   应当实施强制性清洁生产企业通过验收的比例

指标解释：《中华人民共和国清洁生产促进法》规定：污染物排放超过国家和地方规定的排放标准或者超过经有关地方人民政府核定的污染物排放总量控制标准的企业，应当实施清洁生产审核。使用有毒、有害原料进行生产或者在生产中排放有毒、有害物质的企业，应当定期实施清洁生产审核。同时规定，省级环保部门在当地主要媒体上定期公布污染物超标排放或者污染物排放总量超过规定限额的污染严重企业的名单。

数据来源：经贸、环保、统计部门。

6   第三产业占GDP比例

指标解释：指第三产业的产值占国内生产总值的比例。计算公式为：

$$第三产业占GDP比例 = \frac{第三产业产值}{国内生产总值（GDP）} \quad （3-3）$$

数据来源：统计部门。

7 生态环保投资占财政收入的比例

指标解释：指用于环境污染防治、生态环境保护和建设投资占当年国内生产总值（GDP）的比例。要求近三年污染治理和生态环境保护与恢复投资占GDP比重不降低或持续提高。计算公式为：

$$环保投资占GDP的比重 = \frac{污染防治投资 + 生态环境保护和建设投资}{国内生产总值（GDP）} \times 100\% \quad （3-4）$$

数据来源：统计、发展改革、建设、环保部门。

8 农业灌溉水有效利用系数

指标解释：指田间实际净灌溉用水总量与毛灌溉用水总量的比值。毛灌溉用水总量指在灌溉季节从水源引入的灌溉水量；净灌溉用水总量指在同一时段内进入田间的灌溉用水量。计算公式为：

$$农业灌溉水有效利用系数 = \frac{净灌溉用水总量}{毛灌溉用水总量} \quad （3-5）$$

数据来源：水利、农业、统计部门。

9 主要农产品中有机、绿色及无公害产品种植面积的比重

指标解释：指有机、绿色及无公害产品种植面积与农作物播种总面积的比例。有机、绿色及无公害产品种植面积不能重复统计。计算公式为：

$$\begin{array}{c}有机、绿色及无公害\\产品种植面积的比重\end{array} = \frac{有机、绿色及无公害产品种植面积}{农作物种植总面积} \times 100\% \quad （3-6）$$

数据来源：农业、林业、环保、质检、统计部门。

10 森林覆盖率

指标解释：森林覆盖率指森林面积占土地面积的比例。高寒区或草原区林草覆盖率是指区内林地、草地面积之和与总土地面积的百分比。计算公式为：

$$林草覆盖率 = \frac{林地、草地面积之和}{总土地面积} \times 100\% \quad （3-7）$$

数据来源：统计、林业、农业、国土资源部门。

11   受保护地区占国土面积比例

指标解释：指辖区内各类（级）自然保护区、风景名胜区、森林公园、地质公园、生态功能保护区、水源保护区、封山育林地等面积占全部陆地（湿地）面积的百分比，上述区域面积不得重复计算。

数据来源：统计、环保、建设、林业、国土资源、农业等部门。

12   生态用地占国土面积的比例

指标解释：指辖区内生态用地面积占国土面积的比例。

生态用地：指为了保障城乡基本生态安全，维护生态系统的完整性，所需要的土地。包括：林地、草地、湿地等具有水源涵养、防风固沙、土壤保持等生态功能的区域。上述区域面积不得重复计算。计算公式为：

$$生态用地比例 = \frac{辖区内生态用地面积}{辖区土地总面积} \times 100\% \qquad （3-8）$$

数据来源：国土、城建、环保、农业、林业、统计等部门。

13   人均生态用地

指标解释：指生态用地的人均占有量。计算公式为：

$$人均生态用地 = \frac{辖区内生态用地面积（m^2）}{常住人口（人）} \qquad （3-9）$$

数据来源：国土、城建、环保、农业、林业、统计等部门。

14   城镇人均公共绿地面积

指标解释：指城镇公共绿地面积的人均占有量。公共绿地包括公共人工绿地、天然绿地，以及机关、企事业单位绿地。

数据来源：统计、建设部门。

15   空气质量优良天数比例

指标解释：指辖区空气环境质量达到国家有关功能区标准要求，目前执行现行标准《环境空气质量标准》GB 3095和《环境空气质量功能区划分原则与技术方法》HJ1。

数据来源：环保部门。

16 水环境质量

指标解释：达到功能区标准，并且区域内优于Ⅲ类水的比例。
数据来源：环保部门。

17 化学需氧量（COD）排放强度

指标解释：指单位GDP所产生的主要污染物数量。按照节能减排的总体要求，本指标计算化学需氧量（COD）的排放强度。计算公式为：

$$化学需氧量COD排放强度 = \frac{全年COD排放总量（kg）}{全年国内生产总值（万元）} \qquad （3-10）$$

COD的排放不得超过国家总量控制指标，且近三年逐年下降。
数据来源：环保部门。

18 二氧化硫（SO_2）排放强度

指标解释：指单位GDP所产生的主要污染物数量。按照节能减排的总体要求，本指标计算二氧化硫（SO_2）的排放强度。计算公式为：

$$二氧化硫SO_2排放强度 = \frac{全年SO_2排放总量（kg）}{全年国内生产总值（万元）} \qquad （3-11）$$

SO_2的排放不得超过国家总量控制指标，且近三年逐年下降。
数据来源：环保部门。

19 集中式饮用水源水质达标率

指标解释：指城镇集中饮用水水源地，其地表水水源水质达到现行标准《地表水环境质量标准》GB 3838Ⅲ类标准和地下水水源水质达到现行标准《地下水质量标准》GB/T 14848Ⅲ类标准的水量占取水总量的百分比。计算公式为：

$$集中式饮用水源水质达标率 = \frac{各饮用水水源地取水水质达标量之和}{各饮用水水源地取水量之和} \times 100\% \qquad （3-12）$$

数据来源：建设、卫生、环保等部门。

20 城镇污水集中处理率

指标解释：城镇污水集中处理率指城市及乡镇建成区内经过污水处理厂二级或二级以上处理，或其他处理设施处理（相当于二级处理），且达到排放标准的生活污水量与城镇建成区生活污水排放总量的百分比。计算公式为：

$$\text{生活污水集中处理率} = \frac{\text{二级污水处理厂处理量} + \text{一级污水处理厂、排江、排海工程处理量} \times 0.7 + \text{氧化塘、氧化沟、沼气池及湿地处理系统处理量} \times 0.5}{\text{城镇建成区生活污水排放总量}} \times 100\%$$

（3-13）

数据来源：建设、环保部门。

21 工业用水重复率

指标解释：指工业重复用水量占工业用水总量的比值。计算公式为：

$$\text{工业用水重复率} = \frac{\text{工业重复用水量}}{\text{工业用水总量}} \times 100\%$$

（3-14）

数据来源：统计、发展改革、经贸、环保部门。

22 城镇生活垃圾无害化处理率

指标解释：城镇生活垃圾无害化处理率指城市及建制镇生活垃圾资源化量占垃圾清运量的比值。无危险废物排放。有关标准采用现行标准《一般工业固体废弃物贮存和填埋污染控制标准》GB 18599、《生活垃圾焚烧污染控制标准》GB 18485、《生活垃圾填埋污染控制标准》GB 16889。

数据来源：环保、建设、卫生部门。

23 工业固体废物处置利用率

指标解释：工业固体废物处置利用率指工业固体废物处置及综合利用量占工业固体废物产生量的比值。有关标准采用现行标准《一般工业固体废弃物贮存和填埋污染控制标准》GB 18599、《生活垃圾焚烧污染控制标准》GB 18485、《生活垃圾填埋污染控制标准》GB 16889。

数据来源：环保、建设、卫生部门。

24 规模化畜禽养殖场粪便综合利用率

指标解释：指集约化、规模化畜禽养殖场通过还田、沼气、堆肥、培养料等方式利用的畜禽粪便量与畜禽粪便产生总量的比例。有关标准按照《畜禽养殖业污染物排放标准》GB 18596和《畜禽养殖污染防治管理办法》执行。

数据来源：环保、农业部门。

25 农家乐环境达标率

指标解释：农家乐的排放污水达到相应的水质标准，垃圾得到合理的处理、安装油烟处理设备等。

数据来源：环保、建设、卫生部门。

26 农药施用强度（折纯）

指标解释：指本年内单位面积耕地实际用于农业生产的农药数量。农药施用量要求按折纯量计算。

数据来源：农业、统计、环保部门。

27 化肥施用强度（折纯）

指标解释：指本年内单位面积耕地实际用于农业生产的化肥数量。化肥施用量要求按折纯量计算。折纯量是指将氮肥、磷肥、钾肥分别按含氮、含五氧化二磷、含氧化钾的百分之百成分进行折算后的数量。复合肥按其所含主要成分折算。计算公式为：

$$化肥施用强度 = \frac{化肥施用量（kg）}{耕地面积（hm^2）} \tag{3-15}$$

28 农村污水处理率

指标解释：指农村居民点等污水经过污水处理设施，且达到排放标准的生活污水量与农村生活污水排放总量的百分比。计算公式为：

$$污水处理率 = \frac{达到排放标准的生活污水量}{农村生活污水排放总量} \times 100\% \tag{3-16}$$

数据来源：农业、统计、环保部门。

29 秸秆综合利用率

指标解释：指综合利用的秸秆数量占秸秆总量的比例。秸秆综合利用包括秸秆气化、饲料、秸秆还田、编织、燃料等。计算公式为：

$$秸秆综合利用率 = \frac{综合利用的秸秆数量}{农村秸秆总量} \times 100\% \qquad (3-17)$$

数据来源：统计、农业、环保部门。

30 新建建筑绿色建筑比例

指标解释：新建建筑中绿色建筑占所有新建建筑的比例。计算公式为：

$$新建建筑绿色建筑比例 = \frac{新建建筑中的绿色建筑}{所有新建建筑} \times 100\% \qquad (3-18)$$

数据来源：建设部门。

31 可再生能源比例

指标解释：指可再生能源在能源供应结构中的比重。可再生能源包括太阳能、风能、水能、地热、潮汐、生物质能等可在自然界再生的能源。

数据来源：市政部门、电力部门。

32 环境信息公开率

指标解释：指政府主动信息公开和企业强制性信息公开的比例。

注：环境信息包括政府环境信息和企业环境信息。政府环境信息指环保部门在履行环境保护职责中制作或者获取的，以一定形式记录、保存的信息。环保部门应当遵循公正、公平、便民、客观的原则，及时、准确地公开政府环境信息。企业环境信息指企业以一定形式记录、保存的，与企业经营活动产生的环境影响和企业环境行为有关的信息。企业应当按照自愿公开与强制性公开相结合的原则，及时、准确地公开企业环境信息。环境信息公开标准参照原国家环保总局2007年发布的《环境信息公开办法（试行）》的管理规定执行。

数据来源：统计、环保部门。

33 非传统水源利用率

指标解释：指除新鲜用水之外的非传统水源（包括再生水、海水淡化水、雨水等）

在增城区用水总量中所占的百分比。计算公式为：

$$非传统水源利用率=\frac{除新鲜用水之外的非传统水源}{用水总量}×100\%\qquad（3-19）$$

数据来源：市政部门、水务部门

34　绿色交通出行比例

指通过低污染的、有利于城市环境的多元化的城市交通工具来完成社会经济活动的交通运输系统。绿色出行方式是指区域内人的出行选择除小汽车以外的污染小的交通出行方式，如公共交通、自行车、步行等。绿色出行所占比例是指选择以上绿色出行方式的人数占总出行人数的比例。

数据来源：交通、统计、发改、环保等部门。

35　公众对环境的满意率

指标解释：指公众对环境保护工作及环境质量状况的满意程度。

数据来源：环境公报、问卷调查等。

36　市民环境知识普及率

指标解释：公众对生态环境保护、生态伦理道德、生态经济文化等生态文明相关知识的掌握情况。由国家生态文明考核组依据相关统计方法组织人员通过问卷调查或委托独立的权威民意调查机构获取的指标值，以知晓人员数量占调查总人数的比例表示。抽查总人数不少于辖区人口的千分之一。

数据来源：问卷调查。

37　生态文明建设工作占党政实绩考核的比例

指标解释：指地方政府党政干部实绩考核评分标准中生态文明建设工作所占的比例。该指标考核的目的是推动创建地区将生态文明建设纳入党政实绩考核范畴，通过强化考核，把生态文明建设工作任务落到实处。

数据来源：组织、环保部门。

38　保护自然景观和历史景观，传承历史文化，保持特色风貌

数据来源：现场调研和专家打分。

3.3
方法和数据

3.3.1 方法

1 全排列多边形图示指标法

全排列多边形图示指标法是一种客观的评价方法，在评价过程中没有涉及主观性较强的权重确定问题，使得评价结果最大可能地反映评价对象的真实水平。该方法与现有的多因素统计方法相比有较大优势，其主要特点有计算简单、可视化效果好和可观性强等。王如松等最早开始基于全排列多边形图示指数法的生态评价相关研究。随后，该方法被引入土地利用评价、持续利用评价、生态安全性评价等方面的研究。研究证明，全排列多边形图示指标法，既能反映综合指数，又能反映单项指标，并有效避免了主观因素在评价过程中的影响。

全排列多边形图示指标法的基本思想是：假设评价对象共有n个评价指标，这n个指标之间有相对的独立性。首先对数据对象进行标准化，标准化方法采用双曲线标准化函数：

$$F(x) = \frac{a}{bx+c} \qquad (3-20)$$

$F(x)$满足：

$$F(x)|_{x=L} = -1 \qquad (3-21)$$

$$F(x)|_{x=T} = 0 \qquad (3-22)$$

$$F(x)|_{x=U} = 1 \qquad (3-23)$$

式（3-20）-式（3-23）中，a、b和c为双曲线函数的参数；L、U和T分别为指标x的下限值、上限值和临界值。根据标准化公式，得到最终的标准化函数：

$$F(x) = \frac{(U-L)(U-T)}{(U+L-2T)x+UT+LT-2LU} \qquad (3-24)$$

分析标准化函数$F(x)$的性质可知，标准化函数$F(x)$实现了将位于上限与下限之间的指标值映射到-1和1之间，这样的数值既保持了原有的相对大小关系，又使归一化处理更便于后续的比较研究。该标准化函数还改变了指标在-1和1之间的增长速度，当指标值小于临界值时，标准化后的指标变化速率越来越慢，反之，标准化后的指标变化速率越来越快，变化速度的临界点处于临界值位置。因此，对于第i个指标对象，标准化值计算公式为：

$$S_i = \frac{(U_i - L_i)(x_i - T_i)}{(U_i + L_i - 2T_i)x_i + U_iT_i + L_iT_i - 2U_iL_i}$$ （3-25）

为实现综合指数的纵向比较，指标下限值可根据指标最小值确定，指标上限值可根据最大值确定，临界值可根据待评价对象评价指标的平均值确定。当指标为正向指标时，最小值即为最小值；当指标为逆向指标时，须将数据取负值后再进行最大最小值的判断。由此可见，$S(x)$越大，评价结果越好。因此，全排列多边形综合指标S计算公式为：

$$S = \frac{\sum\limits_{i \neq j}^{i,j}(S_i + 1)(S_j + 1)}{2n(n-1)}$$ （3-26）

式（3-26）中，S_i为第i项指标；S_j为第j项指标（$i < j$）；n为指标个数。

全排列多边形图示指数法的特点如下：

（1）既有单项指标，又有综合指标；既有几何直观图示，又有代数解析数值；既有静态指标，又有动态趋势；

（2）每个指标都有上限、下限和临界值；

（3）与传统简单加权法相比，不用专家主观评判权系数的大小，只要参考相关阈值确定与决策相关的上限、下限和临界值即可，减少了主观随意性；

（4）综合方法改传统加法为多维乘法，当分项指标值落在临界值以下时，其对综合指标产生紧缩效应（边长小于1）；当分项指标值落在临界值以上时，其对综合指标产生放大效应（边长大于1）。反映了整体大于或小于部分之和的系统整合原理。

2　可持续发展综合指数评价分级标准

将可持续发展综合指数划分为4级，见表3-2。

城市可持续发展综合指数分级标准　　　　　　　　　　　　　　　　　　　　　　　表3-2

等级	指数值	定性评价
I	大于0.75	可持续发展能力优良
II	0.5 - 0.75	可持续发展能力较好
III	0.25 - 0.5	可持续发展能力一般
IV	小于0.25	可持续发展能力较差

3.3.2　数据获取

参考当地社会经济统计年报、水资源公报、环境公报、节能考核报告、政府工作报告等相关资料数据以及实地调查从各相关部门获取一手资料等。部分重要指标由于目前统计途径的欠缺，不能获得精确的数据，则根据当地调研的情况进行估算，虽然数字不是特别精确，但是能代表其状态和趋势，有助于帮助判断和识别目前发展中的问题。指标的临界值和上下限值根据国家和国际上相应指标的标准和规范确定。

3.4
结果分析

采用全排列多边形图示指标法，按照不同的规划阶段，对增城区从经济发展、生态建设、环境保护和社会进步四个方面分别进行评价，最后进行综合评价。

3.4.1 经济发展评价

相关资料显示：2000—2014年，增城区地区生产总值、农民年人均收入都较高，但是增城区的总体经济发展指数较低，为0.30，处于Ⅲ级水平。总体经济发展水平较低的主要原因是经济结构不够优化，主要靠粗放的资源消耗型的加工制造业，其中主要农产品中有机、绿色及无公害品种种植面积的比重，第三产业占GDP的比重，生态环保投资占财政收入的比重较低，单位工业增加值新鲜水耗、农业灌溉水有效利用系数较低。目前存在的主要问题是经济结构不够优化，经济效益较低，要努力实现资源密集型产业向旅游业、物流产业、金融产业等的生态转型，降低单位GDP的资源能源消耗，经济发展还是有很大的发展潜力。根据制定的规划值，到2020年，经济发展指数达到0.40，2030年经济发展指数达到0.61，进入Ⅱ级水平（图3-1）。

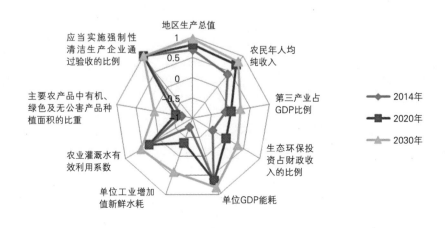

图3-1 增城区经济发展评价图

3.4.2 生态建设评价

增城区生态建设成果较好，各方面发展较为均衡，尤其是森林覆盖率、城镇人均公共绿地面积、人均生态用地等方面都在全国领先，一直处于Ⅰ级水平。在今后发展中需要继续保持优势，优化和整合生态资源，将生态资产转变成经济效益（图3-2）。

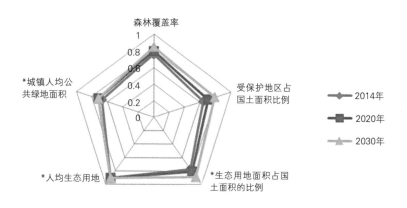

图3-2 增城区生态建设评价图

3.4.3 环境保护评价

增城区的环境基础设施和管理较好，但目前增城区的环境保护指数为0.34，处于Ⅲ级水平。其主要原因是，化肥和农药超标严重（化肥超标3倍，农药超标12倍），对生态系统尤其是水生态系统和人体健康造成很大危害，需要引起重视。水环境问题仍然突出，存在农村污水处理率较低、工业用水重复率低、水环境质量较差等问题。此外，农家乐环境质量也急需整治。根据规划值，环境保护指数随着规划时段的推移逐渐增长，截至2020年经济发展指数达到0.64，处于Ⅱ级水平，2020年增城区地区生产总值实现1062.64亿元，增速排名进入全市前列。其中，实际利用外资增速、新登记企业户数增速、固定资产投资总量、一般公共预算收入、全社会用电量增速等指标均排全市前列；到2030年将达到0.83，达到Ⅰ级良好水平（图3-3）。

3.4.4 社会进步评价

目前增城区的社会进步指数较低，处于Ⅳ级水平，社会进步方面是增城区可持续发展城市建设中最为薄弱的一个方面。主要原因是可再生能源利用率、非传统水源利用率、新建建筑中绿色建筑的比例等较低。社会进步指数随着规划时段的推移逐渐增长，到2020年达到0.34，处于Ⅲ级水平；到2020年将达到0.65，达到Ⅱ级良好水平。总体来说，社会进步是4项指标中最有难度和挑战的评价指标，是一种软实力，更多需要基于管理、消费和行为习惯等方面做起，或者某些技术成本较高，因此具有较大的难度，需要循序渐进（图3-4）。

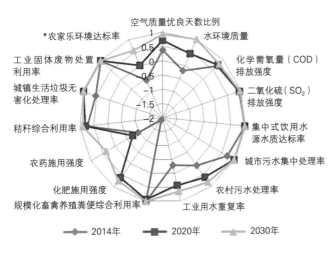

图3-3 增城区环境保护评价图

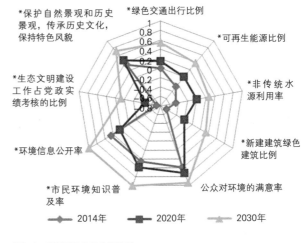

图3-4 增城区社会进步评价图

3.4.5 可持续发展能力综合评价

目前增城区可持续发展综合指数为0.42，处于Ⅲ级水平（表3-3），发展能力一般，主要原因是生态本底优越，经济发展和环境保护一般，但社会进步方面较差。随着生态城市建设的开展，到2020年综合指数将达到0.63，达到良好状态，进入Ⅱ级水平；到2030年增城区的可持续发展能力综合指数将达到0.88，达到优良状态进入Ⅰ级水平（图3-5、图3-6）。

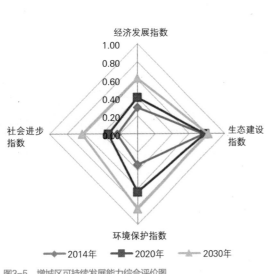

图3-5 增城区可持续发展能力综合评价图

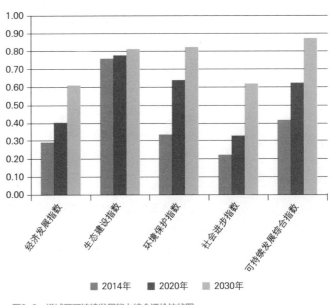

图3-6 增城区可持续发展能力综合评价柱状图

增城区低碳生态城市建设各规划阶段可持续发展能力的综合评价   表3-3

指标	2014年规划值		2020年规划值		2030年规划值	
	指数	等级	指数	等级	指数	等级
经济发展	0.30	Ⅲ	0.40	Ⅲ	0.61	Ⅱ
生态建设	0.76	Ⅰ	0.78	Ⅰ	0.81	Ⅰ
环境保护	0.34	Ⅲ	0.64	Ⅱ	0.83	Ⅰ
社会进步	0.23	Ⅳ	0.33	Ⅲ	0.62	Ⅱ
综合指数	0.42	Ⅲ	0.63	Ⅱ	0.87	Ⅰ

3.5
讨论与结论

    综上：基于增城区经济发展、生态建设与环境保护工作的良好基础，同时相关领导及部门也非常重视生态建设，也是城乡统筹的示范区，因此给增城区设计的评价指标体系比较全面，同时加入了一些较新的指标和较高的参考值要求，所以评价结果可能偏低。

    从评价结果可以看出增城区的生态本底和经济基础良好，但需要进一步调整经济结构，优化经济效益，降低单位GDP的资源和能源消耗以及污染物排放，缩小城乡、南北经济差异，加强农村环境治理和水污染治理，逐步推进绿色建筑和可再生能源的利用，同时虽然本地水资源丰富，但也应注意节约用水和水环境保护，以及软环境的建设。

4

生态经济功能区划
与分区发展导引

4.1
区划目标

生态经济功能区划是指根据区域生态环境与社会经济要素、生态敏感性与生态系统服务功能的空间分异规律，将区域划分成不同生态经济功能区的过程。其目的是为制定区域生态环境保护与建设规划、维护区域生态安全以及指导自然资源开发和产业合理布局、推动经济社会与生态环境保护协调发展提供科学依据，并为环境管理部门和决策部门提供管理信息与管理手段。生态经济功能区划是生态保护工作由经验型管理向科学型管理转变、由定性型管理向定量型管理转变、由传统型管理向现代型管理转变的一项重大基础性工作，在参与政府管理、指导生态保护和规范生态建设中将发挥重要作用。

增城区生态经济功能区划的目标包括分析不同区域生态系统类型、生态敏感性和生态系统服务功能的空间分异特征，评价不同区域城镇化的复合生态环境效应以及区域生态资产和生态服务功能对社会经济发展的作用，提出生态经济功能区划方案，明确各类生态经济功能区的主导生态服务功能以及生态保护目标，划定对区域生态安全起关键作用的重要生态功能区域，指导区域生态保护与生态建设、产业布局、资源利用和经济社会发展规划，协调社会经济发展和生态保护的关系。

4.2
区划指导思想

增城区生态经济功能区划要以深入贯彻落实习近平生态文明思想、科学发展观、树立生态文明理念、实施可持续发展战略为指导，运用城市复合生态系统理论与方法，以协调人与自然的关系、协调生态保护与经济社会发展关系、增强生态支撑能力、保障社会经济发展为目标，在充分认识区域生态系统结构、过程及生态服务功能空间分异规律的基础上，划分生态经济功能区，明确对保障区域生态安全有重要意义的地域，以指导区域生态保护与建设、自然资源有序开发和产业合理布局，推动经济社会与生态保护协调、健康发展，建设美丽增城。

生态经济功能区划作为增城区国土空间开发的战略性、基础性和约束性规划，它的编制和实施有利于推进经济结构战略性调整，加快转变经济发展方式，实现科学发展；有利于按照以人为本的理念推进区域协调发展，缩小地区间基础设施建设和人民生活水平的差距；有利于引导人口分布、经济布局与资源环境承载能力相适应，促进人口、经济、资源环境的空间均衡；有利于从源头上扭转生态环境恶化趋势，促进资源节约和环境保护，提高生态系统服务功能与可持续发展能力；有利于打破行政区划界限，制定实施更有针对性的区域政策和绩效考核评价体系，加强和改善区域调控机制。

4.3

区划原则

1 可持续发展原则

生态经济功能区划的目的是促进资源的合理利用与开发，避免盲目的资源开发和生态环境破坏，增强区域社会经济发展的生态环境支撑能力，促进区域的可持续发展。

2 发生学原则

根据区域生态环境问题、生态环境敏感性、生态服务功能与生态系统结构、格局、过程的关系，确定区划中的主导因子及区划依据。

3 主导功能原则

生态功能的确定以生态系统的主导服务功能为主。在具有多种生态服务功能的地域，以生态调节功能优先；在具有多种生态调节功能的地域，以主导调节功能优先。

4 相似性原则

自然环境是生态系统形成和分异的物质基础，虽然在特定区域内生态环境状况趋于一致，但由于自然因素的差别和人类活动影响，区域内生态系统结构、过程和服务功能存在某些相似性和差异性。生态经济功能区划是根据区划指标的一致性与差异性进行分区的，但必须注意这种特征的一致性是相对一致性，不同等级的区划单位各有一致性标准。

5 分级区划原则

增城区生态经济功能区划应从满足全市经济社会发展和生态保护工作宏观管理的需要出发，进行市域范围的划分。各镇区生态经济功能区划应与全市生态经济功能区划相衔接，应更能满足各镇区经济社会发展和生态保护工作微观管理的需要。

6 区域相关性原则

在空间尺度上，任一类型的生态服务功能都与该区域，甚至更大范围的自然环境与社会经济因素相关。在区划过程中，要综合考虑流域上下游的关系、区域间生态功能的互补作用，根据保障区域生态安全的要求，分析和确定区域的主导生态功能。

7 区域共轭性原则

区域所划分的对象必须是具有独特性且空间上完整的自然区域，即任何一个分区必须是完整的个体，不存在彼此分离的部分。

8 行政区完整性原则

在区划中要综合考虑自然区域和行政区域，包括行政区划的完整性，使所有分区在现有行政体系下具有实实在在的可操作性。

9 协调性原则

增城区生态经济功能区的确定要与区域规划、重大经济技术政策、经济社会发展规划和其他各种专项规划相衔接。

4.4
区划方法

通过区域生态系统和社会经济系统构成分析，采用"自上而下"和"自下而上"相结合的方法，通过构建生态经济区划指标体系，依靠GIS等工具，综合运用空间叠置法、定量分析法和聚类分析法，将社会经济发展度、生态系统保护度、资源环境承载力等要素结合起来，进行区域的生态功能和经济功能的综合分区。

生态经济区划指标体系主要包括生态经济区划的3大模块（社会经济发展度、生态系统保护度、资源环境承载力）和10项集成性指标（经济发展水平、人口集聚度、区位优势度、生态系统脆弱性、水源涵养重要性、土壤保持重要性、生物多样性维护重要性、可利用土地资源、可利用水资源、环境容量超载度）以及几十项基本指标。这一指标体系涵盖了区域社会经济、生态系统、资源禀赋、环境容量、自然灾害等方面。

4.5
区划内容与方案

4.5.1 社会经济发展度模型

1 经济发展水平指标

（1）人均GDP

人均GDP可衡量经济发展状况及人民生活水平，将一个地区核算期内（通常是一年）实现的GDP与这个地区的常住人口（常住户籍人口）相比进行计算，即得到人均GDP，其计算公式如下：

$$GDP_{人均}=GDP/PN \tag{4-1}$$

式中　$GDP_{人均}$——计算单元人均GDP；

　　　GDP——计算单元核算期内实现的GDP；

　　　PN——计算单元常住人口数目。

（2）GDP增长率

GDP增长率是反映一定时期内经济发展水平变化程度的动态指标，用于反映一个地区经济的活力，它的大小意味着经济增长的快慢，意味着人民生活水平提高所需时间的长短，其计算公式如下：

$$GDP_{增长率}=(GDP_{N_2}/GDP_{N_1})^{1/(N_2-N_1)}-1 \tag{4-2}$$

式中　$GDP_{增长率}$——计算单元的GDP增长率；

GDP_{N_1}、GDP_{N_2}——N_1、N_2两个不同年度的GDP，N_2-N_1的值应大于3年。

（3）经济发展水平模型

经济发展水平应综合反映区域内不同空间单元经济发展状况及发展态势，反映出整个区域经济发展水平的空间差异及特征。因此综合人均GDP、GDP增长率两个指标可得经济发展水平模型，其计算公式如下：

$$EDL=GDP_{人均}\times k_{GDP增长率} \tag{4-3}$$

式中　EDL——计算单元经济发展水平；

　　$k_{GDP增长率}$——经济发展水平权系数，一般取值为1－4；根据计算单元的GDP增长率，利用聚类统计的方法将计算单元聚为4类，依照GDP增长率从低到高赋值1－4。

2　人口集聚度指标

（1）人口密度模型

人口密度用来反映地区人口的密集程度，可间接反映出人口自然增长的速度，是单位面积土地上居住的人口数，其计算公式如下：

$$PD=PN/LA \tag{4-4}$$

式中　PD——计算单元人口密度；

　　　LA——计算单元土地面积。

（2）人口流动强度模型

人口流动强度可以反映本区域内人口流动程度的强弱，其计算方法为计算单元暂住人口数目与总人口的比值，其计算公式如下：

$$PMS=TP/PN \tag{4-5}$$

式中　*PMS*——计算单元人口流动强度；

　　　　TP——计算单元暂住人口数。

（3）人口集聚度模型

综合人口密度、人口流动强度两个指标项可得人口集聚度模型，其计算公式如下：

$$PA=PD\times d_{PMS} \tag{4-6}$$

式中　*PA*——计算单元人口集聚度

　　　d_{PMS}——人口流动强度权系数，一般取值为1－4；根据计算单元的人口流动强度，利用统计聚类的方法将计算单元聚为4类，依照人口流动强度分级从低到高赋值1－4。

3　区位优势度指标

区位资源已经成为区域社区社会经济发展的重要资源，区位资源优势度的高低可以反映区域社会经济发展能力的强弱。交通及城镇是主要的区位因素，区域交通对物流、能流、信息流有重要的促进作用，区域主要城镇对经济、文化、金融、人力资源等有重要的集聚作用。因此，选取可反映道路与城镇的交通网络密度、交通干线影响度与城镇影响度为主要因素、以网格化的定量技术为指导，建立反映道路与城镇对周边影响形式的模型。

（1）交通网络密度模型

交通网络密度反映区域交通线路的稠密程度，交通线路的通达能力。本体系所建立的交通网络密度是以网格思想为指导的核密度模型，反映出的结果具有层次性，反映区域差异性的能力也更强，其计算公式如下：

$$TD=L/S \tag{4-7}$$

式中　*L*——计算单元*R*距离内的所有道路的长度之和；

　　　S——以*R*为半径的圆的面积，即πR^2，*R*值的大小依据实际情况进行确定，此处*R*=4500m；

　　　TD——计算单元交通网络密度。

为了便于指标之间的比较和叠加，采用线性函数转换将计算所得的指标值进行归一化处理，归一化交通网络密度模型为：

$$TD_1=(TD-TD_{min})/(TD_{max}-TD_{min}) \tag{4-8}$$

式中　TD_1——计算单元归一化交通网络密度；

　　　TD_{max}——所有计算单元中交通网络密度的最大值；

　　　TD_{min}——所有计算单元中交通网络密度的最小值。

（2）交通干线影响度模型

某道路对空间一点的影响随着点与道路距离的增大而减小，而多条道路对同一点的影响又具有累加效应，基于以上思想建立交通干线影响度模型，其计算公式如下：

$$T_{\mathrm{I}}=\sum f(x) \tag{4-9}$$

$$f(x)=kx+MAX \tag{4-10}$$

$$T_{\mathrm{II}}=(T_{\mathrm{I}}-T_{\mathrm{Imin}})/(T_{\mathrm{Imax}}-T_{\mathrm{Imin}}) \tag{4-11}$$

式中　T_{I}——计算单元交通干线影响度；

　$f(x)$——交通干线影响度衰减函数；

　　x——计算单元距离某一道路的距离，单位m；

　　k——交通干线影响度衰减系数（$k<0$），代表空间单元的值随着距离的增大而减小，此处k=0.001；

　MAX——代表道路中心的赋值，根据道路的级别确定其赋值的大小，此处将道路分成三级，道路级别从高到低对应MAX为10000、5000、2000；

　T_{II}——计算单元归一化交通干线影响度。

$f(x)$计算出来的数值仅代表某一条道路对空间某一单元的影响，$\sum f(x)$则代表研究区域内所有道路对某一计算单元的综合影响。

（3）城镇影响度模型

中心城镇对空间一点的影响方式与交通影响方式类似，随着点与城镇距离的增大而减小，多个城镇对同一点的影响也具有累加效应，因此建立城镇影响度模型计算公式如下：

$$U_{\mathrm{I}}=\sum g(x) \tag{4-12}$$

$$g(x)=ax+MAX \tag{4-13}$$

$$U_{\mathrm{II}}=(U_{\mathrm{I}}-U_{\mathrm{Imin}})/(U_{\mathrm{Imax}}-U_{\mathrm{Imin}}) \tag{4-14}$$

式中　U_{I}——计算单元的城镇影响度；

　$g(x)$——城镇影响度衰减函数；

　　x——计算单元距离某一城镇的距离，单位m；

　　a——城镇影响度衰减系数（$a<0$），代表空间单元的值随着距离的增大而减小，此处a=0.001；

　MAX——代表城镇中心的赋值，取值与中心城镇的发展水平相关，发展水平越高，其值越大。此处将发展水平分为4级，从高到低对应MAX分别为40000、30000、20000、10000；

　U_{II}——计算单元归一化城镇影响度。

$g(x)$计算出来的数值仅代表一个城镇对计算单元的影响，$\sum g(x)$代表研究区域内所有城镇对计算单元的影响之和。

（4）区位优势度模型

将反映交通状况的交通网络密度、交通干线影响度与反映城镇影响的城镇影响度三项指标综合得到区域区位优势度模型。为使分项指标可比和便于叠加，采用归一化的交通网络密度、交通干线影响度和城镇影响度。建立区位优势度的平方根方法叠加模型，计算公式如下：

$$LA = \sqrt{(T_{DI}^2 + T_{II}^2 + U_{II}^2)/3}$$ （4-15）

式中　LA——计算单元区位优势度；

　　　T_{DI}——计算单元归一化交通网络密度；

　　　T_{II}——计算单元归一化交通干线影响度；

　　　U_{II}——计算单元归一化城镇影响度。

4　社会经济发展度综合

集成反映区域经济发展水平、人口集聚、区位优势等条件的人口集聚度、经济发展水平和区位优势度结果，建立社会经济发展度模型。为使各指标能够叠加，采用分级经济发展水平、分级人口集聚度、分级区位优势度（图4-1），社会经济发展度模型计算公式如下：

$$SED = \sqrt{(k_{EDL}^2 + k_{PA}^2 + k_{LA}^2)/3}$$ （4-16）

式中　SED——计算单元社会经济发展度值；

　　　k_{EDL}——计算单元分级经济发展水平，根据经济发展水平值，将计算单元聚类统计分为4级，从低到高赋值为1 – 4；

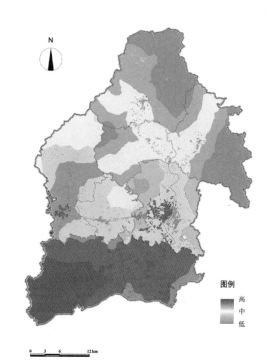

图4-1　增城区社会经济发展度（2013年）

k_{PA}——计算单元分级人口集聚度，根据人口集聚度值，将计算单元聚类统计分
　　　　为4级，从低到高赋值为1-4；

k_{LA}——计算单元分级区位优势度，根据区位优势度值，将计算单元聚类统计分
　　　　为4级，从低到高赋值为1-4。

4.5.2　生态系统保护度模型

生态系统保护度是指生态系统应被保护的程度，是评价一个地区生态系统现状的综合指标。当生态系统重要与脆弱的时候都是值得保护的，因此生态系统保护度模型是将生态系统脆弱性和生态系统服务功能重要性两方面因素进行综合而构建。其中，生态系统脆弱性是指生态系统对抗外界干扰的能力，生态系统服务功能重要性是指生态系统为人类生存和发展所提供的各种环境条件及效用。

1　生态系统脆弱性指标

生态系统脆弱性常通过综合植被类型、植被覆盖度、坡度等指标进行研究。耕地受人类干扰作用较大，生态系统脆弱性较强。植被具有保护土壤、调节气候、提供基本生境、提供初级事物等重要作用，植被稀疏的生态系统承受外界干扰的能力差，反之就强，因此随着植被覆盖度的降低，生态系统脆弱性逐步增强，反之减弱。坡度因子可以反映出地形的影响，相同条件下，坡度越大，水土保持越差，区域生态系统脆弱性越强，反之坡度越小，生态系统脆弱性越弱。降水量与温度对生态系统脆弱性也有重要影响，但是当研究区域尺度较小时，这两个因子在研究区域内随空间变化较小，可以不作为评价因子进行考虑。根据以上分析，将植被类型、植被覆盖度、地面坡度等因子用表格形式综合可得生态系统脆弱性模型，见表4-1。

生态系统脆弱性分级表　　　　　　　　　　　　　　　　　　　　　　　　　　　　表4-1

各指标因子权重	自然因素	0.0341	河流缓冲带（m）	河流	0-200	其他
			赋值	4	2	1
		0.1911	植被覆盖度（%）	<30	30-55	55-80 / >80
			赋值	4	3	2 / 1
		0.3496	坡度（°）	0-10	10-15	15-20 / >20
			赋值	1	2	3 / 4
		0.1517	地貌类型（海拔：m）	平原<50	丘陵50-150	中山、低山150-500 / 高山>500
			赋值	1	2	3 / 4
	人为因素	0.0690	道路缓冲带（m）	0-200		其他
			赋值	4		1
		0.2045	土地利用类型	林地、水体	城乡用地	耕地、草地 / 荒地
			赋值	1	2	3 / 4

注：模型中所列出的参数应根据当地实际情况进行确定和调整。

2 生态系统服务功能重要性指标

生态系统服务功能包括生态系统涵养水源、保持土壤、生物多样的提供等多种功能，因此生态系统服务功能重要性指标采用水源涵养重要性、土壤保持重要性、生物多样性维护重要性3项指标综合而得。

（1）水源涵养重要性模型

生态系统水源涵养功能包括生态系统涵养水源、改善水文状况、调节区域水分循环等功能。从植被覆盖角度考虑，蓄水能力高的植被类型主要为各类常绿阔叶林、干性常绿硬叶阔叶林、高山栎类林、针阔叶混交林、天然次生和人工常绿落叶阔叶混交林等；蓄水能力较高的植被类型多为竹林、圆柏林、青杆林等；蓄水能力中等的植被类型为常绿革叶灌丛、落叶阔叶革叶灌丛、针叶灌丛等；蓄水能力较差的植被类型多为农业水作和旱作植被类型。从地貌类型角度考虑高山、中低山、丘陵、平原水源涵养功能逐步降低。从降雨量角度考虑，降雨量越大，计算单元水源涵养重要性越高。水源涵养重要性结果采用加权叠加的方法对植被覆盖、地貌类型、降水量3个因子进行综合而得，计算公式以及各因子分级标准（表4-2）如下：

$$WC = \sum_{i=1}^{3} C_i W_i \qquad (4-17)$$

式中　WC——计算单元水源涵养重要性指数；

C_i——计算单元第i因子重要性分级值；

W_i——计算单元第i因子权重，常采用AHP（层次分析法）进行权重的确定。本研究中$W_1=3/5$、$W_2=1/5$、$W_3=1/5$。

水源涵养重要性分级表　　　　　　　　　　　　　　　　　　　　　　　　　　　　表4-2

土地利用类型	地貌类型（m）	降水量（mm）	重要性	分级赋值
水体、有林地（$FVC>0.88$）	高山>500	>2050	极重要	4
其他林地（$FVC<0.88$）	中山、低山 150-500	1900-2050	重要	3
灌木、草地	丘陵50-150	1750-1900	比较重要	2
农作物、城乡用地、荒地	平原<50	<1750	一般重要	1

注：模型中所列出的参数需根据当地实际情况进行适当调整。

（2）土壤保持重要性模型

土壤保持功能是基本的陆地生态系统服务功能，土壤保持功能重要性是在考虑土壤侵蚀脆弱性的基础上，分析土壤流失对下游水资源可能造成的危害程度。土壤保持重要性随着生态系统脆弱性的增强而增强，随着影响水体级别的降低而降低，采用表格形式将生态系统脆弱性及影响水体两因子结合，构建土壤保持重要性模型，见表4-3。

土壤保持重要性分级表　　　　　　　　　　　　　　　　　　　　　　　　　表4-3

影响水体 ＼ 生态系统脆弱性	不脆弱	略脆弱	较脆弱	脆弱
一级河流集水区、一级水源保护区及水库	比较重要	重要	极重要	极重要
二级河流集水区域、二级水源保护区	一般重要	比较重要	重要	极重要
三级及以上河流集水区域	一般重要	一般重要	比较重要	重要

（3）生物多样性维护重要性模型

生物多样性及其栖息地是人类赖以生存的基础，人类的发展离不开自然界中各种各样的生物资源及其服务功能，其主要包括生态系统多样性、物种多样性、遗传多样性和景观多样性。近几个世纪以来，物种灭绝、生物多样性降低的速度加快，分析生物多样性维护重要性成为研究生态系统服务功能的重要内容。生物多样性维护重要性主要分析区域内不同地区生物多样性需要保护的重要程度。不同的生物栖息地类型，其物种多样性是不同的，自然保护区等保护区域由于受到特殊的保护，生物生存条件较好，物种多样性高；其他地区生物多样性从林地到灌木林、草地再到农田逐步降低。因此可根据物种栖息地不同分别进行赋值来构建生物多样性维护重要性模型，见表4-4。

生物多样性保护重要性分级表　　　　　　　　　　　　　　　　　　　　　　表4-4

栖息地分类	重要性	赋值
自然保护区	极重要	4
自然风景名胜区、林地、水体	重要	3
灌木林、草地	比较重要	2
耕地、居民点、其他	一般重要	1

（4）生态系统服务功能重要性模型

对反映生态系统水源涵养、土壤保持、生物多样性3方面服务功能的指标采用加权叠加模型进行集成得到生态系统服务功能重要性模型，计算公式如下：

$$ES = C_1 \times WC_{RC} + C_2 \times SC + C_3 \times BDC \tag{4-18}$$

式中　ES——计算单元生态系统服务功能重要性值；

　　WC_{RC}——计算单元分级水源涵养重要性值，根据水源涵养重要性值，将计算单元聚类统计分为4级，从低到高赋值为1-4；

　　SC——计算单元土壤保持重要性值，按照土壤保持重要性从一般重要到重要赋值为1-4；

　　BDC——计算单元生物多样性维护重要性值，按照生物多样性维护重要性从低到

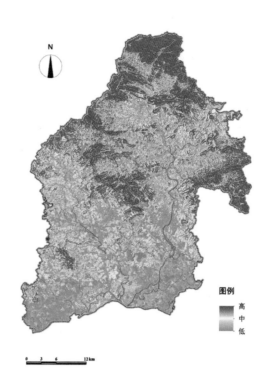

图4-2 增城区生态系统保护度（2013年）

高赋值为1－4；

$C_1 - C_3$——分别表示WC、SC、BDC因子的权重，常采用AHP（层次分析法）进行权重的确定，此处$C_1=C_2=C_3=1/3$。

3 生态系统保护度综合（图4-2）

采用加权叠加模型对生态系统脆弱性与生态系统服务功能重要性指标进行综合得到生态系统保护度模型，计算公式如下：

$$ESP=C_1\times EV+C_2\times ES \qquad (4-19)$$

式中 ESP——计算单元生态系统保护度值；

EV——计算单元生态环境脆弱性值，按照土壤侵蚀脆弱性从不脆弱到脆弱分别赋值为1－4；

ES——计算单元生态系统服务功能重要性值，根据上述计算结果可知范围为从低到高为1－4；

C_1、C_2——分别表示EV和ES两因子的权重，常采用AHP（层次分析法）进行权重的确定。$C_1=0.4$、$C_2=0.6$。

4.5.3 资源环境承载力模型

资源环境承载力从资源对区域经济社会发展的支撑作用与环境对区域经济社会发展的限制作用两方面来反映资源环境对区域社会经济发展的承载能力。土地资源、水资源是区域发展的基础条件，资源量越大对区域经济社会发展越有利。环境容量超载度与缺水量是区域发展的限制条件，这两者值越大，对区域经济社会发展的限制作用越强。按照以上分析，综合土地、水资源与环境容量超载度的支撑与限制作用可得区域环境承载力模型。

1　街镇可利用土地面积

可利用土地资源不是单纯的土地，它是除去基本农田、林草地资源、水体、已有建设用地以外的适宜建设的土地，是承载区域未来人口集聚、工业化和城镇化发展的土地资源。其指标项主要为已有建设用地面积、适宜建设用地面积、基本农田面积等，可利用土地资源计算方法为适宜建设用地面积减去已有建设用地面积再减去基本农田面积，计算公式如下：

$$ALR=SCL-ECL-BF \qquad (4-20)$$

$$SCL=SH-WA-WGL \qquad (4-21)$$

$$ECL=UL+RL+CL+TL+HS \qquad (4-22)$$

$$BF=FA\times\beta \qquad (4-23)$$

式中　ALR——计算街镇可利用土地面积；

　　　SCL——计算单元适宜建设用地面积；

　　　ECL——计算单元已有建设用地面积；

　　　BF——计算单元基本农田面积；

　　　SH——计算单元内符合一定坡度和海拔条件的土地面积；

　　　WA——计算单元内水域面积；

　　WGL——计算单元内林草地面积；

　　　UL——计算单元内城镇用地面积；

　　　RL——计算单元内农村居民点用地面积；

　　　CL——计算单元内独立工矿用地面积；

　　　TL——计算单元内交通用地面积；

　　　HS——计算单元内水利设施用地面积；

　　　FA——计算单元内适宜建设用地面积内的农田面积；

　　　β——基本农田面积占适宜建设用地面积内的农田面积的比例，一般取值范围为（0.8~1），具体数值应根据国土部门划定的基本农田的分布格局设定。

2　单位面积可利用水资源指标

单位面积可利用水资源是保障当地经济和社会发展的基本资源。可利用水资源量是指在经济合理、技术可行和环境容量允许的前提下，通过各种工程措施最大可能地控制利用不重复的一次性水量。单位面积可利用水资源量则是将年总可利用水资源量除以现有的包括生活用水、农业用水和工业用水的区域的面积，体现现有的人类需水土地利用面积上的平均水资源量。该指标可以对比现有的用水强度、建设面积以及人口数量，为当地部门进一步决策（制定节水计划，调节开发强度以及控制人口规模）提供科学依据。其计算公式如下：

$$AWRP=AWR/S \tag{4-24}$$

式中　　$AWRP$——计算单位面积年总可利用水资源量；

AWR——计算单元年总可利用水资源量，此处数据来源为增城区水务局；

S——计算生活用水、农业用水和工业用水的区域的面积。

3　环境容量超载度指标（水污染程度）

环境容量超载度值与剩余环境容量值相反，剩余容量越小，环境容量超载度越大，如果一个地区环境容量超载度越大，此地区对社会经济发展的承载力就弱，限制作用越强。综合数据限制以及指标的科学性，此处以水污染程度代替环境容量超载度。依据增城区战略规划，河流所承担的功能不同，对于河流的目标水质要求也不同，河流水源地和饮用水水源地对水质要求均较高。即使多年平均净流量相同的河段，因为水质要求不同，其河流年最大纳污量也不同。所以在构建指标时，应充分考虑具有不同战略目标的河流所提供的资源和可以容纳的污染强度，并对其进行区分。其计算方法如下：

$$WPD=C_1 \times ECO_{COD}+C_2 \times ECO_{NH_4} \tag{4-25}$$

$$ECO=(PEW-PCW)/PCW \tag{4-26}$$

式中　　WPD——计算水污染程度；

ECO_{COD}——计算目标水体COD水环境容量超载倍数；

ECO_{NH_4}——计算目标水体NH_4水环境容量超载倍数；

PEW——计算年污染物入河量，数据出自增城区水资源综合规划报告（2011—2030）；

PCW——计算年污染物入河控制量，数据出自增城区水资源综合规划报告（2011—2030）；

C_1、C_2——分别表示ECO_{COD}和ECO_{NH_4}两因子的权重，常采用AHP（层次分析法）进行权重的确定，$C_1=0.5$、$C_2=0.5$。

4　单位面积缺水量

单位面积可利用水资源量体现的是自然资源的供给能力，那么单位面积缺水量则可以反映人类局部地区过度用水的现状。无节制的大量用水，会超出自然的最大供给能力，长此以往就会变成不可持续发展。通过此指标的计算结果，可以反映目前用水是否超过年最大可利用水资源量或超过的水平，从而有助于决策部门进行各项节水规划、人口规划和建设发展规划等。具体计算方式是年总缺水量除以那些现有的包括生活用水、农业用水和工业用水的区域的面积，其计算公式如下：

$$SWRP=SWR/S \qquad (4-27)$$

式中　$SWRP$——计算单位面积年总缺水量；

　　　SWR——计算单元年总缺水量；

　　　S——计算生活用水、农业用水和工业用水的区域的面积。

5　资源环境承载力综合（图4-3）

资源环境承载力模型中可利用土地资源、可利用水资源值取小值作为分子体现资源对社会经济发展的保障作用，将环境容量超载度、地质灾害危险性值作为分母体现这两因子对社会经济发展的限制作用，模型见下式：

$$REC= (k_{AWRP} + k_{ALR})/(k_{SWRP}+ k_{WPD}) \qquad (4-28)$$

式中　REC——计算单元资源环境承载力；

　　　k_{AWRP}——计算单位面积分级可利用水资源量，根据单位面积可利用水资源量从低到高，将计算单元聚类统计分为1－4级，并赋以相应的值而得；

　　　k_{ALR}——计算街镇分级可利用土地资源面积，根据可利用土地资源面积从低到高，将计算单元聚类分为1－4级，并赋以相应的值而得；

　　　k_{SWRP}——计算单位面积分级缺水量，根据单位面积分级缺水量从低到高，将计算

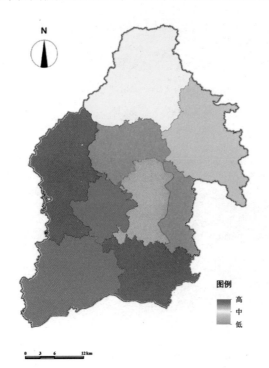

图例

高
中
低

0　3　6　　12km

图4-3　增城区资源环境承载力（2013年）

单元聚类统计分为1 - 4级，并赋以相应的值而得；

k_{WPD}——计算单元水污染程度，根据水污染程度值从低到高，将计算单元聚类统计分为1 - 4级，并赋以相应的值而得。

4.5.4 生态经济区划综合指数模型

生态经济区划综合指数模型既要能体现出社会经济对发展的主导作用，又要能体现出生态环境对发展的限制作用，同时要体现资源环境对发展的调节作用。只有能同时体现以上三方面的生态经济区划综合指数模型，才能比较全面地反映生态经济系统的各个层面。SED和ESP分别体现出计算单元发展和保护的程度，$SED-ESP$值越高的地区生态经济功能趋向于发展类，反之偏向于保护类，REC对生态经济功能起到调节作用，由此构建生态经济区划指数综合模型，计算方法见表4-5。

生态经济区划综合指数模型计算方法表   表4-5

生态经济区划综合指数模型	生态经济发展现状（β_1、β_2 $\in SED-ESP$；$\beta_1 < \beta_2$）	社会经济发展度SED（$\beta_{SED} \in SED$）	生态系统保护度ESP（$\beta_{ESP} \in ESP$）	资源环境承载力REC（β_{REC_1}、$\beta_{REC_2} \in REC$；$\beta_{REC_1} < \beta_{REC_2}$）	区划类型
$EER = f$（$SED-ESP$, REC）	$SED-ESP < \beta_1$	$SED < \beta_{SED}$	$ESP > \beta_{ESP}$	$REC < \beta_{REC_1}$	禁止开发区域
				$REC > \beta_{REC_1}$	限制开发区域
	$\beta_1 < SED-ESP < \beta_2$	$SED < \beta_{SED}$	$ESP < \beta_{ESP}$	$REC < \beta_{REC_2}$	优化开发区域
				$REC > \beta_{REC_2}$	重点开发区域
		$SED > \beta_{SED}$	$ESP > \beta_{ESP}$	$REC < \beta_{REC_1}$	限制开发区域
				$REC > \beta_{REC_1}$	优化开发区域
	$SED-ESP > \beta_2$	$SED > \beta_{SED}$	$ESP < \beta_{ESP}$	$REC < \beta_{REC_2}$	优化开发区域
				$REC > \beta_{REC_2}$	重点开发区域

注：β_1、β_2、β_{SED}、β_{ESP}、β_{REC_1}、β_{REC_2}等参数可依据实际情况进行调整。

表中 EER——计算生态经济区划综合指数；

SED——计算单元社会经济发展值，根据上述计算社会经济发展值从低到高取值范围为1 - 4；

ESP——计算单元生态系统保护度值，根据上述计算生态系统保护度值从低到高取值范围为1 - 4；

REC——计算单元资源环境承载力，取值范围是0.25 - 4，值越大说明资源可利用量相对较多而环境污染程度相对较低，值越小则相反，值趋于中间则说明处于一个动态平衡的状态。

由生态经济区划综合指数EER的模型可知：当区域社会经济发展良好而生态系统保

护度较低时*SED−ESP*值较高，若此区域资源环境承载能力强，则划为重点开发区域，支持经济进一步有序发展。若此区域资源环境承载能力开始减弱，这类区域需要把经济增长质量和效益放在首位，需要显著改善生态环境质量、减轻资源环境压力，常划分为优化开发区域。当区域社会经济发展较差而生态系统保护度较高时，*SED−ESP*值偏低，这类区域具有较高生态功能价值，若此区域资源环境承载能力强，常划为限制开发区域；若此区域资源环境承载能力弱，需要加强生态修复，引导超载人口逐步有序转移，常划分为禁止开发区域。当社会经济发展与生态系统保护度相均衡时，可能是两者均高或者均低，两者均高时则说明区域从生态发展和环境保护中找到了均衡点，应按照资源环境承载力强弱划分为优化开发区域或限制开发区域；两者均低时则说明区域生态环境脆弱性强，经济发展还未迅猛发展，此区域较不适宜开发，应按照资源环境承载力强弱划分为禁止开发区域或限制开发区域（图4-4）。

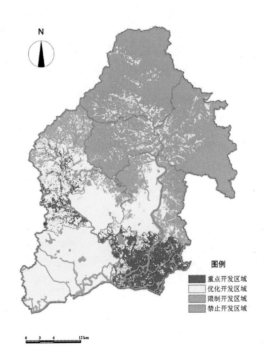

图4-4 增城区生态经济区划综合指数（2013年）

4.6
分区发展导引

增城区生态经济功能区划（图4-5）的分区发展导引主要包括以下内容：

（1）各分区的自然地理条件和气候特征，典型的生态系统类型；

（2）存在的或潜在的生态环境问题，引起生态环境问题的驱动力和原因；

（3）生态环境敏感性、生态环境承载力及生态环境风险；

（4）生态系统服务功能类型和重要性；

（5）社会经济发展状况，经济发展与生态环境质量的耦合关系；

（6）生态环境保护与建设的主要目标，产业布局和发展的重点方向。

1 ┃ 重点开发区域

重点开发区域是有一定经济基础、资源环境承载能力较强、发展潜力较大、集聚人口和经济的条件较好，从而应该重点进行工业化城镇化开发的城镇化地区，总占地面积253.35km²，总占地比例15.69%。

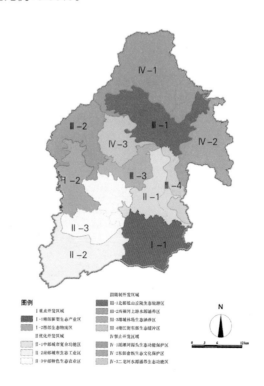

图4-5 增城区生态经济功能区划

（1） I-1 南部新型生态产业区

本区主要位于石滩镇，占地面积153.15km²。该地区属珠江三角洲平原，地势平坦，土地肥沃，河网丰富，有增江河、西福河、东江北干流3条河流流经镇域，还有库容1225万m³的增塘水库和库容50万m³的大埔围水库。该区地理区位较好，南与东莞市一江之隔，北邻增城区中心城区，西接经济发展强镇新塘镇。交通方面，有广惠高速、增莞深高速（广州北三环）等经过镇内，未来还有地铁经过。石滩镇是新兴的工业城镇，全镇现有多家上规模企业，其中包括多家外资企业。工业发展以鞋业、皮具、汽车制造、五金、纺织、农副产品加工为主。同时，石滩镇是增城区的农业大镇，农业生产以无公害蔬菜、优质荔枝、龙眼、水产、畜牧为主。全镇建立了多个优质蔬菜基地、水果基地、水产养殖基地和畜牧养殖基地。石滩镇的零售业、餐饮业、服务娱乐业也较为发达。

目前，石滩镇可利用水资源和可利用建设用地资源丰富、当前水质满足目标水质Ⅲ类要求，资源环境承载能力较强。但是该镇土地利用类型较为分散，利用程度不高。因此通过三旧改造，整合土地，发展潜力较大，从而应该重点进行生态产业化和城镇化开发，但在开发时应注重生态环境质量的保护。

（2） I-2 西部生态物流区

本区主要位于中新镇中部和南部，占地面积100.2km²。该地区地形属于丘陵地貌，地势东高西低，北高南低。雨量充沛，有金坑河、西福河、大田河3条河流向西南流经新塘镇。该区域是广东省和广州市的中心镇，东邻朱村街，西连广州市萝岗区和中新知识城，南接增城国家级经济技术开发区和萝岗永和经济技术开发区，北界从化区太平镇，是增城区西部的重要门户。中新镇经济以工业为主，主要的工业类别有汽车摩托车配件、五金、塑料、化工等。此外，该区第三产业快速发展，尤其是房地产、酒店餐饮业的发展。

此区域地层主要包括福和镇区周边的第四系，福和的寒武系八村群和其他地区的前寒武系，地质构造稳定，无断裂带分布，地基承载力强，适宜建设用地面积较多。同时该区水资源丰富，人均水资源量大，水质也符合Ⅲ类目标，污染程度轻，综合资源环境承载能力较强，发展潜力较大。此地区可运用良好的交通优势，发展低污染、低消耗的产业，同时可作为新塘产业链的仓储基地。加快推进城镇基础设施建设，进一步推动房地产等第三产业的发展。

2 Ⅱ优化开发区域

优化开发区域是经济比较发达、人口比较密集、开发强度较高、资源环境问题更加突出，从而应该优化进行工业化城镇化开发的城镇化地区，总占地面积437.3km²，总占地比例27.08%。

（1）Ⅱ-1 中部城市复合功能区

本区主要位于荔城街东部和增江街西部，占地面积109.73km²，地形以平原为主，地质构造较稳定，地基承载力强，增江穿过整个区域。该区包括了增城主要的城市地区，是增城区委、区政府所在地，是全区政治、经济、文化、科技和通信中心，也是闻名海内外"挂绿荔枝"母树所在地。该区由于人口较为密集，人均可利用水资源较为缺乏，且开发程度较高，可利用土地量也相对较低，重点是应制定产业优化和转移政策，优化现有格局。该地区可以大力发展文化产业、金融服务、房地产业、旅游服务业、高新技术产业、职业教育和都市农业等第三产业。同时注重环境保护、景观设计和特色绿道的建设，充分利用本地的山体和水体空间，打造山水文化休闲和宜居城市。

（2）Ⅱ-2 南部城市生态工业区

本区主要位于新塘镇南部，占地面积172.5km²，珠江三角洲东江下游北岸，与东莞市、广州市黄埔区相连，是增城区的工商业重镇，经济增长的领头羊。该区属珠江三角洲平原，地势平坦，地质承重力强。境内水系有东江北干流、雅瑶河、官湖河，水资源相当丰富，单位面积可利用水资源量在增城区仅次于中新镇。新塘镇亿元企业近百家，形成了汽车及其零配件、摩托车及其零配件、牛仔服装三大支柱产业，是国家级增城经济技术开发区所在地。

由于该区发展程度较高，资源消耗量大，虽然可利用水资源量很大，但历年统计数据表明缺水量也位于增城区首位，同时大量生产加工工业和排污口集中于此，也是水污染和大气污染等最为严重的区域。因此要加强污染治理和防治，注重污染物质的流域治理，调整产业结构，整合区域资源优势，转变经济增长方式，严控产业入驻环境评价门槛，大力引进和发展绿色低碳产业、智慧产业、科技金融、创新服务关联产业等。同时适当增加商业服务业用地、居住用地比例，改造农村居民点用地，提高城镇化水平，改善民生环境，促进土地集约节约利用，提升城镇形象。

（3）Ⅱ-3 中部特色生态农业区

本区主要位于朱村街和新塘镇北部，占地面积155.07km²。该区多为地势平坦区，少量为丘陵缓坡，土壤肥沃，是主要农产品集中产出地。该区有丰富的农业资源，以种植水稻为主，是闻名遐迩的"增城丝苗"的原产地，优质水稻示范区。该示范区以农田标准化、生产机械化、技术规范化为原则进行规划建设，是广州市重点的农业示范基地之一。

该区应进一步调整农业产业结构，加快发展第三产业，构建生态观光、文化体验和都市科技型主题农业园区，发展优质、高产、高效农业，形成优质水稻、蔬菜、果树、水产、畜牧五大农业生产基地。积极实施科技兴农战略，进一步完善农田水利基础设施，减少农业耗水量，减缓水体污染现象。此外，应结合本区优势的连片农业资源，大力发展特色观光农业，提高第三产业的收入，增加农民收入。

3 Ⅲ 限制开发区域

限制开发区域分农产品主产区和重点生态功能区，总占地面积427.44km²，总占地比例26.47%。

（1）Ⅲ-1 北部低山丘陵生态旅游区

本区主要位于小楼镇东部、正果镇西部和派潭镇南部，占地面积177.99km²，是高山丘陵与平原的过渡区，过境水体全部汇与下游的增江。由于北部降雨较多，承担着重要的水源涵养和水土保持功能。该区目前以绿色农业、经济林相结合为主，农家乐较普遍。由于北部存在大量的旅游资源，南部与增城区中心城区相连，是大量旅游人口的必经之路，所以作为山水田园包围的地区、旅游景区的居住区，可整合现有土地，提高土地利用率，适当开发旅游资源，发展旅游经济，重点培育星级酒店、健康休闲产业。但要加强基础设施的建设，确保农家乐所排放的污水、垃圾等污染物能得到集中达标处理和排放。同时严格保护基本农田，进行合理的生态补偿政策，限制建设用地扩张。

（2）Ⅲ-2 西福河上游水源涵养区

本区主要位于中新镇北部，属于高山丘陵地区，占地面积128.92km²，西福河发源地，重要的水源涵养区，总库容2840万m³的联安水库坐落其中。该区目前植被覆盖度较高、水土保持功能强，但由于部分地方坡度较陡，存在几处地质灾害易发点。所以应采取经济林和水土保持林相结合的方式，对于坡度较缓的地区要防止农业活动对自然生态的破坏。

（3）Ⅲ-3 增城林场生态涵养区

本区主要位于荔城街西北和朱村街北部，占地面积72.49km²，主要为山体，最大坡度31°，地面起伏度高，承担着重要的土壤保持功能。该区植被覆盖度高，是增城区林场所在地，同时是禁止开发区和优化开发区的过渡地带。应禁止城市在此范围的扩张，同时防止农业活动对自然生态的破坏。

（4）Ⅲ-4 增江街东部生态缓冲区

本区主要位于增江街东部，占地面积48.05km²，属于丘陵缓坡，森林覆盖率较高，与东部高山丘陵林果旅游生态经济区相邻的过渡区。该地区处于城市扩张的边缘，应杜绝城市在此区域的进一步扩张，同时防止农业活动对自然生态的破坏。

4 Ⅳ 禁止开发区域

禁止开发区域是依法设立的各级各类自然文化资源保护区域，以及其他禁止进行工业化城镇化开发、需要特殊保护的重点生态功能区，总占地面积496.73km²，总占地比例30.76%。

（1）Ⅳ-1 派潭河源头生态功能保护区

本区主要位于派潭镇北部、东部和正果镇北部高山丘陵地区，占地面积269.63km²，地势起伏大、坡度陡。该区生物多样性高，有丰富的林业资源，包括多个水库，是派潭河的源头，发挥着重要的水源涵养和土壤保持的功能，属于重点生态功能区。由于自然景观资源丰富，包含多个森林公园和白水寨风景区，应避免人口聚集，杜绝工业化。同时，依靠当地丰富独特的自然景观和资源，合理规划当地旅游业的发展，做好严格控制的指标，避免环境受到破坏。

（2）Ⅳ-2 东部畲族生态文化保护区

本区主要位于正果镇东部和增江街东部，属于高山丘陵地区，占地面积143.49km²，森林覆盖率高，有畲族聚集地和多个森林公园。经济林和水土保持林相结合，防止水土流失和农业活动对自然生态的破坏。对少数民俗聚集地和少数民族文化进行保护，适当利用当地资源发展旅游业，同时避免环境受到破坏。

（3）Ⅳ-3 二龙河水源涵养生态功能区

本区主要位于小楼镇西部，占地面积83.61km²，属于高山丘陵区，是二龙河水源地，水土流失敏感地区。该区植被覆盖率高，承担着重要的生态系统服务功能。该区以水源涵养林和水土保持林及经济林相结合，保护植被，防止水土流失。

4.7
空间优化对策

4.7.1 空间现状对比分析

按照生态经济功能分区，目前增城区的建设用地与生态分区大致吻合，但在局部地区有些矛盾（图4-6）。现有的高强度建设用地主要集中在荔城街中部主城区以及新塘镇南部经济技术开发区附近，还有少部分位于中新镇南部建成区以及石滩镇中部等地，以工业用地、居住用地和商服用地为主，全部处于优化开发区域和重点开发区域，完全

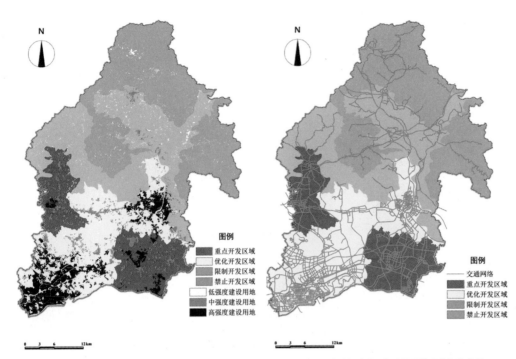

图4-6 增城区生态经济分区与建设用地现状比较分析
（2013年）

图4-7 增城区生态经济分区与交通网络现状比较分析
（2013年）

符合生态经济功能分区的要求。中强度建设用地则以城乡居民点建设用地为主，主要分布于优化开发区域和重点开发区域，少部分位于小楼镇和派潭镇的限制开发区域。而位于禁止开发区域和限制开发区域的建设用地则基本为低强度建设用地，且面积比例较低。但是，北部地区建设用地虽少，但分布较为零散，且规模都较小，有些距离坡度较陡的山体较近，应做好防灾工作。

增城区现有道路交通网络体现了增城区连接外界的主要渠道，反映了城市发展的方向（图4-7）。现有的对外道路交通网络中，高速公路和国道主要位于增城区南部的优化开发区域和禁止开发区域，增城区北部的主要交通干线则较为简单且交汇于位于限制开发区域的小楼镇镇中。路网密度方面，增城区南部地区城市路网密度较大，表现出了明显的网格结构，且发展程度越高的地区，路网越发达，特别是新塘镇、石滩镇和荔城街的路网。增城区北部路网密度相对较低，且多为连接村镇的小路，禁止建设区域内仅有少数通往景区的主要道路，限制建设区域则担任了通往北部交通的主要枢纽任务。此外，北部山地丘陵中间已建成的道路部分地区距离地质灾害点较近，应采取适当防护加固措施。

4.7.2 规划建设管理建议

参考增城区2020年市域规划图的内容，可以发现规划建设用地的分布与生态经济分区依然大体吻合（图4-8、图4-9）。对比2013年的建设用地状况，可以发现新增的建设用地主要集中在重点开发区域内的石滩镇和中新镇，以及优化开发区域内的荔

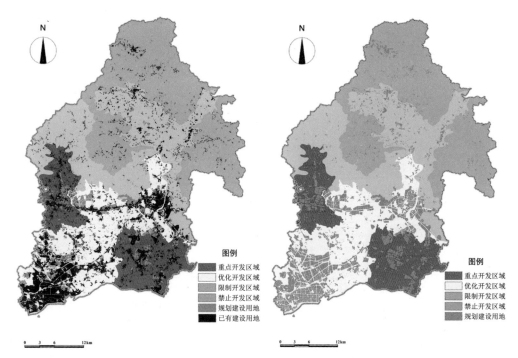

图4-8 增城区生态经济分区与规划建设用地比较分析
（2020年）

图4-9 增城区生态经济分区与建设用地比较分析（2013年、
2020年）

城街、增江街、新塘镇、朱村街。增城区北部的部分零散的建设用地在2020年的规划
图中得到了集中规划。综合考虑增城区的实际情况和生态经济区划结果，在建设用地
规划当中，应注意在禁止建设区域内对于现有的建设用地进行集中整合，并提高开发
质量，禁止进一步进行建设用地的扩张，特别是白水寨景区附近的相对集中的建设用
地，应做好严格管制，禁止违规扩张和私建。对于农家乐的规划要注意对排污等问题
进行严格把关。位于优化开发区域和重点开发区域的各街镇建设用地应避免无规则的
摊大饼式扩张，强化城市生态功能网络结构，构建防护绿地和城市公园作为建成区生
态功能网络基础，结合河流绿带、绿廊等设计，提高生态景观连通性。许多新增的建
设用地集中在余家庄水库、山角水库等河湖湿地周围，应留出湿地保护的缓冲区，不
要紧邻建设。

依据2020年市域规划图的内容，工业用地整体分布于优化开发区域和重点开发区
域（图4-10）。布局上，在增江街和新塘镇较为紧凑，而在石滩镇和中新镇则较为松
散。建议将位于小楼镇和正果镇内限制建设区域和禁止建设区域内极少数的工业用地迁
移至南部适宜地区，并将石滩镇和中新镇的工业用地进行集中规划。

规划路网方面，增城区南部石滩镇、新塘镇、中新镇、朱村街和荔城街的路网快速
增长，密度和覆盖面积都大为增长。增城区北部禁止建设区域路网建设控制良好，基本
无新增道路，限制建设区域的新增道路则主要围绕街镇集中建成区周围（图4-11）。虽
然在空间格局上，禁止建设区域和限制建设区域的开发控制较好，但要注意北部路网的
选线，控制建设强度，结合工程地质情况，尽量避开地质灾害易发区；优化开发区域和

重点开发区域的路网还需进一步优化，在提升路网密度的同时，结合增城特色的绿道
网络（图4-12），市域范围内应将重要的生态节点进行连接，提高整体的生态网络连通
性。建成区范围内，应将公园和河湖水系通过绿道进行连接，充分考虑其休闲娱乐价
值，提高绿道的利用率。

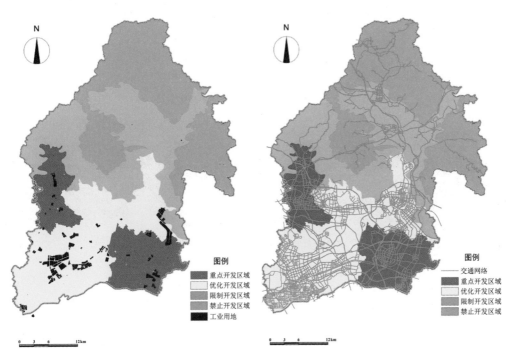

图4-10 增城区生态经济分区与工业用地比较分析
（2020年）

图4-11 增城区生态经济分区与规划交通网络比较分析
（2020年）

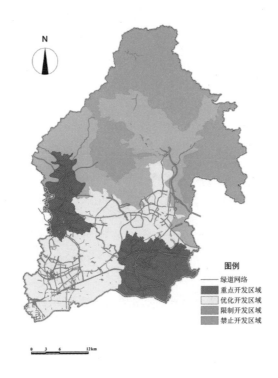

图4-12 增城区生态经济
分区与规划绿道网络比较
分析（2020年）

5

生态控制规划体系

5.1
规划背景

　　制定面向城市规划管理的可实施的、基于生态服务的城市生态控制规划与空间管制导引，是城市生态规划与传统城市规划的重要衔接点。将城市生态资源、生态格局与生态功能落实到各类城市用地层面，通过对城市用地开发的管制和引导来达到对生态服务功能的保护与提升，特别是加强与城市控制性详细规划的协调，让有关生态空间管制的限制性条件进入城市规划控规体系，使得有关控制策略与标准可以充分落地，从而加强空间规划导引的严肃性与可实施性。

　　城市生态空间规划导引主要针对城市生态用地的保护与管制开展，基于生态系统综合评估结果与城市生态功能分区，整合"三区划定""基本生态控制线划定"，进一步确定"禁建区"与城市基本生态控制线，制定与城市控规体系相衔接的生态空间管制措施。

　　需要解决的关键问题包括：基本生态控制线，城市禁建、限建、适建区的进一步划定；面向全部城市建设用地的生态控制详细规划，包括指标的制定、设计的控制、开发的引导等；不同生态功能用地与城市开发建设之间的矛盾协调方式；关键的结构性生态用地如生态廊道、生态网络等在空间导引方面的科学支撑性分析等。

5.2
生态控制规划方法

　　先分成市域、城区、片区和街区4个研究尺度，本规划创新性地提出构筑生态规划的空间控制+功能控制的"双控"体系，空间控制以生态控制图则或导则的形式控制生态空间要素，使生态控制目标能够切实落到空间上、落地实施；功能控制以若干生态控制核心指标的形式控制各项生态服务功能，使得城市生态服务功能也有了管控抓手。从

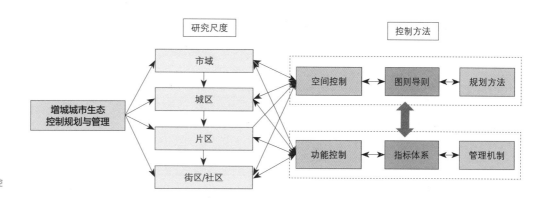

图5-1 增城区城市生态控
制方法

而避免了只控空间不控功能或只针对空间功能进行管控而导致项目落地性较差的现实问题，使得保障生态控制能够落地的同时改善城市生态服务功能，同时生态服务功能也是影响空间控制的要素，空间控制与功能控制相辅相成，共同实现生态规划的综合管控目的，具体见图5-1。

5.3

生态控制规划体系

构筑市域、城区、片区和街区4个研究尺度，不同尺度控制侧重点不同，各尺度相互呼应、互为补充、相辅相成，共同构成一个完整的生态控制体系。

5.3.1 市域尺度

重点是市域生态结构控制。空间控制重点研究市域内生态空间结构、生态廊道、生态节点以及生态控制线等。功能控制重点包括公众对全市环境质量满意度、人口密度、地均GDP、单位GDP能耗及空气质量优良天数比例等指标。

5.3.2 城区尺度

重点是城区生态网络控制。空间控制重点研究城区生态网络、城市增长边界、生态

控制分区，即生产、生活、生态空间的布局和控制指引。功能控制重点包括公众对环境
质量满意度、人口密度、人均绿地面积、绿地均匀度、功能混合度、公共交通出行率，
以及排放总量/单位排放量等指标。

5.3.3　片区尺度

重点是对某一片区的生态基础设施进行框架性控制。空间控制包括用地布局、比
例、绿地均匀度/可达性、湿地水系蓝线、绿地公园绿线等；功能控制重点包括人口密
度、人均绿地面积、绿地均匀度、用地集约度、用地混合度、职住平衡指数、生态基础
设施用地比例、公共交通出行率、排放总量/单位排放量等指标。

5.3.4　街区尺度

重点探讨街区尺度的生态控规方法，作为强制性控制，直接指导城市开发建设。空
间控制重点研究绿色容积率、实土绿地率、绿色建筑比例、下凹绿地比例、透水铺装比
例等5个指标。功能控制重点研究用地混合度、低维护树种比例、雨水利用率、可再生
能源利用率、垃圾分类收集率等5个指标，共10个核心指标（图5-2）。

图5-2　增城区城市生态控制体系示意图

5.4
不同尺度城市生态控制规划

5.4.1　市域——增城区域（1616km^2）

对市域尺度的生态控制主要是控制总体生态大格局，经过分析研究，增城区域生态空间结构为："一核、三区、四带、四廊、七点"（图5-3）。

一核——挂绿湖生态核心区；

三区——北部生态保育区、中部生态优化区、南部生态修复区；

四带——北部、中部、南部3条东西向生态联系带和1条南北向生态联系带；

四廊——增江、东江、派潭河、西福河四条水系生态廊道；

七点——白水寨、湖心岛、小楼人家、联安水库、百花林水库、鹅桂洲湿地、南香山7处重要生态节点。

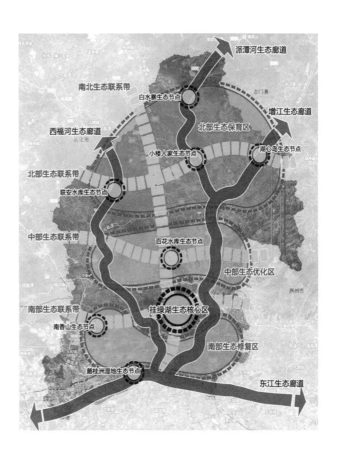

图5-3　增城区域生态空间
结构控制图

5.4.2 城区——增城核心区

　　包括荔城、增江和石滩2街1镇，行政面积376km²，将打造成增城区城市综合服务中心，成为以休闲产业为主的低碳生活示范区。根据广州市第七次人口普查公报，2020年增城区常住人口为146.63万人。

　　对于城区尺度，一是控制城区的生态空间结构，二是控制城区的生态控制分区。

1　增城核心区的生态空间结构

　　增城核心区的生态空间结构为："一核、一环、两廊、三带、四点"（图5-4）。

一核——挂绿湖生态核心区；

一环——外围生态绿环；

两廊——增江、东江两条水系生态廊道；

三带——北部、中部、南部3条东西向生态联系带；

四点——莲塘、百花林水库、初溪湿地、石滩湿地4处重要生态节点。

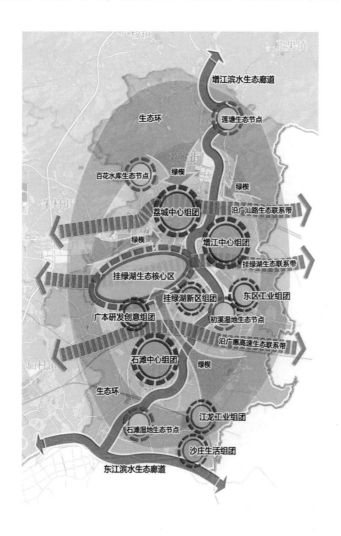

图5-4　增城区核心区生态
网络控制图

2 增城核心区生态控制分区

规划依据主导功能将核心区分为生态空间、生活空间和生产空间，严格保护生态空间，大力提升生活空间和生产空间的生态服务功能。

整个增城核心区仍然是以生态空间为主导（占77.1%），生活空间（占19.7%）和生产空间（占3.2%）为辅的生态型空间体系，其生态环境良好、功能完善、系统健康（表5-1，图5-5）。

增城区核心区生态、生产、生活空间面积一览表　　　　　　　　　　　　　　　　表5-1

三生空间分区	面积（km²）	比例
生态空间	290	77.1%
生活空间	74	19.7%
生产空间	12	3.2%
合计	376	100%

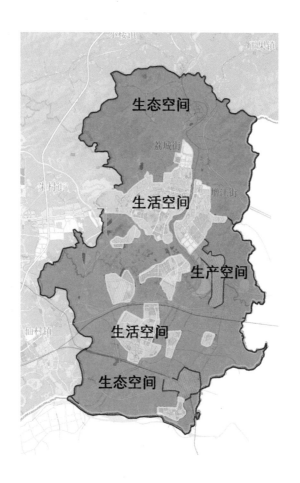

图5-5　增城区核心区生态
控制分区图

5.4.3　片区——挂绿湖新区

以65km²的挂绿湖片区为研究对象，从片区现状出发，优化挂绿湖片区的生态基础设施网络，增加绿道、水系、湿地，控制污染排放口（图5-6）。

图5-6　挂绿湖片区生态优化建议图

5.4.4　街区——生态控规

研究重点在于如何在街区控制性详细规划层面引入生态服务表征指标体系，探讨街区层面生态控制性详细规划的技术方法与管理机制，从而使前述城市生态研究结果与对策能够落地，以期对未来城市开发建设能起到具体的、可操作的规划调控与管理。

1　街区生态控规的提出

（1）补充现行控规体系关于生态考量的缺失；

（2）基于城市生态服务功能的视角；

（3）从城市开发控制角度增强城市生态服务功能、避免生态破坏；

（4）将生态要素控制纳入控规法定体系，提高生态控制的约束力。

2　街区生态控规的核心指标

规划探索精简、有针对性、因地制宜的生态控规核心指标。

规划提出8项核心指标来控制增城区的生态人居建设，包括3项控制性指标（绿色容积率、绿色建筑比例、可再生能源利用率）和5项引导性指标（用地混合度、绿色交通出行比例、实土绿地率、低维护树种比例、垃圾分类收集率）。控制性指标为刚性控制，进入城市控制性详细规划的指标体系；引导性指标为弹性控制，视具体条件逐步达标（表5-2）。

增城生态控规核心指标一览表 表5-2

指标属性	指标项	规划值（2020年）[①]	规划值（2030年）
控制性	绿色容积率	不小于1.0	不小于1.2
	绿色建筑比例	30%	50%
	可再生能源利用率	20%	40%
引导性	用地混合度	20%	30%
	绿色交通出行比例	60%	80%
	实土绿地率	20%	30%
	低维护树种比例	70%	80%
	垃圾分类收集率	70%	100%

3 绿色容积率指标创新

（1）绿色容积率的内涵与特点

①表征生态服务功能：保证单个地块开发的生态服务功能不退化、实现就地生态补偿；

②平面二维绿化走向立体三维绿化：在土地越来越贵、开发商追求更高建筑容积率的情况下，鼓励绿化由平面走向立体，以维持基本的生态服务功能；

③计算方便，通用性和可操作性好，便于管理。

（2）绿色容积率的计算方法

$$绿色容积率\,(GPR) = \frac{1×地面实土绿化面积+0.7×地面覆土绿化面积+0.5×空中绿化面积+0.5×屋顶绿化面积+0.2×墙面绿化面积}{地块用地面积} \quad （5-1）$$

说明：

①覆土深度1.5m以上的绿化视同实土绿化，可种深根乔木。平均叶面积指数5-6，作为基准参照、系数1.0；

②透水铺装视同实土绿化，可渗透雨水，系数1.0；

③地面覆土绿化是指覆土深度在0.5-1.5m的绿化，可种浅根乔木和大灌木。平均叶面积指数3-4，系数0.7；

④空中绿化和屋顶绿化覆土深度一般在0.5m以下，可种小灌木和地被植物，局部放置乔木树池。平均叶面积指数为2-3，系数0.5；

① 本书的结论基于2015年的研究成果，此处数据不做更新。

⑤墙面绿化覆土深度一般在0.2m以下，可种地被植物或草皮。平均叶面积指数为1左右，系数0.2。

（3）绿色容积率的值及其意义

①$GPR=1$，基本维持原生态服务功能；

②$GPR>1$，改善原生态服务功能——生态盈余；

③$GPR<1$，损失原生态服务功能——生态赤字。

（4）绿色容积率示例100m×100m的地块，占地1hm^2（图5-7－图5-9）

4 街区生态控规其他指标解释

除绿色容积率外还包括2项控制性指标（绿色建筑比例、可再生能源利用率）和5项引导性指标（用地混合度、绿色交通出行比例、实土绿地率、低维护树种比例、垃圾分类收集率），共7项指标。

◆ 原始状态
实土绿化
绿色容积率1.0

图5-7　原始状态的地块

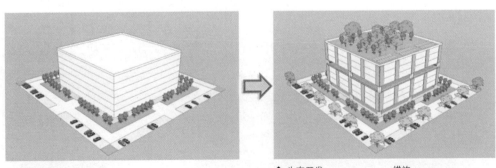

◆ 传统开发
　建筑容积率：2.0
　建筑密度：50%
　绿地率：15%
　绿色容积率：0.15

◆ 生态开发
　建筑容积率：2.0
　建筑密度：50%
　绿地率：15%

措施：
透水铺装 贡献0.1
底层架空 贡献0.3
空中绿化 贡献0.2
屋顶绿化 贡献0.2
墙面绿化 贡献0.2
绿色容积率：1.15

图5-8　公共建筑案例——
传统开发与生态开发

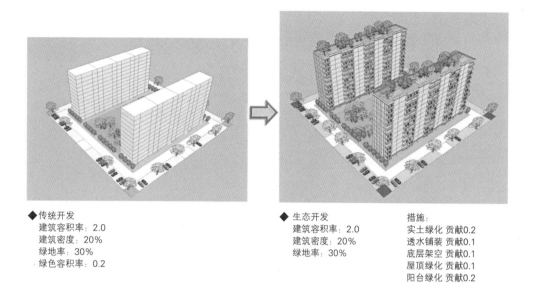

◆ 传统开发
建筑容积率：2.0
建筑密度：20%
绿地率：30%
绿色容积率：0.2

◆ 生态开发
建筑容积率：2.0
建筑密度：20%
绿地率：30%

措施：
实土绿化 贡献0.2
透水铺装 贡献0.1
底层架空 贡献0.1
屋顶绿化 贡献0.1
阳台绿化 贡献0.2
墙面绿化 贡献0.1
绿色容积率：1.0

图5-9 居住小区案例——
传统开发与生态开发

（1）控制性指标

①绿色建筑比例

绿色建筑比例的含义：鼓励建设绿色建筑（一星级以上），降低建筑建设、运营的碳排放和能源使用量。

绿色建筑比例的计算方法：

$$绿色建筑比例 = \frac{绿色建筑面积}{地块总建筑面积} \qquad (5-2)$$

②可再生能源利用率

可再生能源利用率的含义：鼓励使用风能、太阳能、水能等可再生能源，降低对传统不可再生能源的依赖，如可推行太阳能热水、太阳能路灯、水能发电等。

可再生能源利用率的计算方法：

$$可再生能源利用率 = \frac{可再生能源使用量}{地块总能源使用量} \qquad (5-3)$$

（2）引导性指标

①用地混合度

用地混合度的含义：鼓励用地混合开发，如商业居住混合、商业办公混合，提高土地利用效率，节约集约使用土地。

用地混合度的计算方法：

$$用地混合度 = \frac{混合开发的用地面积}{地块总用地面积} 或 \frac{混合开发的建筑面积}{地块总建筑面积} \qquad (5-4)$$

②**绿色交通出行比例：**

绿色交通出行比例的含义：居民使用绿色交通出行量占总出行量的比例。绿色交通包括：地铁、轻轨、公交、自行车、步行等交通方式。

绿色交通出行比例的计算方法：

$$绿色交通出行比例 = \frac{绿色交通出行量}{总交通出行量} \tag{5-5}$$

③**实土绿地率**

实土绿地率的含义：鼓励实土绿化，增加对地下水的补给，尽量维持土壤的生态平衡。

实土绿地率的计算方法：

$$实土绿地率 = \frac{实土绿地面积}{地块绿地总面积} \tag{5-6}$$

④**低维护树种比例**

低维护树种比例的含义：鼓励大量种植本地乡土树种，节约维护成本，避免外来树种的不适应和高维护成本。

低维护树种比例的计算方法：

$$低维护树种比例 = \frac{低维护树种量}{地块总树种量} \tag{5-7}$$

⑤**垃圾分类收集率**

垃圾分类收集率的含义：鼓励垃圾分类收集，将垃圾分为厨余垃圾、可回收垃圾（塑料、废纸、废弃电子产品等）与不可回收垃圾3类，推行垃圾减量化、无害化、资源化，提倡垃圾回收利用。

垃圾分类收集率的计算方法：

$$垃圾分类收集率 = \frac{分类收集的垃圾量}{地块垃圾总量} \tag{5-8}$$

6

生态基础设施体系及重点生态工程

6.1

生态基础设施体系构建

6.1.1　城市生态基础设施体系的构建原则

生态基础设施（简称EI）一词被学界认为是具有生态功能实体的最好称谓，该词最早见于1984年联合国教科文组织的"人与生物圈计划（MAB）"。其核心含义是指维护生命土地的安全和健康的关键空间格局，是城市和居民获得持续的自然服务（生态服务）的基本保障，是城市扩张和土地开发利用不可触犯的刚性限制。在空间上的表现形式为生态基质、生态核心区、生态廊道和生态斑块。

生态基础设施理论对城市生态规划起了很大的推动作用，基于生态基础设施理论进行的城市生态规划也不断出现。但纵观这些研究，对生态基础设施构建原则的探讨较少，或者侧重某一方面而不够全面，具体到目前城市生态基础设施构建的实践中，也存在着很多不足。例如，注重城市生态用地面积的提高，而忽视生态网络格局的优化和调控；重视城市景观美化，而对城市生态景观的生态功能重视不足；生态基础设施规划大都在不同空间尺度、不同规划层面单独进行探索和试点，缺少彼此之间的协调和整合；生态规划大都为自上而下的政府行为，几乎没有公众参与。

针对存在的这些问题，本章进行了城市生态基础设施体系构建原则的探讨。

（1）生态基础设施规划作为城市总体规划基础部分的原则；

（2）重要生态用地划分及对其重点保护的原则；

（3）网络体系的原则；

（4）自上而下和自下而上相结合的原则。

城市生态基础设施体系的构建中应高度重视其整体性和系统性：

（1）在城市总体规划中要注重生态规划先行，对重要生态区域进行重点保护和永久保留，并将其纳入城市整体生态网络体系，提高整体稳定性；

（2）在社区尺度上，应重视公众在社区生态基础设施构建中的作用，引导公众参与社区生态基础设施规划的制定，鼓励公众及企事业单位参与社区生态基础设施的构建和保护，努力提高城市整体的人居环境质量。

6.1.2　生态基础设施识别原理阐述

区域EI元素是该地域的生态基底与刚性空间结构，从空间的视点来考察，它是区域生态巨系统的一个子集，其空间限定性来源于区域自然基底系统、区域社会经济系统和高级的生态系统熵流的空间耦合交集。地域生态要素空间的非均质性必然派生其在太阳反射光谱和自生发射光谱（热辐射）上的微分地域空间（表现为象元）差异性，利用卫星传感器的地物光谱捕获能力便可以以差异构象的方式得到反映地物属性差异的遥感数字图像。结合适当的其他来源空间数据和空间信息挖掘模型就可以以图像的方式识别区域生态安全空间结构和EI空间结构。以此为基础就可以制定出符合生态准则的区域EI空间控制战略并以此为反馈熵流（物质流、信息流、能量流）调控本地的生态系统结构，使其向最优化的方向前进，该过程就是空间规划实施的反馈过程。

6.1.3　生态基础设施网络体系的构建

生态基础设施在空间上的表现形式为生态基质、生态核心区、生态廊道和生态图斑，依靠常规的技术手段和方法很难完成区域生态空间本体要素（基质、核心区、廊道和图斑）空间格局的发掘，由此有必要借助以"3S"（GIS、RS、GPS）为代表的空间信息技术结合一定的空间数据挖掘模型来完成EI空间结构特征的识别工作，及更进一步的生态基础设施网络体系的构建工作（图6-1）。于此，本次广州市增城区项目中的生态基础设施规划与重点工程建设方面，我们拟定依靠RS技术来提取所需的空间信息，在GIS中依据特定的数据处理模型进行区域生态基础设施空间结构的识别（多元空间数据挖掘），并在此基础上构建增城区生态基础设施的空间模式，完成网络体系的构建，建立区域空间规划战略，以此为建设和谐增城生态环境提供技术保障，为相关规划提供一种新的工作思路。

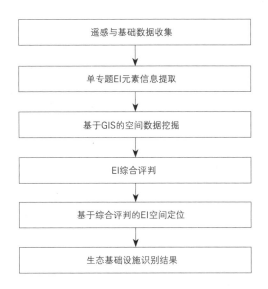

```
遥感与基础数据收集
        ↓
单专题EI元素信息提取
        ↓
基于GIS的空间数据挖掘
        ↓
EI综合评判
        ↓
基于综合评判的EI空间定位
        ↓
生态基础设施识别结果
```

图6-1　技术路线图

1 EI的系统关联

人类生态系统是自然系统和社会系统组成的复合体，可以把人类生态系统分解为三大子系统，即自然生态系统、自然—人工交互系统、人工生态系统。

（1）自然生态系统

应用地形地貌作为纯自然系统的标志变量，它是各种生态系统的基础物质背景，其他自然或人工生态要素均与此有较强的关联。用4个变量来表达增城区地形地貌对EI判别的影响，分别是高程、坡度、地表起伏度、地表离散度，以数字高程模型为基础（DEM）进行空间分析与计算，得到相应的专题图层（图6-2－图6-5）。

（2）自然—人工交互系统

应用地表覆盖状况来表达区域自然生态系统与人工生态系统的交互关系。本研究用4个变量来分析地表覆盖对EI判别的影响，分别为：归一化植被指数（NDVI）、土地利用类型、地质灾害点分布状况、生物多样性。通过对TM遥感图像红外波段和近红外波段（TM4波段和TM3波段）进行数据加工可以得到植被指数图像，通过监督分类可以得到土地利用现状图（包括水体分布），通过对地质灾害点进行数字化分析得到地质灾害点分布图，依据相应标准对生物多样性重要性进行分级得到生物多样性分布，以此为基础得到相应的专题图层（图6-6－图6-9）。

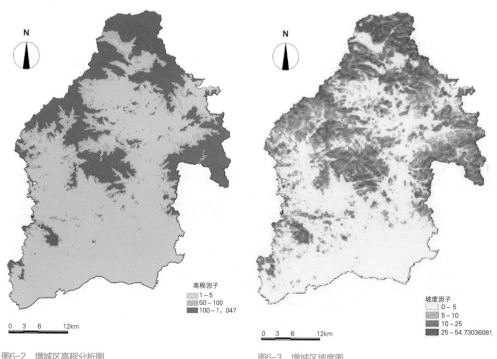

图6-2 增城区高程分析图　　　　　　　　　图6-3 增城区坡度图

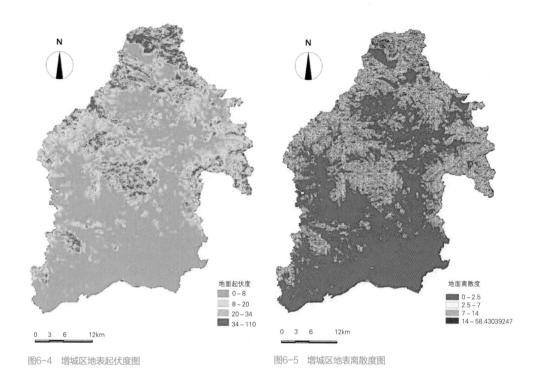

图6-4 增城区地表起伏度图

图6-5 增城区地表离散度图

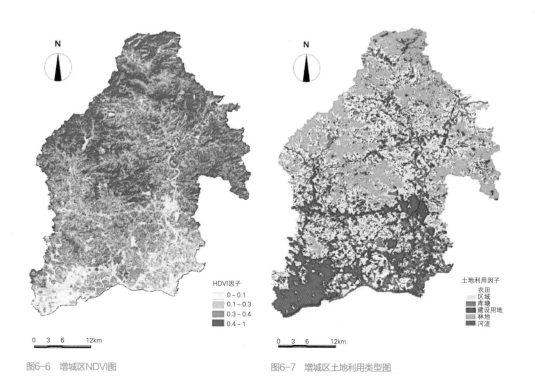

图6-6 增城区NDVI图

图6-7 增城区土地利用类型图

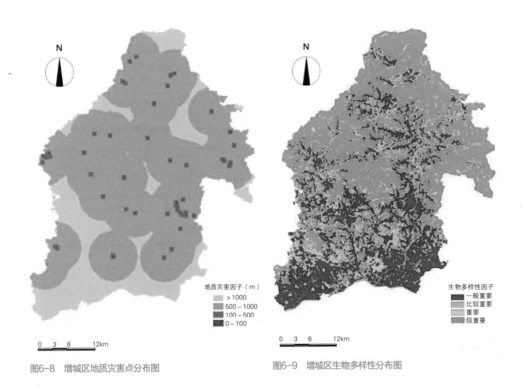

图6-8 增城区地质灾害点分布图   图6-9 增城区生物多样性分布图

（3）人工生态系统

人类活动状况是纯人工生态系统特征的标志变量，用以表达地表人工活动强度的基本空间格局。应用4个变量来分析其对EI判别的影响，分别为夜间灯光强度、交通网络密度、人口密度、热岛效应指数。夜间灯光强度图来自于美国国家航空航天局地球观测站制作的测绘地图，展示了地球入夜的城市灯火分布情况。交通网络密度图则是依托GIS平台对增城区内交通路线图进行线密度计算得到。人口密度图则是根据增城区各辖区人口现状借助GIS的克里金（Kriging）模型插值生成。应用热红外卫星遥感数据，结合单窗算法进行地表温度反演，进而得到城市热岛效应指数图（图6-10－图6-13）。

（4）EI的综合识别

EI识别过程的本质是对具体空间单元生态服务功能大小的判别过程，生态服务功能越强的区域越有可能构成EI。具体到前述12个标志变量，其逻辑关系应为：高程较低或较高的区域构成EI的可能性较大、坡度较陡的区域构成EI的可能性较大、地形起伏大的区域构成EI的可能性较大、地表离散度大的区域构成EI的可能性较大、生物量大的区域构成EI的可能性较大、林草地和水域构成EI的可能性较大、地质灾害发生地（或潜在发生地）构成EI的可能性较大、生物多样性高的区域构成EI的可能性较大、夜间灯光弱的区域构成EI的可能性较大、交通信息弱的区域构成EI的可能性较大、人口密度小的区域构成EI的可能性较大、热岛效应弱的区域构成EI的可能性较大。

在综合考虑前述12个变量的基础上，应用空间图层叠加模型来计算各空间地块的EI可能性指数，并根据指数相对大小来划分EI类型是一种较科学的方法，该方法中各要素

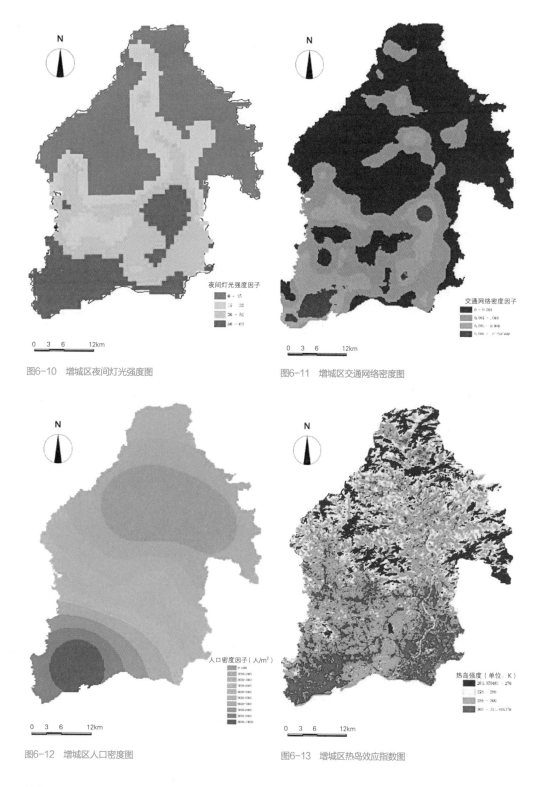

图6-10 增城区夜间灯光强度图

图6-11 增城区交通网络密度图

图6-12 增城区人口密度图

图6-13 增城区热岛效应指数图

的权重采用Delphi方法计算。应用前述指标和所示权重，得到增城区各地的EI指数。在计算过程中，基本变量对构成EI的贡献分为4个等级，分别为极重要、重要、一般和不重要。为了计算的方便，这4个等级分别赋值为4分、3分、2分和1分，参与二级指标的加权计算（表6-1）。

EI判定指标体系   表6-1

一级指标	权重	二级指标	权重	基本变量对构成EI的贡献分级			
				极重要	重要	一般	不重要
自然生态系统	0.413	高程（m）	0.313	<5	>100	50-100	5-50
		坡度（°）	0.355	>25	10-25	5-10	<5
		地表起伏度（m）	0.166	>34	20-34	8-20	<8
		地表离散度（m）	0.166	>14	7-14	2.5-7	<2.5
自然—人工交互系统	0.331	归一化植被指数	0.405	>0.4	0.3-0.4	0.1-0.3	<0.1
		土地利用类型	0.317	林、河、湖	坑塘、沟渠	农田	建设用地
		地质灾害（点分布）(m)	0.100	<100	100-500	500-1000	>1000
		生物多样性	0.178	>0.5	0.3-0.5	0.1-0.3	<0.1
人工生态系统	0.256	夜间灯光强度	0.150	<15	15-30	30-50	>50
		交通网络密度	0.150	<0.001	0.001-0.003	0.003-0.006	>0.006
		人口密度（人/km^2）	0.100	<1000	1000-5000	5000-10000	>10000
		热岛效应指数	0.600	<30.5	30.5-30.8	30.8-31.1	>31.1

经过以上步骤，应用空间图层叠加模型来计算各空间地块的EI可能性指数，得到最终EI判定图。在计算过程中在ArcGIS中应用自然断点法把EI值域划分为4个段，值域由高到低分别对应核心型EI、过渡型EI、缓冲型EI和非EI，它们各自的比例见表6-2。

四种EI类型   表6-2

EI辨识结果	面积（km^2）及比例（%）	特点	增城区对应区域
核心型EI	360.86（22.3）	面积大，连续性好，具有重要生态功能的生态用地，如自然林地、湿地、河流、城市公园及大型绿地等	白水寨乡村生态公园、兰溪森林公园、兰溪林场、太子国家森林公园、鹤之洲湿地公园、联安水库、增塘水库、挂绿湖、增江、东江、派潭河、西福河等
过渡型EI	408.52（25.3）	面积适中、连续性一般的生态用地、生态廊道，一般是线状、带状、环状分布的，并且有别于两侧景观类型	余家庄水库、窝铺水库、荔城高尔夫球会、紫云山翡翠绿洲、兰溪、官湖河、二龙河流域、城市中南部耕地、道路绿化带
缓冲型EI	506.47（31.3）	踏脚地、生态节点，是对生态斑块和廊道的补充	增江沿岸各个孤立公园、百花林水库、白洞水库、银场水库等小型水库、小片住宅绿化区
非EI	341.14（21.1）	被EI切割的不属于生态基础设施内涵范围的那一部分	增江街道、荔城街道、新塘镇、中新镇、石滩镇城市建成区、城市北部万家旅舍建设区等

根据现有资料，根据生态基础设施的类型，主要分为绿地、湿地、公园、风景名胜区，把EI判定图与增城区现状有机地联系在一起（图6-14），从绿地—湿地—活化地表—污染治理—生态廊道生态基础设施网络角度出发，构建出增城区现有的生态基础设施网络体系。

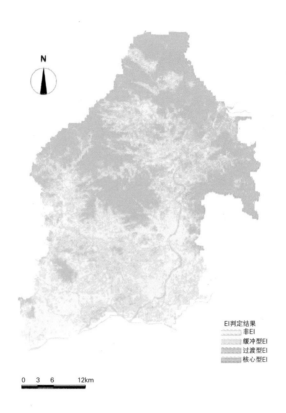

N

EI判定结果
非EI
缓冲型EI
过渡型EI
核心型EI

0 3 6   12km

图6-14 增城区EI判定图

2 以EI为导向的空间规划

经过对增城区EI评判结果的分析，可以得到：

（1）核心型EI具有沿山脊和水体的开放式放射状特征，作为增城区自然生态系统的核心部分，它起到综合环境效益、调节气候、涵养水源、保护水土、生物遗传资源库等重要作用，是增城区的生态系统保障底线；

（2）过渡型EI环绕核心型EI环带状分布，是核心型EI空间的首要缓冲带和保护区，该区域的人工活动规模有逐渐增大的趋势，人工雕琢痕迹加深；

（3）缓冲型EI沿过渡型EI形成外围再往外程环状发散状，同时也在很多非EI区域剥离出了独立的EI图斑；

（4）非EI空间主要集中在增城区中部和南面城市建设地带，同时荔城街道、新塘镇等拥有较大体量的非EI斑块。

各型EI都有自己显著的空间结构特征，结合三者的空间结构态势，可以看到EI的4种典型空间表现形式均有所体现：山脊放射状EI表现为生态廊道，核心型EI型表现为开放式、放射状生态廊道和核心区，一部分缓冲型EI表现为生态图斑，而过渡型EI结合核心型EI则表现为生态基质，三部分有机结合构成增城EI区结构网络（图6-15）。

在EI识别基础上结合增城区城乡统筹发展策略：

（1）交通引导，轴向发展；

（2）功能分区，三圈互动；

图6-15 EI为导向的增城
区空间规划

（3）组团布局，生态间隔，得到增城区EI网络结构："五组团，五环，六廊道"。
对于图中被分离开来的核心型EI、过渡型EI：

（1）空间分布连续性较强的视为生态廊道；

（2）被完全隔离开来的视作生态踏脚地。

（3）在此基础上构建区域空间规划战略，为相关规划研究提供一种新的工作思路。

3 以EI为导向的城市风貌控制性规划

景观特征区是有着特定景观类型的不连续的地理区域。通过分析景观的现状特征及
景观要素间的相互关系，进行景观特征区的划分，有助于预测和调控城市景观未来的发
展，指导相应的景观决策。

在进行EI空间规划过程中，还可以进一步融合城市景观风貌规划的知识，城市风貌
控制性规划的重点在于确定如何将生态基础设施规划与城市风貌规划成果落实到城市的
物质空间之中，使其成果成为城市控制性详细规划编制时参考的直接依据，从而真正成
为保障生态安全与风貌特色的刚性界线。

采用将城市按其景观类型与景观要素重点的不同划分市区与局地尺度下的景观特征
区的方法，对增城区依据总纲要求从市域、城区、片区、街区4个尺度进行，以期最终
形成山河相连、城乡融合、自然与人文和谐共生的景观风貌特色。

6.2
生态基础设施规划与建设

6.2.1 湿地生态基础设施

作为生态基础设施的一部分，湿地具有重要的生态服务功能，如调节气温和径流，防止或减缓洪、涝、渍、旱和改善环境，调节水量在时间、空间上的不均匀分布；为工农业生态和饮水等生活用水提供水源；接纳排水，并通过水体自净与净化，促进营养盐和有机质的流动和循环；供养生物、活化生境、繁衍水生动植物，保障生物质的生产，维护生物多样性；调节气候，特别是小气候；沟通航运，水力发电；缓冲干扰，吸尘、减噪，防止或减少热岛效应；美化景观和净化环境；为居民提供教育、美学、艺术、陶冶情操、游憩及休闲娱乐；保障水及其中的一些物质的迁移、转化和交换，从小循环到大循环，维持生态循环等的可持续发展。

主要河流湿地及水环境情况

1 增江河

增城区环保局按环境监测技术规范要求，在增江河正果镇九龙潭段设置了1个自动监测站，对13项监测指标实行24小时实时监测。在莲塘、化肥厂、陆村、九龙潭设置4个监测断面，逢单月对pH值、水温、溶解氧、氨氮、化学需氧量（COD）等24个项目进行采样监测。依据《地表水环境质量评价办法（试行）》进行水质评价（水温、总氮、粪大肠菌群不纳入评价范围）。根据广东省水环境功能区划要求，除莲塘为地表水环境质量标准Ⅱ类水质控制目标，其他均为Ⅲ类水质控制目标。

2014年增江河总体监测数据显示平均污染指数是0.19，2013年平均污染指数为0.16，同比上升19%；总体达到Ⅱ类水质。4个监测断面平均污染指数由高至低排列为：莲塘（0.28）、化肥厂（0.21）、陆村（0.20）、九龙潭（0.16），只有化肥厂断面水质为Ⅲ类，其他断面为Ⅱ类。水质100%达到水环境功能区要求，增江河水质符合广东省水环境功能区划的要求，整体水质与上一年基本持平。莲塘、陆村、九龙潭为Ⅱ类水质，化肥厂受氨氮和总磷等影响为Ⅲ类水质。河段主要污染物化学需氧量（COD）平均浓度6.90mg/L，2013年化学需氧量（COD）平均浓度9.60mg/L，同比下降39%；

氨氮平均浓度0.32mg/L，2013年氨氮平均浓度0.27mg/L，同比上升16%；总磷（TP）平均浓度0.09mg/L，2013年总磷（TP）平均浓度0.08mg/L，同比上升11%。

2　东江北干流

东江北干流增城河段内设置了6个监测断面（石龙桥、大墩吸水点、新塘、增江河口、西福河口、旺龙电厂码头），每月对pH值、水温、溶解氧、氨氮、化学需氧量（COD）等24个项目进行涨退潮采样监测，并依据《地表水环境质量评价办法（试行）》进行水质评价。根据广东省水环境功能区划要求，东江北干流石龙桥和大墩吸水点为地表水环境质量标准Ⅱ类水质控制目标，新塘、增江河口、西福河口、旺龙电厂码头为Ⅲ类水质控制目标。

2014年东江北干流增城河段总体监测数据显示平均污染指数0.23，2013年平均污染指数0.31，同比下降35%；总体达到Ⅲ类水质。6个监测断面平均污染指数由高至低排列为：大墩吸水点（0.31）、石龙桥（0.30）、西福河口（0.27）、新塘（0.27）、旺龙电厂码头（0.27）、增江河口（0.22）。石龙桥和大墩吸水点断面为Ⅱ类水质，其他断面均达到Ⅲ类水质。水质100%达到水环境功能区要求，水质状况为优。东江北干流水质符合广东省省水环境功能区划的要求，新塘、增江河口、西福河口、旺龙电厂码头断面受氨氮和总磷（TP）影响为Ⅲ类水质。主要污染物化学需氧量（COD）平均浓度9.00mg/L，2013年化学需氧量（COD）平均浓度11.6mg/L，同比下降29%；五日生化需氧量（BOD_5）平均浓度2.15mg/L，2013年五日生化需氧量（BOD_5）平均浓度2.07mg/L，同比上升3.7%；总磷（TP）平均浓度0.12mg/L，2013年总磷（TP）平均浓度0.11mg/L，同比上升8%；氨氮（NH_3-N）平均浓度0.51mg/L，2013年氨氮（NH_3-N）平均浓度0.47mg/L，同比上升8%。

3　西福河

按照环境监测技术规范要求，西福河流域内有6个监测断面（从上游而下分别是乌石陂、大田河口、九和桥、金坑河口、沙河坊、石吓陂），每月进行水质监测。对pH值、水温、溶解氧、氨氮、化学需氧量等24个项目进行采样监测，并依据《地表水环境质量评价办法（试行）》进行水质评价。根据广东省水环境功能区划要求，上游乌石陂为地表水环境质量标准Ⅱ类水质控制目标，下游（大田河口、九和桥、金坑河口、沙河坊和石吓陂）为Ⅲ类水质控制目标。

2014年西福河总体监测数据显示平均污染指数是0.41，2013年平均污染指数为0.39，同比上升5%；总体监测数据显示乌石陂为Ⅲ类水质，石吓陂、金坑河口、大田河口、九和桥和沙河坊均没有达到Ⅲ类水质。总体上西福河水质仍达不到广东省水环境功能区划的要求。主要污染物氨氮（NH_3-N）平均浓度2.46mg/L，2013年氨氮

（NH₃-N）平均浓度2.72mg/L，同比下降11%。化学需氧量（COD）平均浓度16.6mg/L，2013年化学需氧量（COD）平均浓度17.2mg/L，同比下降4%；五日生化需氧量（BOD₅）平均浓度3.72mg/L，2013年五日生化需氧量（BOD₅）平均浓度3.03mg/L，同比上升19%；总磷（TP）平均浓度0.23mg/L，2013年总磷（TP）平均浓度0.20mg/L，同比上升13%。

6.2.2　绿地生态基础设施规划

绿地作为城市的"肺"，是城市基础设施中不可或缺的重要组成部分，具有改善城市空气质量、调节小气候、美化城市景观等多种生态功能。随着城镇化进程的加速和城市环境问题的加剧，人们越来越认识到城市绿地生态服务功能的重要性，在城市绿化建设中不仅关心绿地美化、观赏、休憩等功能，更加注重绿地生态系统服务功能，城市绿地已成为衡量城市生态可持续发展的重要标准。

1　绿地生态基础设施的概念及功能

在国内外城市规划和城市生态研究中，关于绿地最常见的4个专业术语就是城市绿地、城市绿色空间、城市开敞空间和城市绿地系统。在城市绿地系统概念及分类方面，虽然不同行业和学科有不同的认识，但随着人们对城市绿地生态服务功能认识的不断深化，城市绿地的概念也在发展变化。李锋和王如松对城市绿地的概念和内涵进行了全面的概括：城市绿地系统不同于传统的园林绿地的概念，它是包括城市园林、城市森林、都市农业和滨水绿地以及立体空间绿化在内的绿色网络系统。城市绿地系统是城市绿色空间中以植被为主体，以土壤为基质，以自然和人为因素干扰为特征，在生物和非生物因子协同作用下所形成的有序整体。其结构包括乔木、灌木、草本植物、动物、微生物以及土壤、水文、微气候等物理环境。

城市绿色空间的生态服务功能是指绿地系统为维持城市人类活动和居民身心健康提供物态和心态产品、环境资源和生态公益的能力。它在一定的时空范围内为人类社会提供的产出构成生态服务功效，主要包括：

（1）净化环境：净化空气、水体、土壤、吸收CO₂、生产O₂、杀死细菌、阻滞尘土、降低噪声等；

（2）调节小气候：调节空气的温度和湿度，改变风速风向；

（3）涵养水源：雨水渗透、保持水土等；

（4）土壤活化和养分循环；

（5）维持生物多样性；

（6）景观功能：组织城市的空间格局；

（7）休闲、文化和教育功能；

（8）社会功能：维护人们的身心健康，加强人们的沟通，稳定人际关系；

（9）防护和减灾功能：抵御大风、地震等自然灾害。城市绿色空间生态服务功能的强弱取决于绿地的数量、组成结构、镶嵌格局、分布特征、与周边人工景观的联系以及管理水平等。

2 增城区绿地生态基础设施的现状评价

绿地评价的方法是定性、定量相结合，从定性逐渐走向定量。绿色空间生态服务功能值评价的方法主要有市场价值法、机会成本法、影子价格法、旅行成本法、条件价值法等。传统的绿地评价和规划指标如绿地率、绿化覆盖率、人均绿地和人均公共绿地等绿地规划也只停留在传统的数量规划上，不能反映绿色空间生态服务功能的大小，新的评估方法应从城市绿量、绿地结构和分布、经济社会效益和生态服务功能等方面进行全面评估。目前，绿容率、综合生态评价指标体系、3S技术、CITYgreen模型和InVEST模型应用等已成为定量化研究绿地结构、生态过程和服务功能之间关系的主要手段。

增城区有较好的自然生态本底，近些年，增城区的森林覆盖率稳步提高，并实施了桉树速生丰产林改造工程，有效优化了林业结构，提高了绿地的生态服务功能。随着惠及民生的"千园计划"的实施，到2013年人均公共绿地面积已经达到43.25m² （表6-3）。截至2013年，全市森林覆盖面积达86431hm²，森林覆盖率达54.4%，同比提高0.17%。城市公园绿地面积621hm²。城区建成绿化覆盖面积1498hm²，建成区绿化覆盖率49.9%。

增城区现有各类绿地123856.23hm²，其中公园绿地面积1444hm²；生产性绿地56098.5hm²，有林地57885.33hm²，灌木林地914.13hm²。用绿地覆盖率、林地覆盖率和人均公园绿地面积作为评价绿地景观的功能性指数，直接反映城市景观质量的优劣。各区的绿地覆盖率、林地覆盖率和人均公园绿地面积如表6-4所列（表6-5列举了国家园林城市基本指标标准，用于做对比）。由表6-4可知，石滩镇、新塘镇和荔城街林地覆盖率较低，北部三镇以及增江街林地覆盖率较高。正果镇和小楼镇的人均公园绿地较少，而中心镇和新塘镇的人均公园绿地较多。

增城区绿色空间面积变化　　　　　　　　　　　　　　　　　　　表6-3

年份	全市森林覆盖率	建成区绿地面积（hm²）	城区绿化覆盖率	公园绿地面积（hm²）	人均公共绿地面积（m²）
2005	47.3%	774.8	39.9%	78.5	17.4
2010	—	1224.6	—	22	22
2013	54.4%	1498	49.9%	621	43.3

增城区各行政区绿地现状 表6-4

区域	人均公园绿地（m²/人）	林地覆盖率（%）	农田比例（%）	果园比例（%）	草地比例（%）	公园绿地面积（hm²）	绿地覆盖率（%）
荔城街	21.17	25.57	13.7	23.78	0.19	250	65
增江街	13.42	65.67	18.29	39.74	0.53	40	84.49
朱村街	18.71	41.66	23.4	24.18	0.2	26	89.72
石滩镇	22.89	3.58	25.16	16.33	0.34	174	46.36
中新镇	50.48	48.81	14.5	17.75	0.36	264	82.54
新塘镇	28.63	13.34	12.34	23.08	1.53	655	52.91
派潭镇	12.35	64.56	10.94	14.76	0.04	20	90.37
小楼镇	2.22	49.07	15.75	19.76	0.07	2	84.66
正果镇	11.61	59.69	7.95	22.11	0.03	13	89.84
全市	26.01	40.63	14.45	20.26	0.39	1444	76.62

国家园林城市基本指标标准 表6-5

指标		100万以上人口城市	50万-100万人口城市
人均公园绿地（m²）	秦岭淮河以南	8	9
	秦岭淮河以北	7.5	8.5
绿地率（%）	秦岭淮河以南	33	35
	秦岭淮河以北	31	34
绿化覆盖率（%）	秦岭淮河以南	38	40

城市绿化覆盖率（%）=（城市内全部绿化种植垂直投影面积÷城市面积）×100%；
城市绿地率=（城市各类绿地总面积÷城市总面积）×100%。

3 增城区绿地生态基础设施的问题辨识

（1）总量丰富，格局分布不均。对比国家园林城市指标要求，增城区绿地总量较丰富，但是存在"北多南少"分布不均匀的问题。这种分布格局既有自然原因，又受人为建设的影响。其中，山地森林是主体部分，北部派潭镇、正果镇、小楼镇和中新镇是山地的主要分布区，林地面积占林地总面积的68%，而新塘镇、中新镇、石滩镇林地只占林地的23%。

（2）随着城市化进程加快，森林景观迅速破碎化。主要表现在：北部山地的森林植被与农业用地、城镇建设用地等犬牙交错，许多山地被隔离，呈孤立状态，平原岗地森林和经济林呈分散、岛状等。从目前森林和各类绿地结构来看，中部和南部地区的绿地分布多以相互隔离的点、线为主，许多地方存在着绿带断层，未形成大型的森林组团

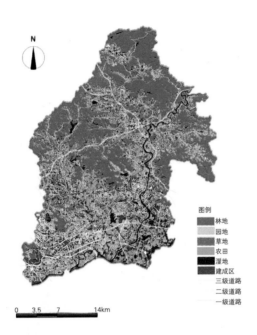

图例
■ 林地
□ 园地
▨ 草地
▦ 农田
■ 湿地
■ 建成区
—— 三级道路
—— 二级道路
—— 一级道路

0   3.5   7   14km

图6-16 增城区2013年土
地利用现状图

和绿色廊道相连接的城市森林网络系统。

（3）林地、公园绿地物种组成单一，林分结构有待优化和提升，生态服务功能有
待提升。

（4）绿化形式较为传统，功能单一，缺少屋顶绿化、立体绿化等绿化形式。下沉
式绿地、雨水花园等多功能绿地较少。

（5）城市组团之间缺少隔离绿带，增加了城市连片发展的风险（图6-16）。

4 建设目标

增城区绿地基础设施规划的目标是在传统的绿地规划思想基础上，拓展城市绿地的
概念和功能，按照生态学理论，融入低影响开发、海绵城市、弹性城市等新的理念，整
合园林设计、生态工程等新型技术体系，通过重要生态斑块的识别，严格保育和生态廊
道的构建、开发建设指引以及科学设计控制性指标，构建不同尺度的绿色基础设施网络
体系，形成以维护区域生态安全为基础，提升自然生态系统对社会、经济系统服务能力
为目标，综合发挥绿地多种社会、文化、经济功能，构建多尺度、功能复合的城乡一体
化绿色基础设施生态网络体系。目标有如下几点：

维护城市以及区域生态系统完整性，保障生态安全。通过绿地基础设施的建设，恢
复和重建区域的水文过程、大气循环、生物迁徙等影响区域生态安全的生态过程的连续
性、畅通性，增强绿色基础设施对社会经济发展的支撑和服务功能。

重塑城市景观，引导城市发展。通过绿色网格的构建，协调区域经济发展，有效控
制城市无序扩张，破解"摊大饼"的城市格局。

顺应自然过程，增强城市生态系统弹性和应对自然灾害的抵抗性。结合海绵城市发
展理念，整合低影响开发技术，垂直园林精细化设计等，增加城市对雨洪内涝、城市热

岛等灾害的抵抗性。

改善环境，通过构建整体连续的绿色基础设施网络，达到改善水体和大气环境，改善城市小气候，提升环境质量的目的。

恢复区域生态，通过构建整体连续的城市绿地生态网络，达到恢复高度城镇化带来的景观破碎、生态割裂、提高生物多样性的目的。

提高居民生活品质，通过构建多层次、多功能的城市绿地生态网络，达到创造可达性的开放空间体系、满足市民亲近自然的需求、提升城市生活品质的目的。

要实现以上目标，增城区的绿地生态基础设施需要具备以下特点：

网络化：城市绿地生态网络是由具有生态意义的绿地斑块和生态廊道组成的网络结构体系，它以城市绿地空间为基础，主要服务于保护生物多样性、恢复景观格局、保护生态环境、提升城市景观品质等整体性目的。城市绿地生态网络的规划将大大有助于协调城市发展与环境的关系，并将以交通为主导的规划，转化为以环境为主导的规划，改变将城市绿地系统规划仅仅作为城市规划的后续和补充的观点和做法，改变将绿化停留在空间视觉效果的形式，以及减缓环境污染的层面上，突出绿地系统在恢复自然、整体维护城市生态系统和重塑城市景观，以及积极引导城市布局和城市规划方面的重要作用。

绿地生态网络与城市建设用地相互作用，与城市开放空间和游憩系统等在一定程度上重合。分散、破碎的绿地格局不能达到良好的生态效果，城市绿地生态网络所带来的生态和社会功能往往更为显著。城市绿地系统由集中到分散，由分散到联系，由联系到融合，呈现出逐步走向网络连接、城郊融合的发展趋势。未来城市绿地规划在空间结构上将趋向网络化，将零散的绿地斑块和廊道进行系统连接成为绿地将来规划设计的方向。但绿地生态网络这一概念，其强调重点在于绿地空间格局的整体连续性，而非单纯的廊道或绿地斑块的建设。

立体化：随着城镇化的快速发展，城市中有限的绿地面积越来越不能满足实现城市生态平衡，这种情况下，绿化朝立体化方向发展，将成为未来绿地规划的大趋势，具体包括两种含义：①利用建筑物垂直面、建筑物顶部、立交桥、停车场等建筑和构筑物所形成的再生空间，通过各种现代建筑和园林科技的手段，进行多层次、多形式的绿化，拓展城市绿化空间；②在绿地上通过乔木、灌木、草坪的复层绿化，实现绿地的最大生态效益。

多功能：对传统的绿地进行改造，使绿地兼具雨污净化，防止城市内涝等功能。推广下沉式绿地、植被浅沟、雨水花坛等多功能绿地。

多层次：在区域绿地网络结构的框架下，构建区域—城市—绿体三个层次的绿地系统。区域层次则是以协调区域内的经济、生态共同发展、实现生态安全为目标的绿地系统战略性规划；城市层次的规划形成了城市周围绿带及城市公园网络系统、公园分级配置、绿色廊道等多种类型构成的点、线、面结合的城市绿地系统；在绿地尺度——社区、工厂、道路等小尺度进行建设指引和控制性指标的指定。

5　增城区城市绿地生态系统构建途径

（1）大型山体、河流，重要生态斑块、廊道的保育途径

维护和强化城市整体山水格局的连续性，维护生态屏障，确保生态安全。维护区域山水格局和大地机体的连续性和完整性，是维护城市生态安全的一大关键。破坏了城市山水格局的连续性，就切断了自然生态过程的通道，包括风、水、物种、营养等的流动，必然会使城市生态系统过程失调、功能退化。

（2）重要生态斑块和廊道的构建途径

在市域尺度上，保护郊区具有维护生态安全的山体绿地、河流，保护基本农田，建设防护林、滨水绿地等重要斑块，并且通过河流、道路、防护林等线性要素，建设生态廊道，将重要生态斑块连接起来，建设联系城郊的楔形绿地，带状绿地等生态廊道，将森林引入城市。在建成区尺度，功能组团之间加强隔离绿地的建设，防止连片发展。建设不同层次结构的城市公园体系，通过生态廊道联系城市绿色空间，构建城区的绿色网格。

（3）重点区域和边界的识别和建设途径

除了对城郊大片森林、农田等，在天然林等"绿线"以内地区进行严格保育，有一些重要的区域和地段需要重点关注和保护，包括：生物多样性热点区域，地带性自然生态系统，采矿区、地质灾害敏感区，水土流失重点区域，水库、河流、水源地等重点区域。另外，需要格外关注城市发展边界、城市组团之间的绿地保护，这些绿地最容易受到侵蚀，保护住这些绿地，就控制住了城市的无序增长。

（4）绿地基础设施的优化途径

针对建成区尺度，优化城市公园体系格局，加强街头、广场、堤岸等的绿化，构建绿道系统，加强城市绿色空间的连通性、可达性。结合旧城改造、矿山修复等工程，产业更新，利用废弃的工厂、道路等宗地改造成既保留时代历史文化特色，又兼具生态服务功能的、居民可达的绿地。

（5）绿地基础设施的生态工程途径

推行立体绿化、室内绿化、垂直园林建筑的精细化设计，低影响开发技术，透水铺装等生态工程，提升传统绿地的生态服务功能，增强城市适应性。

（6）绿地基础设施的管理途径

完善生态补偿配套基础性制度，明确生态补偿主体、对象及其服务价值，丰富补偿方式。通过直接利用、间接利用、使用权交易、生态服务交易、发展权交易、产业化等方式，促进生态资产向经济资产转化，提高自身造血能力。生态资产通过人为开发和投

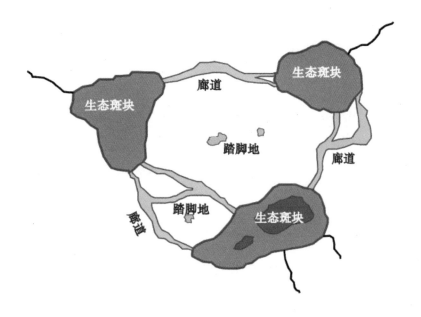

图6-17　绿色生态基础设施系统结构示意图

资盘活资产转为生态资本，运营形成生态产品，最终通过生态市场实现其价值。

6　增城区绿地生态基础设施规划

（1）生态斑块和生态廊道绿色网格系统总体设计

增城区绿色基础设施的整体空间布局包括"三个层次"：市域、城区和绿体。市域层次主要包括城市外围大片连续的山体森林、自然保护区、森林公园、农田等为主体的生态斑块，以及山川、河流、绿道、防护林等生态廊道。区域绿色基础设施是维护生态安全的屏障，是社会经济发展的基础。城郊生态斑块通过生态廊道连接城市内部的绿色斑块，形成完整、连续的生态系统，发挥绿地的生态效益。城区尺度的绿地系统由城市园林绿地、街头绿地、广场绿化等多层次绿心构成，并由环城林带、绿道、河流及城市功能组团间生态隔离带形成围绕城区的绿色圈层（图6-17）。绿体尺度主要指社区、商业区、产业园等具体场地尺度的绿地。

（2）市域尺度绿色基础设施规划

市域尺度绿色基础设施主要包括北部白水寨休闲旅游区、大封门森林公园、高滩森林公园、凤凰山森林公园、白江湖森林公园、兰溪湿地公园、湖心岛旅游区。该区沿着增城区高程分布的山脊自然轴线，植被丰富，但是面临着旅游开发的压力。由于降雨较多，海拔较高，同时也是地质灾害的高发区，需要合理处理好开发与保护的比例。

市域的河流生态廊道主要由增江、派潭河等主要河流组成。在"百年规划"中，该区域定位为十大发展平台之一，是北部生态旅游平台，规划面积660km^2，常住人口10万人，规划建设用地20km^2，将打造为珠江三角洲生态旅游基地和都市农业基地。处理好开发与保护的比例，防止旅游开发带来的污染和生境破坏。严格控制和监管农家乐、

度假酒店的建设和排污情况，在派潭河和增江上游沿岸完善污水处理系统，建设生态缓
冲带，确保派潭河和增江的水质。对农家乐集中分布区域建设人工湿地等进行污水净
化，达标排放。

中部构建一条蓝绿珠串相连的生态隔离带：构建由联安湖水库、白洞水库、吊钟水
库、白水寨森林公园、百花林水库、白洞森林公园等组成的湿地绿地镶嵌的生态隔离带。
该区域是增城区的又一条山体自然轴线，也是增城区的母亲河——西福河的发源地。一方
面净化水质，涵养水源；另一方面，形成一条切断南部与北部建成区连片发展的生态隔
离带。

（3）城区尺度绿色基础设施规划

城区绿地生态基础设施主要由城市公园，城市组团之间的隔离缓冲带、楔形绿地、绿
化堤岸、街头绿地、广场绿地等绿色开放空间，以及林荫路、绿道等廊道构成。城区绿楔
穿插，廊道与圈层相结合，点、线、面、环相结合，建设结构合理、景观与生态功能相结
合的绿地。

①生态隔离带

重要的产业组团，城镇建成区之间基于现有基础，建设农田、防护林、公园、湖
泊、河流等多种形式的隔离带，防止连片发展：

• 由百花林水库、山角水库、挂绿湖及其周边林地、农田等构成朱村和荔城街的南
北向生态隔离带；

• 为了防止南部的永宁街、石塘镇、仙村镇、石滩镇与中部的朱村街、荔城街、增
江街连片发展，以余家庄水库、南香山森林公园、仙村国际高尔夫球场、挂绿湖、初溪
湿地为生态核心，构建生态缓冲带；

• 由南香山森林公园、万田水库、万亩花园、新荔生态公园、鹅桂洲湿地构建南北
向隔离带，防止新塘镇与仙村镇的连片发展；

• 仙村镇与石滩镇之间，中心镇与朱村街之间依托在建的西福河景观林带生态工
程，保护镇街之间的农田，形成南北向的生态隔离带。

②"千园计划"

"千园计划"是增城区生态文明建设的抓手，也是惠及百姓的民生工程。在取得了
丰硕的成果上，优化城区公园格局，加强公园—绿道系统建设，提高公园可达性和服务
功能。

• 微观层面：开放+溶解

生活方式、价值观念和社会心理的变化使得城市居民对公共休闲生活的需求越来越
多。城市公园绿地只有与城市整体环境实行协调对接，才可以实现其价值和效益最大
化。增城区公园绿地整体性发展首先应将传统封闭的公园围墙推倒，实行开放式的科学
管理模式。其次，把开放式的城市公园绿地单体真正溶解于周边环境及中心城区，实现
微观层面的形式与内容的"解放"。

· 中观层面：梳理+分层

城市公园绿地整体性发展中，在城市公园绿地总量一定的情况下，应科学梳理城市公园绿地资源，本着种类丰富、分布广泛的原则，分层次进行更新建设。城市大型综合公园应更多地让位于社区公园、街旁绿地等小型且便利的绿色空间。

· 宏观层面：整合+联网

城市公园绿地整体性发展的整合资源环节，首先应积极寻求城市公园绿地之间共同的自然资源、历史文脉和风貌特色，为公园绿地单体之间的"整合"创造条件。其次，城市公园绿地的资源整合应以结构上的组织严密、功能上的协同合作为前提，组成局部完整的系统。城市公园绿地整体性发展，最终体现在公园绿地的系统联网环节。具体方法为：首先在中心城区通过用地置换增加小型公园绿地的均布性，营建一定规模的核心绿地，外围新建区顺应建成区的迅速扩张配置适量的郊野公园、湿地公园等。其次，通过绿色廊道、楔形绿地和结点等，将各层次的城市公园绿地纳入城市绿色网络，构成一个自然、多样、高效、有一定自我维持能力的动态绿色景观结构体系，促进城市与自然的协调发展。

③都市农业

都市农业是以城市为依托的现代化农业，是传统农业发展到一定阶段的必然趋势，也是城乡一体化、人与自然更加和谐的必然过程。都市农业不仅向城区提供有机农产品，并具有改善环境的生态服务功能，满足市民回归自然的需求，农产品观光采摘等旅游项目的发展还能促进农民增收，带动经济发展。以朱村街万亩生态农业基地、小楼人家生态农业示范区、丛玉蔬菜生态为抓手，打造现代农业发展平台，建设集生产、生态、经济、旅游观光、特色文化等多功能一体的都市农业。推广生态农业示范工程，发展高效率、高产出、高循环的生态农业，实现农林牧副渔多种经营、集约化生产，增加农民收入。积极引导产业转型，发展生态高效农业，建立绿色食品基地（图6-18）。

（4）绿体尺度绿色基础设施建设指引与控制标准

绿体主要由社区、街区尺度的绿化组成，包括社区绿化、机关单位绿化、产业园、商业工地绿化等。网格系统包括社区绿道、各级河流以及缓冲绿化带，各类防护林带。在绿体尺度对城市工程建设提出具体控制性的指标和指引：

①社区绿化

居住区绿化是由居住区游园、宅间绿地、道路绿地、街区公园等组成的点、线、面结合的系统。从规划角度，居住人口规模在4万人左右即可建立服务半径为1km，占地3.5－5hm²的居住区级公园。按照国家规定，单位专用绿地率不少于30%，居住小区的绿化用地面积占总用地面积的30%以上，旧城改造的居住地绿地面积不低于总面积的25%，其中保障1－2hm²以上的公共绿地。

②生态堤岸

大型水库岸边划定宽度1km的生态岸带，外围4km控制建设率在5%以内。主城区结合主干道建设绿化主轴，实现堤、路、公园、小绿地、绿化防护带、专属绿地绿化。

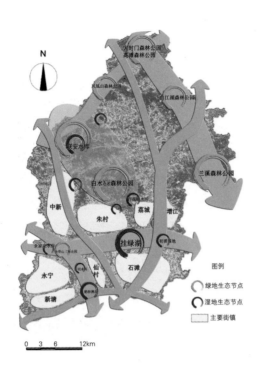

③立体绿化

在居住区、商业区、机关单位推行屋顶绿化、墙面绿化、阳台绿化等各种立体绿化，利用攀缘植物进行垂直绿化，采取围墙绿化、檐口绿化、窗台绿化、高架道路悬挂绿化、破墙透绿、装饰绿化等增加城市的绿量。通过平面绿化和立体绿化相结合，可以大大提高城市的绿视率，为市民创造优美舒适的环境。

④道路生态廊道

高速公路道路两侧各设置50-100m宽的防护林带，省道两侧各设宽50-100m的防护林，外环路两侧设置总宽500m的绿化带，局部控制100-200m公路，国、省道两侧须设隔离绿化带20-50m。城市一级主干道绿地率不低于20%，道路两侧绿化带宽度不少于3m。二级城市主干道及城市次干道，绿地率不低于15%。铁路沿线两侧隔离绿化带各不少于50m。

⑤高压线廊道

高压线走廊集中分布区可集中布置防护绿地。按照国家相关法规规定，高压线下严禁建设高层建筑，是城市外围绿地建设的重要生态空间。规划要求220V高压走廊下设置防护绿化带宽度为50m，110V高压走廊下防护绿化带宽度为30m。城市西侧高压走廊集中分布区集中布置防护绿地。

⑥生态隔离带

工业企业与居住区间营造卫生防护林带，一般划定宽度50m以上。

6.2.3 生态廊道生态基础设施

1 增城区绿道概况

从2008年起，增城区按照主干道路生态型、乡村郊野型、城区都市型的分类标准，率先规划建设500km具有自身特色的三大绿道网络：一是自驾车游绿道。以广汕、荔新、荔白、新新、增正等旅游大道为主线，沿主干道两侧建设了200km的绿色廊道，沿自驾车游绿道建设了21个休息驿站和20个生态公园，形成多层次、多色彩的生态景观林带和景观节点；二是自行车休闲健身游绿道。从市区到北部白水寨风景区以及湖心岛景区，共建设了长达250km的自行车休闲健身绿道，将鹤之洲、增江画廊、湖心岛、小楼人家、白水寨风景区等旅游景点有效连接起来，突出乡村体验、健身休闲的功能，打造成为富有田园风光特色休闲精品线；三是增江画廊水上游绿道。以增江为主轴，把初溪枢纽上游50km河道两岸打造成为现代生态型的山水画廊。

目前增城区已经形成"二纵一横三条主线外加四条支线"的总体格局，主要分为省立绿道、广州市立绿道、增城区本级绿道三个层次，按功能可分为生态型绿道、乡村郊野型绿道、城区都市型绿道。秉承幸福市民、快乐游客、致富农民的宗旨，通过有形的绿道建设形成无形的绿色经济之道，即市民休闲健身之道、游客观光消费之道和农民增收致富之道。与发展生态文明、提升产业层次、统筹城乡发展相结合。

到2014年底，增城区绿道分布如表6-6、表6-7和图6-19所示：

增城区绿道分布 表6-6

街镇	一级绿道	二级绿道	三级绿道	其他	合计	人均绿道（km/万人）	绿道密度（km/km²）
荔城街	47	—	3.6	14	64	3.7	3.8
增江街	31	—	1.6	5.5	39	8.6	0.6
新塘镇	4.8	—	21	—	25	2	0.3
石滩镇	—	—	21	—	21	1.9	0.1
永宁街	—	—	7	—	7	1.3	0.1
仙村镇	2	—	2	—	4	0.9	0.1
中新镇	—	—	20	—	20	2.5	0.1
小楼镇	22	7	13	—	42	8.5	0.3
派潭镇	16	17	23	8.5	64	7.9	0.2
正果镇	5	25	43	—	73	13	0.3
合计	127.8	49	155.2	28	358.5	4.33	0.28

各城市绿道建设情况对比分析   表6-7

城市	绿道长度（km）	绿道密度（km/km²）	人均绿道长度（km²/万人）
广州市	1319.3	0.187	1.05
厦门市	103.74	0.78	0.56
肇庆市	104（2012规划）	0.01	
东莞市	2263	0.92（规划）	
武汉市	599.71	0.8	1.04
崇明岛	317.3	0.25	4.49
美国亚利桑那凤凰城	921.34	0.12	6.12
美国纽约市	560	0.46	0.44
英国大伦敦区	628	0.4	0.77
丹麦大哥本哈根区	43.00（已建）/110.00（规划）	0.02（已建）/0.04（规划）	0.63
Auckland 生态型绿道		0.03-0.10	
Auckland 郊野型绿道		0.49-1.23	

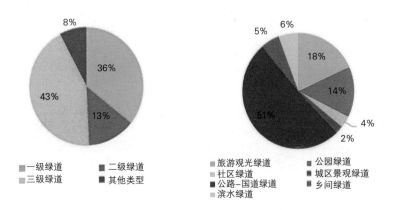

图6-19 增城区绿道类型

2 增城区绿道特点

建设机制特点：多元投入，高效建设。以政府为主导，多渠道筹集建设资金；坚持不征地、少租地原则；依托原有资源，突出生态特点；结合实施城乡环境"清洁美"工程，推进路边、山边和水边"三边"整治；实行属地建设，充分调动农村集体和农民的积极性。

增城区滨水型绿道建设的成功与政府建立健全的绿道建设和管理机制密不可分，在政府、企业、民众参与的良好工作机制下，有力地促进滨水型绿道的建设和进一步发展。

（1）以政府为主导的多元投入机制

增城区滨水型绿道的成功建立是政府、市场、民众多方合作和努力的结果。其中增城区政府组织编制了绿道的规划设计标准和建设标准，结合绿道规划制订相对应的实施方案计划、资金统筹计划和实施保障措施；充分调动发挥市场参与的作用，通过鼓励民间投资来发挥资金筹集效应；通过政策引导解说，引领民众了解绿道建设的重要性和意义，从而调动各镇街民众的积极性和创造性。

（2）属地建设，打破传统建设工程管理模式

增城区政府组织编制有关规划建设技术标准和指引，按行政区域位置将自行车道分为不同路段，分别由派潭镇、小楼镇和荔城街全权负责本辖区内的绿道建设任务，并将清障及提供土地任务分解到合作社、村、片，具体落实到户，形成社、村、镇三级联动的局面。

（3）发动农村集体和农民参与

在游客服务中心、休息驿站和自行车道建设的过程中，基本不新增建设用地，少向农民租地，不向农民征地，由政府负责基本建设费用，由农村集体提供闲置房屋、闲置或废弃土地，建成后交由共同委托市场主体经营或者农村集体经营。

（4）以市场为主体的运营机制

积极鼓励市场化运作，引进市场主体分区域开展自行车租赁业务，可在多个节点进行租车和还车。政府牵头，各自行车经营主体建立联营体系，游客可以跨公司、跨区域还车，给游客创造更多的便利。各区域所属的游船经营、自行车租赁及其配套服务等，都由公司自主经营和自负盈亏，确保自行车旅游运营步入市场正轨。事实证明完全可行，如增城区安达国际旅行社2010年全年共接待游客为19.6万人次，其中珠江三角洲游客8.8万人次，本市游客10.8万人次，已进入了良性的状态。

3 生态效益评价

（1）绿道固碳生态效益分析

2010年增城区绿道网固碳总量达23253.42t，根据固碳成本251.40元/t计算得到固碳生态效益584.6万元，每平方公里产生的生态效益为25.16万元。其中增江东岸绿道固碳量9837.25t，增江西岸绿道固碳量13320.48t，单位面积固碳生态效益分别是28.08万元、31.98万元。结合绿道景观结构分析，总绿道网绿地面积大于增江西岸，增江西岸绿地面积大于增江东岸，因此总固碳量总绿道网要大于增江西岸，增江西岸高于增江东岸。而增江西岸的园地与林地面积比例最高，因此增江西岸的单位面积固碳生态效益也

最高。可见绿道的生态效益率与绿地面积比例成正比关系。

（2）绿道净化空气生态效益

2010年增城绿道净化O_3、SO_2、NO_2、PM_{10}以及CO_2的量分别为17330.64t、5814.71t、8976.05t、16076.91t、1918.42t，合计50116.73t，相应产生的经济价值分别为33.14万元、2.7万元、17.17万元、20.53万元、0.51万元，合计绿道净化空气产生的生态效益为74.05万元。增江东、西岸绿道空气净化总量分别为21201.64t、28708.84t，相应产生的经济效益为31.33万元、42.43万元。占总绿道网空气净化量的99.6%。绿道对臭氧的去除能力最强，其次是PM_{10}，然后是NO_2和SO_2，且增江西岸绿道的空气净化能力总是优于增江东岸绿道；单位面积净化空气量增江西绿道大于增江东绿道大于总绿道网平均水平，分别为4.05万元/km^2、3.56万元/km^2和3.19万元/km^2，与单位面积固碳能力排序一致。虽然总绿道网的耕地、园地、林地3项占比要高于增江东岸，但园地与林地两项占比低于增江东绿道，说明耕地对于固碳以及净化空气的作用不大，并且和固碳效益对比，净化空气的效益要远低于固碳效益，说明绿道的主要生态功能在于固碳，而净化空气为其次。

4 增城区绿道存在的问题

（1）在国内建设较早，取得了较好的自然、社会、经济效益，具有示范意义；
（2）绿道种类丰富，类型结构需要优化；
（3）绿道建设"主动脉"框架突出，"毛细血管"建设需要加强；
（4）绿道建设与居民休闲游憩需求有错位；
（5）绿道之间衔接不足，尚未形成网络和规模；
（6）绿道接驳系统和配套设施需要完善。

5 优化目标

根据自然生态规律和城市发展规律，合理配置绿道选线和密度，以期通过合理调整城市生态结构来控制人流、物流、车流、能流和信息流，构建自然和谐、民生幸福的生态文明型区域绿道网，并通过绿道的建立促进健康生活方式的形成，树立健康的生态价值观。在绿道网建设中发展生态产业，推广生态建筑、生态社区、生态出行与交通、生态材料，提倡生态化生产方式和消费方式。刘易斯·芒福德认为："最好的城市模式是关心人、陶冶人、密切注意人在社会和精神两个方面的需要。良好的人居环境，应满足'生物的人'在生物圈内存在的条件（生态环境），又满足'社会的人'在社会文化环境中存在的条件（文态环境）"。

6 优化原则

绿道的规划应该遵循生态性、连通性、安全性、便捷性、可操作性、经济性等原则。绿道采用各种绿色技术和生态建设方式，尽可能地实现节能减排及低碳化甚至零碳排放，使废弃材料在绿道景观中得以重生。如利用废旧公共汽车和集装箱建造房屋、利用废旧枕木制作标识系统以及利用废玻璃造景等，从而最大限度减少绿道建设和后期维护中的碳排放，使绿道成为真正的生态之道。

在绿道规划设计中，尽可能体现生态化原则和本土特色，将生态资源与人文资源相结合，在均衡考虑海、山、石、江、河、湖、谷、动植物和人类等构成增城区绿道网因素的基础上，打造出风景优美、野趣盎然、人文底蕴浓厚的绿道网。

注重绿道建设对生物廊道的保护和建立、生态环境改善、生态网络连续性的作用，将绿道的生态功能确立为基础功能，其他所有功能的发挥必须以不影响绿道的生态功能为前提。

通过各种先进的规划方式，实现不同类型绿道的有效衔接，保证绿道的网络连通性，实现绿道建设的规模效应。

从区域、城市、社区不同层面，有针对性地进行绿道规划与建设，注重兼顾绿道的生态环保、休闲游憩和社会文化等多种功能。将绿道与城市公园绿地和开放空间结合，通过绿道连接独立、分散的绿色空间，既能形成综合性的绿道网络，又能营造亲民的绿道空间。

7 增城区绿道选线适宜性评价

（1）生态本底层

增城区地处南亚热带，北回归线经过北部的派潭镇，年平均气温为22.3℃，平均最低气温为12.1℃，平均最高气温为28.5℃。春季，由于受冷暖空气交替影响，天气多变，阴雨多阳光少，空气潮湿，气温在12.7－21.7℃之间。夏季，热带海洋风增强，天气常受副热带高压控制，空气闷热，极端高温38.2℃，平均为27℃。4－6月多季风雨，占全年降雨量的46.7%。7－9月多台风雨，占全年降雨量的36.27%。秋季，受北方干冷空气影响，气温下降，最低为12.1℃。12月－次年1月，常有寒潮侵袭，偶有霜天，极端低温-1.9℃。按照气候学低于10℃为冬季的划分标准，增城区没有冬季。全年无霜期346d。全年平均降雨量为1968mm，雨季在4－9月，降水量占全年降水量85.3%。全年蒸发量在1170.7－1537.9mm之间，平均为1330.3mm。全年平均日照时数为1953.5h。本地属季风气候，风向随季节转换，秋冬季以偏北风为主，偶有南风，夏季以偏南风为主，偶有北风，春季北风和南风兼有。增城区的气候特征为长夏无冬、温暖多雨、热量充沛，适宜热带、亚热带植物生长，有利于遭受破坏的植物群落迅速恢复，延长城市林业建设工程的施工期，有利于工程的快速推进。

①**坡度**

绿道的使用人群多为步行者、骑行者以及滑板使用者等，这使得坡度大小也成为绿道设计的关键性因素。不同的坡度会造成不同的行人步行爬坡难度。根据尼古拉斯·T·丹尼斯等人的研究，坡度大致可以分为5级。第1级为1/50以下，在这个坡度下，任何人用任何方式都可以自如行进；第2级为1/50-1/20，在这一坡度范围内，普通人可以自如行进，但是特殊行人比如坐轮椅的残疾人需要在正常人的帮助下行进；第3级为1/20-1/12，在这一条件下，正常人可以行进，但需耗费体力，特殊人群不能行进；第4级为1/12-1/8，这个范围内正常人需借助工具才能行进，十分耗费体力；第5级为1/8以上，这个坡度基本不能行进。另外，根据《北京市健康绿道建设工程技术规范》，将绿道分为3类，并分别对3类绿道的适宜坡度做出指导。本章对增城区的DEM栅格数据，借助arcgis创建坡度输出，并对输出结果按照以上分类标准进行重新分类，绘制出基于坡度的绿道建设适宜性图（表6-8，表6-9，图6-20）。

各类型绿道坡度参考标准   表6-8

类型	坡度参考值
人行道	3%为宜，不超过8%
自行车道	不超过12%
综合绿道	3%为宜，不超过8%

绿道坡度适宜性参考标准   表6-9

坡度	综合	适宜性
<3%	5	非常适宜
3%-8%	4	适宜
8%-12%	3	较不适宜
12%-25%	1	不适宜
大于25%	1	非常不适宜

②**地质灾害**

增城区位于粤中丘陵区东部，其北部为低山丘陵区，海拔500-1000m，相对标高500-600m，山势陡峻，坡度>30°，多为V形谷；中部为丘陵、河谷平原，海拔200-400m，相对标高200-300m，山坡较缓，多呈浑圆、馒头状，坡度15°-30°；南部为三角洲冲、洪积平原，海拔100-200m，相对标高50-100m，有较多河流分布，形成低矮的丘陵及河流阶地，地势总体北高南低。增城区雨量充沛，多年平均降雨量为2008.31mm，其中4-9月为雨季，其降雨量占年降雨量的85%，汛期多大雨、暴雨、特大暴雨，易造成洪涝灾害，诱发崩塌、滑坡、泥石流等地质灾害，每年10月-次年3月为旱季，其降雨量占年降雨量15%。受地势影响，降雨量呈北多南少分布。

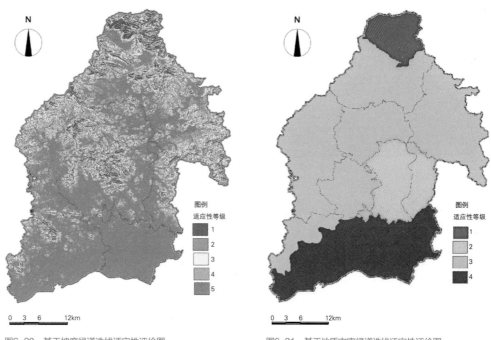

图6-20　基于坡度绿道选线适宜性评价图　　　　　　图6-21　基于地质灾害绿道选线适宜性评价图

　　根据地质灾害险情分级标准，对增城区75处地质灾害隐患点，进行险情分级评价，潜在地质灾害险情以小型居多，有72处，占灾情点总数96%；属中型有3处，占灾情点总数的4%；无大型及特大型灾害点。基于地质灾害的绿道选线适宜性评价如图6-21所示。

（2）自然生态资源

　　自然生态资源主要包括大型的山体、绿地、河流、水库。主要针对建立区域绿道，其目的在于保护生态过程完整性，发挥生态功能。大型山体河流往往是自然山脊轴线或者河流轴线，对于维持区域生态安全和屏障，保持生态系统完整性有重要作用。根据以往的研究方法，用自然间断点法对NDVI和水体面积进行分类和赋值（表6-10），评价结果如图6-22、图6-23所示。

不同自然生态资源绿道建设适应性评价标准则　　　　　　　　　　　　　　　表6-10

资源分类	评价指标	评分方法
NDVI	值	自然间断点分类法
水体	面积	自然间断点分类法

（3）景观节点层

　　按照现行标准《风景名胜区总体规划标准》GB 50298，可以支撑绿道网络建设的现状景观节点有：园景（包括现代公园、历史名园、植物园、陵园墓园、专类游园

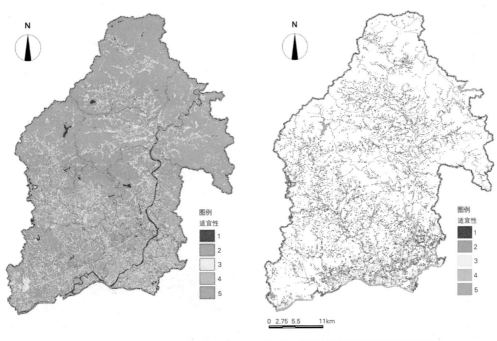

图6-22 基于NDVI的绿道选线适宜性评价图　　　图6-23 基于水体的绿道选线适宜性评价图

等）、建筑（包括文娱建筑、民居宗祠、纪念建筑、宗教建筑等）、胜迹（包括纪念地、遗址遗迹、游娱文体场地等）。综上所述，结合资料的可得性将可以支撑绿道网络建设的现状景观资源划分为自然资源和人文资源两种。自然资源包括城市中大面积水体、森林或者以山地为背景的资源，主要包括两种类型：一种是指位于城市建设用地内部的公园绿地，包括综合公园、专类公园、社区公园、街旁绿地、带状公园等；另一种是指位于城市建设用地外部的其他绿地，包括风景名胜区、自然保护区、水源保护区、森林公园、郊野公园、湿地、城市绿化隔离带、风景林地、野生动植物园等。人文资源主要有文化遗存、历史古迹、宫殿庙宇、墓葬遗址、城乡风光、禅林寺院、亭台楼阁、建筑群落、塔影桥虹、壁画石刻、艺术珍品、革命圣地、民俗、城市广场等。对于该选什么因子对现有资源进行评价，在文献查阅的基础上，遵循代表性、方便性、独立性、易操作性、可测量性原则，对于所选的因子，能够利用现有的资料，制定质化或者量化的准则（图6-24）。

历史文化资源节点的评价方法如下：

①建筑年代越早越具有科考价值和保存价值，作为资源其吸引力也越大。本文按照距今时间将人文景观资源划分为3个等级，时间超过200年的，赋分为3；在100－200年之间的，赋分为2；不足100年的，赋分为1。

②知名度可以通过人文景观资源名声所能到达的范围即全国、本市和地区3个等级来进行划分，在全国范围内知名，构成全国性品牌的，赋分为3；在本市范围内知名，构成本市品牌的，赋分为2；在小范围内知名，构成区县级品牌的，赋分为1。

③保存度较好的人文景观资源的开放度也相对较高，而一些保存较差，需要严格保

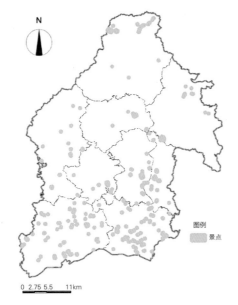

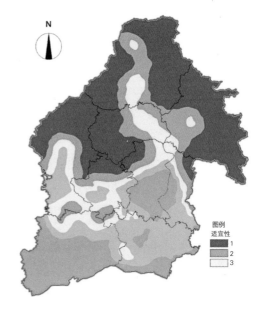

图6-24　基于景点分布的绿道选线适宜性评价图　　　　图6-25　基于人口密度的绿道选线适宜性评价图

护的人文景观资源，则开放度较低。本书将保存完好并且能够满足大量游憩活动需要的人文景观资源，赋分为3；将需要进行保护，必须限制游客数量的人文景观资源，赋分为2；将已毁坏或者原貌改变较大，立碑纪念的人文景观资源，赋分为1。

　　④周边环境质量直接影响到整个游憩氛围的营造和人们的体验。因此，本书对于整体环境良好，风格协调的人文景观资源，赋分为3；对于整体环境一般，风格大体协调的人文景观资源，赋分为2；对于整体环境杂乱，风格差异较大的人文景观资源，赋分为1。

（4）需求成本分析

①人口密度

　　绿道是以服务居民为主要目的，因此在构建过程中应该充分满足人的需求，同时以需求为导向可以提高资源的使用效率。根据人口数量和分布范围计算出不同区域范围内的人口密度，再把人口密度划分成不同等级，绘制人口密度等级分布图。具体的操作步骤为：首先建立各个街道的行政边界拓扑结构，收集各个街道的人口总数数据和街道行政范围面积，计算出各个街道的人口密度，并将人口密度由高至低划分为5个等级，并根据此数据绘制出人口密度分布等级图，为后续叠加分析做准备。本文根据研究时点增城区城市街道分区，在分别计算出各区的常住人口和面积的基础上，计算其人口密度，根据人口密度，用自然间断点划出建设绿道的适宜性等级（图6-25）。

②土地利用类型

　　绿道的建设与土地利用类型高度相关，因此需要按照不同土地利用类型对绿道的需求度制定相应的评价标准。在刘岳等（2011）以及Conines（2004）的研究基础上，对绿道建设的适宜性与各土地利用类型的关系作如下界定：绿道应该优先满足居民的休闲需求，而居住用地和商业用地是居民使用频率最高的土地利用类型，最需要绿道提供良好的生态环境，因此此类型用地得分5；绿道可以隔离和净化周边污染源对水域的影响，更好的保护现有绿地，对水环境以及现有绿地的保护具有非常重要的作用，因此，水体（包括河流水面和水库水面）和现有绿地的得分4；公共管理与公共服务用地本身就是为城市居民服务的，这与绿道网络的构建宗旨相一致，因此将其赋分为4；农业用地是城市土地的重要组成要素，随着乡村旅游的兴起，可以将其视为一种资源加以利用，将其赋分为3；工矿仓储用地对绿道的需求较小，但是通常为城市主要的污染源，而城市绿道的建设可以有效地减弱和隔离其污染，因此将工业用地的评价得分定为2；此外，还有沼泽地等一些其他的土地利用类型，由于绿道建设的难度较大，本书将其得分定为1（表6-11）。根据土地利用图得到适宜性评价图（图6-26）。

不同土地利用类型绿道适宜性标准 表6-11

用地分类	得分	适宜程度
居住用地	5	非常适宜
商业用地	5	非常适宜
公共管理与服务用地	4	适宜
水体	4	适宜
绿地	4	适宜
农业用地	3	一般
工矿仓储用地	2	低
其他	1	低

③区域开发程度

区域开发程度对绿道的规划建设有较大影响。开发程度较高的区域可利用的土地较少，因此绿道建设的难度较大，相比之下，开发程度较低的区域可以利用的土地较多，因而能够满足建设绿道所需空间，并且这些地区的自然生态环境也更好。价格是价值的外在体现，区域开发程度可以通过土地价值来测量，开发程度越高，地价越高，反之亦然。在构建绿道网络时，应该选择地价水平相对较低的地块。

作为城市绿道选线区域，将收集到的城市地价水平数据按照由高至低划分为不同等级，再把相应等级的地块在图上加以反映，绘制成城市地价水平等级分布图，为后面的叠加分析做准备。限于数据的可得性，用各镇GDP代替区域发展程度，用自然间断点法分类（图6-27）。

（5）现有设施

依托城市道路来构建城市绿道是城市绿道网络的一个重要组成部分，但是道路宽度需要满足一定的要求。考虑人流量、类型、区位，依据道路设计规范综合确定得分。根

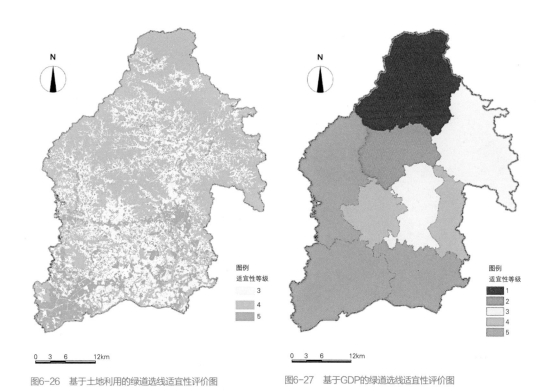

图6-26　基于土地利用的绿道选线适宜性评价图　　　图6-27　基于GDP的绿道选线适宜性评价图

据《珠江三角洲绿道网总体规划纲要》中内容，绿廊控制范围宽度建议不低于20m，步行道宽度不低于2m，自行车道宽度不低3m，综合慢行道宽度不低于6m。《绿道规划——理念·标准·实践》中建议郊野型绿道宽度不小于100m，区域绿道的宽度不小于200m。

　　根据《城市道路绿化规划与设计规范》CJJ 75-97，行道树绿带是布设在车行道和人行道之间的以种植行道树为主的绿带，种植的行道树一般以乔木为主，而种植乔木的绿地宽度至少要达到1.5m，只有保证植被种植带宽度在2m的情况下才能形成乔—灌—地被搭配的种植空间。因此需要选择有更大绿地拓展空间的城市道路作为绿道优选线路。此外，还要选择周边一些现状条件较差、有待开发的路线作为潜在的连接性资源，以在必要时起到衔接作用。最后，将以上连接资源在图上表示出来，得到适宜性评价图（图6-28）。

　　将以上不同的因子通过层次分析法进行赋值，最终得到增城区绿道选线适宜性评价图（图6-29）。适宜性等级越高的区域越适合建设绿道。

6.2.4　农村生态基础设施

　　农村生态基础设施指为农民生产和生活提供生态服务、保证自然和人文生态过程健康运行的公共服务系统。农村生态基础设施不仅是农村赖以生存发展的基本物质条件，又是城市得以正常运行的生态基础。

　　农村生态基础设施遵循竞生、共生、再生、自生的生态控制机理，以提供生态服务功能为目的。按生态学原理，农村生态基础设施将农村景观、道路、能源、水文、

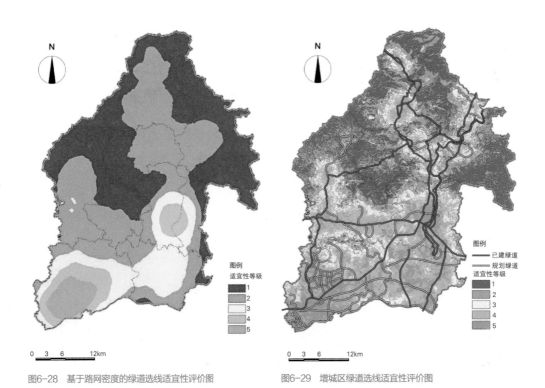

图6-28 基于路网密度的绿道选线适宜性评价图　　　图6-29 增城区绿道选线适宜性评价图

卫生、人文与自然生态系统融为一体，为农民提供适宜的人居环境。农村生态基础设施不仅包括工程性公共设施（physica linfrastructure），还包括社会性基础设施（socia linfrastructure）。前者又包括农村生态水文基础设施、农村生态能源基础设施、农村生态卫生基础设施、农村生态建筑基础设施、农村生态景观基础设施4部分，而后者可以用农村生态人文基础设施来表达。农村生态基础设施将城市与乡村、环境与经济、自然科学与社会科学有机结合，强调宏观与微观、软科学与硬技术以及传统文化和现代科学的结合。农村生态基础设施建设的目标是，保护与合理利用农村生态资产（水源、土壤、气候、景观、植被、生物多样性、风俗文化等），增强农村生态系统的生态服务功能（营养元素循环、土壤熟化、水文调节、水资源供应、休闲娱乐场所等）。

以人为核心的生态人文基础设施统领生态水文基础设施、生态卫生基础设施、生态能源基础设施、生态建筑基础设施和生态景观基础设施，自然生态基础设施与人文生态基础设施彼此联系、相互影响，以复合生态系统理论来整合和协调基本要素之间的关系，形成"五位一体"的农村生态基础设施。

考虑到增城区周边农村经济、社会条件，为改善农村人居环境，应科学合理地利用农村地区现有的自然条件，因时、因地制宜地建设农村生态基础设施，尽量避免人工基础设施建设。此外，农村生态基础设施建设要以不损害、不破坏生态系统完整性为前提，在环境承载力容许的范围内，利用与保护生态资产（水、土、气、景观、生物多样性）及生态服务。

6.2.5　固体废弃物处置与循环利用

固体废弃物处置是一项系统工程，增城区固体废弃物处置应坚持减量化产生、无害化处理、资源化利用的理念，形成社会化管理、市场化运作、常态化监督的工作机制，促进固体废弃物处置与循环利用，提升生态环境质量和城乡居民生活品质。具体包括以下几方面：

建立"无错放"的固体废弃物分类收集网络，为各类固体废弃物配备专用、全面、细致的分类收集设施，杜绝垃圾随意丢弃的现象。

建立"零污染"的固体废弃物运送通道，生活垃圾实行桶装收集、全程封闭、清洁直运，实现生活垃圾不外露、不落地、不遗洒。

搭建"资源化"的固体废弃物处理链条，利用各种技术手段，以内部循环利用和外部处理相结合的方式，实现固体废弃物（尤其是工业废弃物和有机废弃物）资源化利用。

构建"社会化"的固体废弃物管理机制，促进生活垃圾处理技术装备产业化，鼓励、扶持单位和个人兴办城市生活垃圾清扫、收集、运输和无害化处理的专业化服务公司，实行社会化服务。

6.3
重点生态工程建设

6.3.1　挂绿湖生态工程

1　挂绿湖雨水生态工程规划

社区的屋顶和道路雨水，规划利用社区内的绿地进行蓄滞，原则是背靠背的建筑可以合用一个蓄滞池，面对面和肩并肩的建筑可以合用一条输水的下凹绿化带。

社区蓄滞系统包括屋顶雨水集水、净化花坛（高位和潜位可以根据社区雨水管的实际调整），输送雨水的下凹植草边沟，下沉式绿地蓄滞池。

（1）屋顶初雨的花坛式净化池

屋顶初期雨水经过雨落进入净化花坛（高位和潜位都可以），出水通过下凹集水边

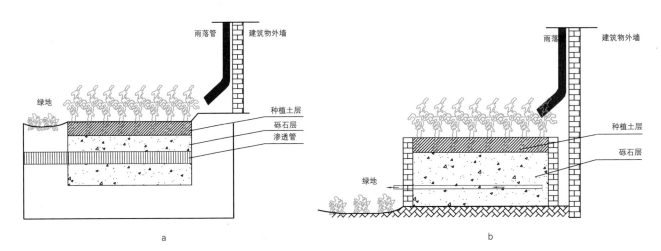

图6-30 雨落雨水生态处理工程模式图：a 潜位花坛模式；b 高位花坛模式

沟送往绿地内的下凹蓄滞池。生态工程模式见下图（图6-30）。

（2）社区雨水蓄滞池

雨水边沟和社区的雨水管道的排水口和入水口置于下凹的绿地广场内，雨水口入水口低于路面，高于绿地，出水口低于入水口10－15cm。位于社区绿地内的蓄滞池一般做三级结构，前池入水沉砂、中池净化、后池集水出水。另外，入水池后端做紧急排水道与雨水管网或雨水干管连接。社区雨水蓄滞池如图（图6-31）。

（3）社区道路集水边沟

社区的道路雨水通过下凹的集水边沟缓冲后送往绿地内的下凹蓄滞池。沿房屋周边的雨水落口、社区小路周边做收集雨水的植被边沟，宽1－2m，下凹深度40－80cm左右，1：3自然草皮放坡，可沿沟边种植美人蕉等景观植被（图6-32）。

（4）挂绿新区道路绿地生态规划

道路方案一：道路一边为绿地，一边为建设用地。临近建设用地的可用绿地面积小，可单边设置生物滞留带或设置溢流胃口或生态排水沟。

道路方案二：道路两边均为绿地。当两边绿地均较大时，道路径流雨水经生物滞留带直接净化下渗；一边绿地大或两面绿地均较小情况下，可设置生态排水沟或在生物滞留带上设置溢流胃口。

道路方案三：道路一边为建设用地或其他用地，一边接绿地与水域相连。道路径流雨水经生物滞留带的蓄滞净化下渗后，多余径流雨水直接或经绿地缓坡注入周边水域。

道路方案四：道路两边均为绿地，一边绿地与水域相连。当绿地面积较小时，一方面经生物滞留带净化后直接流入水域，另一方面可设置生态排水沟排出富余道路径流雨水。

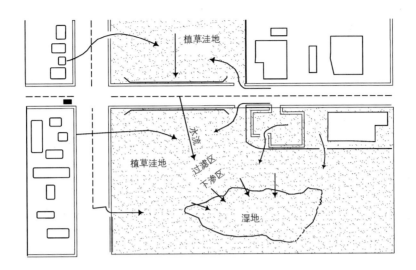

图6-31　社区雨水蓄滞池

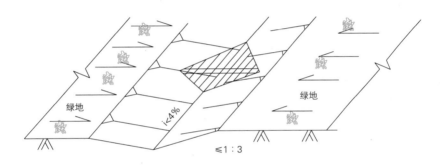

图6-32　社区道路雨水集
水边沟

（5）挂绿湖雨水湿地生态规划

利用挂绿湖原有的湿地，进行结构调整，形成三级雨水湿地，分别处理不同的污染物，位于挂绿湖雨水排水区上游的湿地，用于去除总悬浮物含量（TSS），通过湿地的截流、沉淀和植物微生物降解，削减雨水中的TSS。该级湿地面积占排水区的0.2%-4.5%，水深1-1.5m，可根据现有的坑塘和水系进行改造利用，TSS净化型湿地分三级分区结构设置，前池布水、中池沉砂、后池集水。沉砂区加以人工挖掘加深以利沉砂。种植以挺水植物为主，推荐芦苇、香蒲和高水荷花。

位于挂绿湖水流方向中游的雨水排水区，设置湿地，主要用于去除总氮、总磷的湿地，面积占据排水区面积的2.3%-10.8%，水深1-1.5m，可以通过已有的坑塘和河道等加以改造利用，为三级分区结构设置，前池沉砂、中池净化、后池集水。沉砂区以卵石带作为布水区，净化区种植富集氮、磷的植物为主，黄菖蒲、水生美人蕉、慈姑和茭白。

位于挂绿湖水流方向下游的雨水排水区，设置雨水缓存湿地，用于承接该区其他地块上的雨水管排水，面积占据挂绿湖新城面积的0.1%-2.5%，水深1-1.5m，可以保留鱼塘加以改造利用，不分结构分区。推荐种植耐水和蒸腾作用力强的乔木，如水杉、榕树、柳树等。

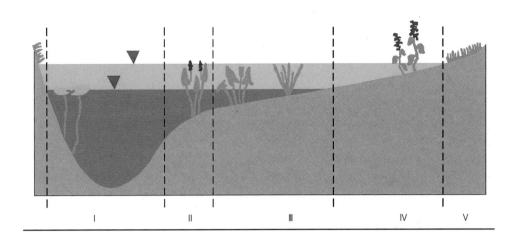

图6-33 植被布置图

2 水向多功能植被带工程

通过改善挂绿湖的物理环境和适当引入湖滨带植物动物,可以使湖滨带成为稳定的泥砂沉积区和多种生物的繁育区,从而逐渐带动整个湖体从藻型湖泊向草型湖泊良性发展。在湖岸内恢复约1000m稳定的水向植被带,使有高等植物的湖区占湖面面积在2020年达到9%,2030年达到12%。仿自然的季节变化,使挂绿湖的水位有季节性变动,使湖滨带植物完成较好的春季发育,生根、发芽,群落健壮。

水生生态系统植物群落构建工程:按照湿地植被分区,把湿地由滨岸向深水区划分为5个区域,包括深水区(Ⅰ)、常水位淹没区(Ⅱ)、常水位浅水区(Ⅲ)、洪水消长区(Ⅳ)和滨岸陆地区(Ⅴ)。然后根据植被的特性进行布置,布置原则为,湿生乔木位于滨岸陆地区(Ⅴ),湿生灌木和草本位于洪水消长区(Ⅳ),挺水植物位于深水区(Ⅰ)和常水位淹没区(Ⅱ),浮叶根生植物位于常水位浅水区(Ⅲ)和常水位淹没区(Ⅱ),沉水植物位于常水位淹没区(Ⅱ)和深水区(Ⅰ)(图6-33)。

3 上游来水人工湿地处理

根据工程规划,增江引水量为5m³/s。增城区水务局提供的《广州城市副中心(增城)增塘水库和西福河补水工程规划报告》提出利用挂绿湖岸边浅水滩地构建人工湿地,同时在湖中央通过沉水与挺水植物修复技术及生物浮岛技术,进一步净化增江水体。规划人工湿地面积约60hm²,在进出水流量5m³/s条件下,水力停留时间约1.6天,水力负荷为0.72m³/m²/天。

6.3.2 水环境保护工程

增江发源于新丰县七星岭,流经从化县东北部转入龙门县西北部,再折向南流,为增城区、龙门县的界河。于境内正果东北角磨刀坑流至龙潭埔接纳永汉河后,流量增加，经正果镇、荔城街、石滩镇三地，于官海口汇入东江，全长203km，流域面积3160km²，多年平均径流量35.9亿m³，平均坡降0.74‰。增江在增城境内长66km，宽90－220m，流域面积971km²，占增城区面积的60%，境内坡降为0.17‰。

增城区位于增江流域的中下游，全区常住人口为81万人。增江是增城区的主要干流，生活、工业、农业用水之源，水质、水量直接影响增城区的经济发展，惠及民生问题。增城区围绕创建广州市东部生态新城区的目标而发展，是经济发达、综合能力较强的城区。增江水质较好，除少数断面未达到水功能区要求外，大部分能符合广东省水环境功能区划的要求。但是受上游农业活动和人类活动的影响，对水环境也有一定胁迫。

1 水环境保护框架

增江流量较大，近年来实施的一系列治理功能也有一定成效。但是随着城镇化进程和人类活动，对增江的水环境有一定的胁迫，需要进一步对增江进行生态保护。增江的生态保护是一项复杂的系统工程，需要多措并举，涉及物理、化学和生物多种方法和技术的整合。生态保护框架见图6-34。

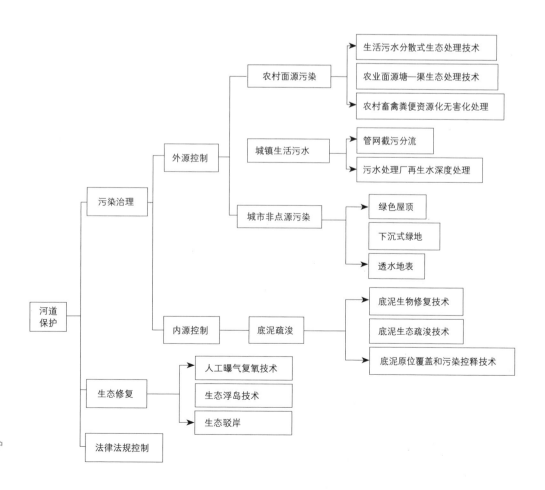

图6-34 增江水环境保护框架

2　流域尺度生态保护

流域内的农业面源污染是增江的主要污染来源，在流域尺度应该控制农业面源污染，途径包括农村生活污水处理、农田径流面源污染控制以及农村畜禽粪便资源化无害化。农村生活污水处理采用分散式处理技术，根据当地地形条件和经济条件进行工艺选取。农田径流面源污染采用生态沟渠+生态塘的形式，能减缓流速，促进流水携带颗粒物质的沉淀，有利于构建植物对沟壁、水体和沟底中逸出养分的立体式吸收和拦截，从而实现对农田排出养分的控制。农村畜禽粪便在畜禽粪便是农业面源污染的主要来源，畜禽粪便资源化的主要途径是农肥化，固体部分经发酵后生产优质有机肥，再进行还田以实现循环利用。液体部分目前主要处理方式包括厌氧发酵生产沼气，或直接进入污水处理工程进行净化，或与农村的固体废弃物如秸秆、生活垃圾等进行联合发酵。为了确保面源污染治理取得实效，必须建立农村面源污染管理体系。包括农村污染物的堆放与收集条例、污染物的处理处置规定、污染物治理技术规范、污染治理工程长效运行与维护条例等。同时，在农村要进行生态文化与环保意识的教育，提高农户的环保意识与参与程度，以实现面源污染治理的长效化。

3　河段尺度生态保护

河流尺度生态保护是指利用生态系统原理，采取各种方法修复受损的水体生态系统，恢复河流中生态群体及结构，使河流生态系统具有合理的组织结构和良好的运转功能，在长期或突发的扰动下能保持稳定。根据增江的水系特点，河段尺度生态保护技术有人工曝气富氧技术，主要用于死水区，溶解氧低，容易发生黑臭。生态浮岛技术用于水质较差的区域，生态驳岸用于整个河段，与防洪工程相结合，在护岸形式上应尽可能选择安全系数高的复式护岸、土工格室护岸、石材护岸或利用原有护岸材料覆土护岸等。增江淤积比较严重，存在底质污染，所以可以采用底泥清淤与覆盖技术处理。

4　城市区段生态保护

随着城镇化进程加快，城市水文过程被改变，城市暴雨径流和生活污水排入河流，城市内河流水质严重恶化，富营养化程度逐渐加重。城市河段的保护在于通过建立城市生态基础设施，优化整合城市绿地系统，恢复破损的自然生态系统，以实现城市良性的水文循环。城市生态基础设施包括绿色屋顶、下沉式绿地、透水铺装等。增城区目前的管网普及率是80%，雨污分流不彻底，未来排水管网应对城镇全覆盖。增城区快速发展导致污水量增加，对水体影响较大，因此应对污水处理厂的再生水进行深度处理再排入水体。

城市滨水空间比较敏感，受城市影响较大，需降低滨水区建筑密度，保护城市河流沿岸的溪沟、湿地、开放水面和植物群落，构成一个连接建成区与郊野的连续畅通的带状开放空间。

6.3.3 农村生活污水处理生态工程

增城区目前已有一部分农村生活污水采用分散式人工湿地处理方法，但还存在着一些问题，如管网未完善，生活污水并未完全收集，后期管理没有跟上等。而还有一部分农村生活污水没有采用污水处理设施，直接排入周边水体。农村生活污水主要为淘米、洗菜、洗澡和冲厕废水。生活污水中含有较高的人畜粪尿成分，氮、磷含量特别高。生活污水的肆意排放直接威胁着农民的生活环境和饮水安全，特别是一些农家乐接待人数较多时，生活污水排放量较大，污染也较为严重，周边水体水质也受到不同程度的影响。受农村实际经济、技术条件制约，传统二级处理工艺耗资巨大，管理运行困难，不适用于农村生活污水的治理。因此，发展和推广简便有效的生物污水处理技术是改变农村人居环境的一条重要途径。

人工湿地生态处理技术起源于德国，该工艺已在欧洲得到推广应用，在美国和加拿大等国也得以迅速发展。人工湿地的规模大小差别很大，最小的仅为一家一户排放的废水处理，大的可以处理千人以上村镇排放的污水。它的原理主要是利用湿地中基质、水生植物和微生物之间的相互作用，通过一系列物理、化学以及生物途径净化污水。

1 农村生活污水特征与排放要求

根据村庄所处区位、人口规模、集聚程度、地形地貌、排水特点及排放要求、经济承受能力等具体情况，采用适宜的污水处理模式和处理技术。

（1）城乡统筹

靠近城区、镇区且满足市政排水管网标高的接入要求，宜就近接入市政排水管网，将村庄生活污水纳入城镇生活污水收集处理系统。

（2）因地制宜

对人口规模较大、集聚程度较高、经济条件较好、有非农产业基础、处于水源保护区内的村庄，宜通过敷设污水管道收集生活污水并采用生态处理、常规生物处理等无动力或微动力生活污水处理技术集中处理后排放。对人口规模较小、居住较为分散、地形地貌复杂以及尾水主要用于施肥灌溉等农业用途的村庄，宜通过分散收集单户或多户农户生活污水采用简单的生态处理后排放。

（3）资源利用

充分利用村庄地形地势、可利用的水塘及废弃洼地，提倡采用生物生态组合处理技术实现污染物的生物降解和氮、磷的生态去除，以降低污水处理能耗，节约建设、运行成本。结合当地农业生产，加强生活污水的源头削减和尾水的回收利用。

（4）经济适用

优先选用工程造价低、运行费用少、低能耗或无能耗、操作管理简单、维护方便的生活污水处理工艺，且出水质稳定可靠。

2 农村生活污水特征

农村生活污水包括家庭洗刷衣服用水和家庭清洁卫生产生的污水、农村居民洗澡产生的废水、厨房产生的污水、人畜粪便及冲洗粪便产生的污水和家禽养殖废水等。根据《东南地区农村生活污水处理技术指南》广东省农村生活污水水质的调查结果，增城区农村生活污水排放浓度见表6-12。

农村生活污水水质   表6-12

主要指标	pH值	SS（mg/L）	BOD_5（mg/L）	COD（mg/L）	NH_3-N（mg/L）	TP（mg/L）
广东省工程检测	—	30.06	116	290	59.8	3.24
建议取值范围	6.5 - 8.5	100 - 200	70 - 300	150 - 450	20 - 50	1.5 - 6.0

3 农村生活污水排放要求

根据东南地区不同区域环境敏感度的差异，应采用相对应的标准。饮用水水源地保护区、自然保护区、风景名胜区、重点流域等环境敏感区域的农村生活污水，须按照功能区水体相关要求及排放标准处理达标后方可排放（表6-13）。

农村污水排放执行的相关参照标准   表6-13

排水用途	直接排放		灌溉用水	渔业用水	景观环境用水
参考标准	现行标准《污水综合排放标准》GB 8978	现行标准《城镇污水处理厂污染物排放标准》GB 18918	现行标准《农田灌溉水质标准》GB 5084	现行标准《渔业水质标准》GB 11607	现行标准《城市污水再生利用景观环境用水水质》GB/T 18921

4 农村生活污水处理工艺

（1）村落处理工艺

①自然池塘村落

采用工艺适用于增城区石滩镇、小楼镇等拥有自然池塘或闲置沟渠且规模适中的村庄，处理规模不宜超过200t/d。

生活污水进入厌氧滤池，截流大部分有机物，并在厌氧发酵作用下，被分解成稳定的沉渣；厌氧滤池出水进入氧化塘，通过自然充氧补充溶解氧，氧化分解水中有机物；生态渠利用水生植物的生长，吸收氮、磷，进一步降低有机物含量（图6-35）。

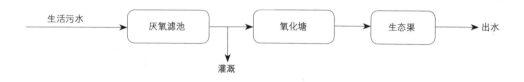

图6-35 农村生活污水处理流程一

生活污水进入三格化粪池，截流大部分有机物，去除较多的悬浮物；再经过人工湿地，通过人工湿地的植物、填料和微生物对污染物进行降解；人工湿地出水进入氧化塘，通过自然充氧补充溶解氧，氧化分解水中有机物，吸收氮、磷（图6-36）。

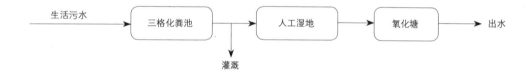

图6-36 农村生活污水处理流程二

②用地紧张村落

采用工艺适用于新塘镇土地资源紧张、集聚程度较高、经济条件相对较好并且有乡村旅游产业基础的村庄。

该污水处理装置组合利用沉淀、厌氧水解、厌氧消化、接触氧化等处理方法，进入处理设施后的污水，经过厌氧段水解、消化，有机物浓度降低，再利用提升泵同时对好氧滤池进行射流充氧，氧化沟内空气由沿沟道分布的拔风管自然吸风提供。已建有三格式化粪池的村庄可根据化粪池的使用情况适当减小厌氧消化池的容积（图6-37）。

图6-37 农村生活污水处理流程三

③有地势差村落

该工艺适用于派潭镇、正果镇、中新镇部分居住相对集中且有闲置荒地、废弃河塘的村庄，尤其适合于有地势差、有乡村旅游产业基础或对氮磷去除要求较高的村庄，处理规模不宜超过150t/d。

该组合工艺由厌氧池、跌水充氧接触氧化池和人工湿地3个处理单元串联组成，具有较强的抗冲击负荷能力。核心技术——跌水充氧接触氧化技术，利用微型污水提升泵剩余扬程，一次提升污水将势能转化为动能，分级跌落，形成水幕及水滴自然充氧，无须曝气装置，在降低有机物的同时，去除氮、磷等污染物，能大幅度地降低污水生物处理能耗（图6-38）。

图6-38　农村生活污水处理流程四

（2）散户处理工艺

①有可供利用土地的农户

经过化粪池或沼气池处理过的生活污水，如果不被农用或农用量较少时，必然有污水外排，宜在化粪池后接生态净水单元。由于化粪池或沼气池出水浓度较高，宜在生态单元前增设厌氧生物处理单元，如厌氧生物膜池，以降低生态处理单元的负荷。生态处理单元技术宜采用人工湿地、生态滤池或土地渗滤等（图6-39）。

图6-39　农村生活污水处理流程五

②可用土地极少或没有的农户

针对没有可利用土地的散户或对排水水质要求较高的地区，可采用生物处理单元处理污水。生物处理单元可采用生物接触氧化池设备。在丘陵或山地，宜利用地形高差，采用跌水曝气，降低部分运行能耗（图6-40）。

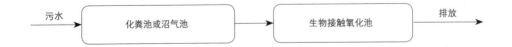

图6-40　农村生活污水处理流程六

③水源地处理工艺

该区域水环境较为敏感，对污水排放要求高，污水处理不仅需要去除化学需氧量（COD）和悬浮物，还需要对氮、磷等营养元素进行控制，防止区域内水体富营养化，出水直接排放到附近水体或回用，主要在处理村落污水时采用。

生物处理单元中的缺氧/厌氧处理单元宜采用厌氧生物膜单元；好氧生物处理单元

宜采用生物接触氧化池、氧化沟或其他技术。在处理规模低于100m³/d，宜采用生物接触氧化法；处理规模大于100m³/d时，宜采用生物接触氧化池和氧化沟。生态处理单元宜采用人工湿地、生态滤池和土地渗滤等，以除磷和优化水质为主（图6-41）。

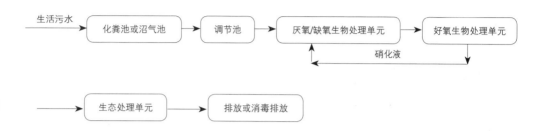

图6-41 农村生活污水处理流程七

④农家乐生活污水处理

根据农家乐生活污水排放必须达到现行国家标准《污水综合排放标准》GB 8978、《污水排入城市下水道水质标准》GB/T 31962，对城市或农村设施尚未覆盖、选址又合理的农家乐生活污水处理，要求必须自建污水处理设施（图6-42）。

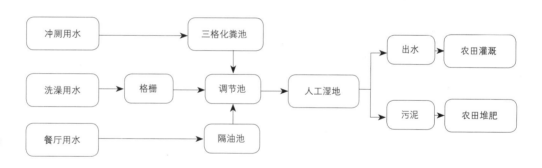

图6-42 农村生活污水处理流程工艺图

以万家旅社中新村单户农家乐为例进行农家乐生活污水处理说明，该农家乐旺季最大游客接待量可达53人/d，日产生活污水最大量为3.6m³/d。根据该农家乐生活污水产生量及排放不稳定等特征，本研究为其设计了人工湿地。农家乐生活污水主要来源于游客餐饮废水和管理人员日常生活污水。其进水水质类比同类生活污水，出水水质执行现行标准《城镇污水处理厂污染物排放标准》GB 18918的一级B标准，进出水水质见表6-14。

农家乐人工湿地设计进出水水质　　　　　　　　　　　　　　　　　　　　　　　表6-14

指标项	COD_{cr}	BOD_5	SS	NH_3-N	TN	TP
进水水质/（mg·L⁻¹）	280	150	160	25	35	3.5
出水水质/（mg·L⁻¹）	60	20	20	8	20	1.0

根据项目要求，结合人工湿地处理技术，采用潜流式人工湿地对生活污水进行氮、磷的消化。

湿地表面积的预计

计算公式：

$$As=[Q \times (\ln Co - \ln Ce)]/(Kt \times d \times n) \qquad (6\text{-}1)$$

式中　As——湿地面积（m^2）；

　　　Q——流量（m^3/d），取值3.6m^3/d；

　　　Co——进水生化需氧量（BOD）（mg/L），假定为150mg/L；

　　　Ce——出水生化需氧量（BOD）（mg/L），假定为20mg/L；

　　　Kt——与温度相关的速率常数，取Kt=1.357；

　　　d——介质床的深度，取1.20m。

　　　n——介质的孔隙度，取30%。

计算结果：

As=15m^2。

湿地尺寸

潜流湿地床长度过长，易造成湿地床中的死区，且使水位难于调节，不利于植物的栽培。潜流湿地床长宽比（$L:B$）一般控制在1～3之间，因此当B=3m时，L=5m，则：

$$As=L \times B=3 \times 5=15m^2 \qquad (6\text{-}2)$$

设计人工湿地：15m^2，长5m，宽3m，深1.20m。

6.3.4　固体废弃物"五化"生态工程

1　减量化控制生态工程

（1）生活垃圾分类收集和运输

①家庭垃圾"两桶三袋"分类收集

在生活垃圾分类初级阶段，粗分可回收物、湿垃圾（厨余垃圾）、干垃圾（其他垃圾）和有害垃圾4类，做到"能卖拿去卖，干湿要分开，有害单独放"（图6-43）。

②垃圾运输车"一车三格"分类运输

分类投放的城市生活垃圾应当分类收集，禁止将已分类投放的城市生活垃圾混合收集（图6-44）。

- 1个桶装干垃圾（每天配发1个垃圾袋）；1个桶装湿垃圾（每天配发1个垃圾袋）；每季度发1个垃圾袋装有害垃圾。
- 社区每栋楼放置1套（3个）240L垃圾收集桶，分别是干垃圾桶（灰色），湿垃圾桶（绿色），有害垃圾桶（红色），每200户设置1个。

图6-43　垃圾分类

- 不发生沿途洒落，不对沿途环境造成二次污染。
- 一车三格，实现不同性状垃圾同车分类运输。

图6-44　垃圾车

- 厨余垃圾和园林垃圾可按1：1混合堆肥。
- 堆肥反应器内水分调节至70％－75％。
- 每日搅拌翻堆1次。
- 可选择添加EM生物菌剂加快反应速度。
- 反应时间5－7d。
- 每户家庭每年生产堆肥130kg。
- 堆肥产品无臭、具有泥土香味。

图6-45　家庭和社区厨余垃圾堆肥

（2）家庭和社区厨余垃圾堆肥（图6-45）

（3）厨余垃圾分类处理

随着"万家旅店"项目的实施和农家乐旅游业规模的扩大，厨余垃圾数量将不断增多。在境内餐饮业较集中的新塘镇开展餐厨废水专项整治试点工作，在餐饮店统一安装油水分离设备并逐步向全市小型餐饮业推广。厨余垃圾经油水分离器处理后，固体残渣运往厨余垃圾生化处理站，油脂由专门公司回收，工艺流程见图6-46。

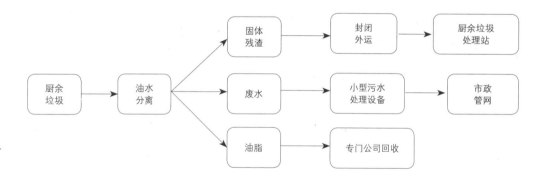

图6-46　厨余垃圾油水分离后分类处理方案

2 无害化处理生态工程

（1）废弃物清洁运输

①城镇生活垃圾收运模式

根据各区域各自已形成的相对稳定的生活垃圾收运方式，尊重民众生活习惯，规划建议荔城街、朱村街、永宁街、新塘镇、仙村镇、正果镇、小楼镇可以采用工人上门收集，增江街、中新镇、石滩镇、派潭镇可以采用定点收集，开发区环卫管理对象主要为商铺门店和工厂企业，采用以定点收集为主的收运模式。

制定生活垃圾分类收运模式主要有如下4种：

模式1：垃圾桶收集点→桶载车→小型转运站→大中型环保转运站→处理厂（场）

主要适用范围：荔城街、增江街、朱村街、永宁街、新塘镇、石滩镇、中新镇。这些镇（街）的生活垃圾产生量相对较大，为减少进入处理厂（场）的垃圾运输车数量并保证其环保性能，规划建设大中型的高标准、高规格转运站对其辖区内生活垃圾进行集中转运。该模式中位于收集点和大中型转运站之间的小型转运站宜采用占地面积小、易清洁、环境影响小的连体式压缩设备（图6-47）。

模式2：垃圾桶收集点→侧装车/后装车→大中型环保转运站→处理厂（场）

主要适用范围：荔城街、增江街、朱村街、永宁街、新塘镇、石滩镇境内无法建设小型转运站进行集中收集的区域（图6-48）。

模式3：垃圾桶收集点→桶载车→小型转运站→处理厂（场）

主要适用范围：正果镇、派潭镇、小楼镇、仙村镇，这4个镇人口较少，垃圾产量较小，正果镇、派潭镇、小楼镇运距较远，建议采用分体式水平压缩工艺（图6-49）。

模式4：垃圾桶收集点→侧装车→厨余垃圾处理厂

主要适用范围：增城区湿垃圾（厨余垃圾）的收集和运输。由于湿垃圾（厨余垃圾）臭味较大，若集中到转运站进行集中转运，会加重转运站的恶臭问题，使转运站易遭到周边民众的投诉。因此，规划分类出的湿垃圾（厨余垃圾）的收运采用直收直运模式（图6-50）。

收集点　　　桶载车　　　小型转运站　　　大中型转运站　　　处理厂（场）

图6-47　生活垃圾分类收运模式1

收集点　　　侧装车/后装车　　　大中型转运站　　　处理厂（场）

图6-48　生活垃圾分类收运模式2

收集点　　　桶载车　　　处理厂（场）

图6-49　生活垃圾分类收运模式3

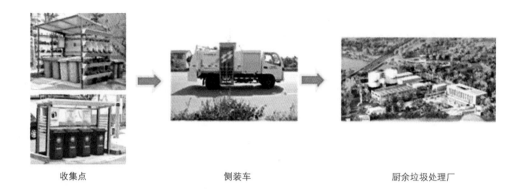

图6-50　生活垃圾分类收运模式4

收集点　　　　　　　　　　侧装车　　　　　　　　　　厨余垃圾处理厂

②农村生活垃圾收运模式

生活垃圾分类从村民家庭开始，村庄统一人工分类收集运输，最终通过堆肥、焚烧和填埋处理达到减量化及资源化利用的目的。各行政村在选择具体工艺时，应因地制宜，从自身实际情况出发。农村生活污水和生活垃圾依据各地农村实情，可采取分散处理、集中处理和城乡统一处理3种模式。

距离城镇区域有一定距离且以发展农业为主的农村，对生活垃圾实行源头分类，就近充分回收和合理利用。有机易腐垃圾按照农业废弃物资源化的要求，采用生化处理等技术就地分散或集中处理，鼓励直接还田、堆肥、作燃料及生产沼气。农资包装废弃物、有毒有害废物的收集应当与农资销售网点和再生资源回收网点相结合建立收集点专项回收，集中安全处理，每个行政村应实现再生资源回收网络全覆盖。砂石等惰性垃圾实行就地掩埋，其他垃圾由市统筹处理。城市边缘、城郊结合部的农村生活垃圾纳入城市生活垃圾处理系统，实行"户分类、村收集、镇转运、县处理"的处理模式（图6-51）。

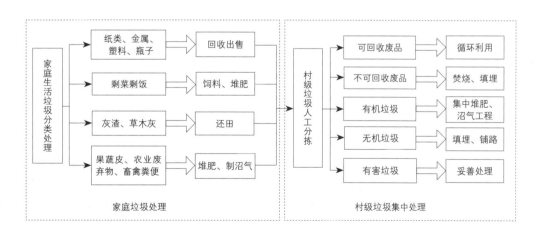

图6-51　增城区农村垃圾收运和处理模式

纳入城市生活垃圾处理系统的农村生活垃圾分类收运模式为：

户分类桶装→环卫工人上门收集，人力垃圾车分类收运→自然村/合作社垃圾集中点分类存放→镇分类运输→垃圾转运站分类转运→垃圾处理厂（场）分类处理。

（2）废弃物安全处理

增城区生活垃圾的无害化处理从以卫生填埋为主逐步过渡到前端分类+末端卫生填埋与焚烧+生化处理相结合，逐步建立生活垃圾的综合处理系统。在焚烧厂建设期间，仍以棠厦垃圾填埋场作为过渡处理方式；焚烧厂投入运行后，棠厦垃圾填埋场可作为固化稳定处理后的飞灰和部分炉渣填埋处置的场所。

焚烧处理是最常见的一种垃圾处理技术，采用焚烧处理可使垃圾重量减轻80%、体积减小90%以上，极大缩小垃圾填埋所侵占的有限土地资源，还可以用于发电和供暖。我国在《节能减排综合性工作方案的通知》《中国应对气候变化国家方案》《关于加强生活垃圾处理和污染综合治理工作的意见》等文件中明确提出"鼓励垃圾焚烧发电和供热""大力研究开发和推广利用先进的垃圾焚烧技术""鼓励在经济发达与土地资源稀缺地区建设垃圾焚烧发电厂"等。在此背景下，增城区仙村镇碧潭村五叠岭废弃采石场被选址建设广州市第六资源热力电厂，主要处理增城区行政区域内的生活垃圾，2016年正式投入使用。

广州市第六资源热力电厂设计焚烧垃圾量2000t/d，建设3台处理能力750t/d的机械炉排垃圾焚烧炉，配套1台30MW和1台15MW的凝汽式发电机组。该工程烟气净化设计采用炉内脱硝系统（SNCR）+半干法脱酸（旋转喷雾器）+活性炭吸附+布袋除尘器的组合工艺，焚烧烟气净化后经不低于130m烟囱排放，其中二噁英排放浓度达到欧盟2000/76/EC标准规定的0.1ngTEQ/m³。垃圾仓保持负压状态，垃圾仓和渗滤液处理站产生的恶臭气体均送入焚烧炉作为助燃空气，焚烧炉停炉检修时，臭气经由设置在垃圾仓上部的活性炭吸附式除臭装置净化后由排风机排放到大气中。主要的生产耗材为氢氧化钙、活性炭、生产用水等，主要产品为上网电量。工艺流程主要包括垃圾接收系统、垃圾焚烧系统、余热利用系统、烟气净化、灰渣处理、引风排烟、点火助燃、烟气连续监测、渗滤液处理、锅炉汽水系统、自控系统等，主要工艺流程见图6-52。

生活垃圾焚烧发电厂处理运行过程中焚烧过程中产生的二噁英和焚烧飞灰为主要风险物质。生活垃圾焚烧发电项目的焚烧飞灰均可通过固化稳定、高温熔融等技术实现无害化处理，只要在运输过程中加强管理，发生环境风险事故的可能性很小。而火灾、爆炸事故更多的属于安全科学的范畴，本报告主要针对焚烧烟气的二噁英风险事故进行重点研究。

①二噁英产生机理及控制措施

二噁英是由氯化物进行不充分的燃烧产生的。生活垃圾焚烧过程中二噁英主要形成于垃圾燃烧及烟气冷却2个阶段：由于城市生活垃圾中含有含氯有机物，该类物质会在烟气中所含$CuCl_2$、$FeCl_3$催化条件下，与O_2、HCl反应生成二噁英。在850℃以上、炉膛高温区域停留时间不小于2s，约99.9%的二噁英会分解形成二噁英前体物质。上述前体物质在300－500℃温度区间时，会继续在烟气中所含$CuCl_2$、$FeCl_3$催化条件下，重新与HCl反应生成二噁英。

根据二噁英的生成机理，在垃圾焚烧工艺中，控制二噁英的形成源、切断二噁英的形成途径以及避免炉外低温区再合成是最为关键的3个核心问题。因此对二噁英的控制

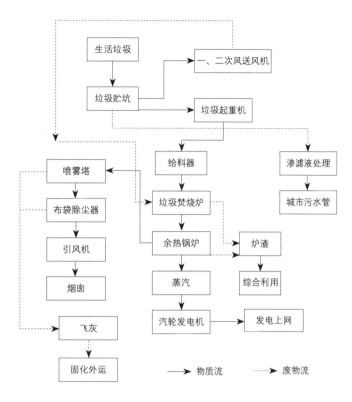

图6-52 垃圾焚烧发电厂
工艺流程图

主要从以下3个方面入手：

垃圾分类收集：避免含二噁英类物质及含氯成分高的物质（PVC塑料等）进入焚烧垃圾中。

减少炉内形成：消除二噁英的关键是在焚烧炉内，主要采用3T处理技术。垃圾焚烧主要有3个控制要素（3T），即停留时间、燃烧温度和过剩空气系数。焚烧垃圾要求垃圾在焚烧炉内有适当的停留时间（大于2s），以便使其与空气保持充分接触，使垃圾完全燃烧。垃圾燃烧过程要求控制适宜的燃烧温度，燃烧温度过低，会使垃圾燃烧不完全，燃烧温度的控制值不宜低于850℃。垃圾焚烧过程要求控制适当的过剩空气量（含氧量最好在6%-12%之间），只有当燃烧室处于少量过剩空气条件下，焚烧热效率才能较高。同时过量的空气鼓入会加剧燃烧热损失，降低燃烧温度，延缓反应速度。因此，应控制适当的过剩空气系数。3个要素控制好，可使二噁英99.99%在炉内分解，避免产生氯苯及氯酚等物质，烟气中的二噁英经过活性炭吸附和除尘处理可降至0.04ngTEQ/m³以下。

避免炉外低温再合成：二噁英类物质的炉外再合成现象，多发生在锅炉内（尤其在省煤器的部位）或在除尘器设备前。有些研究指出，主要的生成机制为铜或铁的化合物在悬浮微粒的表面催化了二噁英的前驱物质。近年来，工程上普遍采用半干式脱酸塔与布袋除尘器搭配的方式。

②二噁英对人体健康的风险评价

垃圾焚烧电厂设计时采取控制二噁英排放的治理措施，但在垃圾焚烧电厂发生的突发性事件或事故时，可能存在非正常排放问题。依据该厂的生产工艺及同类项目的运行经验可知，二噁英非正常排放可能发生的环节主要是：烟气治理设施（活性炭喷射装置及布袋除尘）不能正常运转等，故应杜绝项目废气事故性排放。

　　项目烟气净化系统采用反应脱酸塔+活性炭吸附+布袋除尘器对项目废气进行处理，类比相同处理设施的去除效率98%，则本项目烟气净化系统发生故障，处理效率为0时，估算烟气中二噁英排放浓度为7375pgTEQ/m³，故障排放时间为30min，项目平均排气量约为106500m³/h，则项目事故排放二噁英速率为785437500pg/h，排放总量为392718750pg。

　　人体每日可耐受摄入量的二噁英日标准为4pgTEQ/（kg·d），正常情况下按照人体普通呼吸频次和平均70kg体重计算，正常人每分钟呼吸约30次，每次约吸入0.4 - 0.6L空气，为达到小于4pgTEQ/（kg·d）的摄入量，需要保证环境空气中二噁英的30min内环境浓度应小于518pgTEQ/m³。

　　根据垃圾焚烧电厂在事故状态下的污染物排放浓度及环境影响浓度预测结果，计算最大浓度下人群暴露剂量率，计算过程如下：

　　本工程烟气净化系统事故性排放状态下风向、有风时各气象条件下二噁英轴线最大落地浓度精确值计算结果（未考虑背景浓度），具体见表6-15。

$$C(x,y,0) = \frac{2Q}{(2\pi)^{3/2}\sigma_x\sigma_y\sigma_z}\exp\left[-\frac{(x-x_0)^2}{2\sigma_x^2}\right]\exp\left[-\frac{(y-y_0)^2}{2\sigma_y^2}\right]\exp\left[-\frac{z_0^2}{2\sigma_z^2}\right] \quad (6-3)$$

式中：　$C(x, y, 0)$——下风向地面（x，y）处的污染物浓度，mg/m³；

　　　　x_0, y_0, z_0——烟团中心坐标；

　　　　　Q——事故期间烟团的排放量；

　　　　$\sigma_x, \sigma_y, \sigma_z$——扩散参数。

　　由表6-15可知，广州市第六资源热力电厂烟气净化系统发生故障，烟气发生事故性排放，根据二噁英人体每日可耐受摄入量的日本标准，计算得到项目二噁英事故排放影响的最大范围在下风向3000m范围内，对环境影响大，故项目应杜绝烟气净化系统故障导致的废气事故性排放。

事故排放下小风、有风条件下二噁英轴线最大浓度贡献值　　　　　　　　　　　　　　表6-15

稳定度	风速/(m/s)	落地距离（m）													
		0	100	200	300	400	500	600	800	1000	1200	1700	2000	3000	4000
B	1.0	1955.0	1594.6	974.1	615.4	416.5	297.5	222.7	136.5	92.0	66.1	34.7	25.5	11.7	8.7
	1.5	—	6.8	321.3	906.1	1225.7	1307.3	1232.5	965.6	732.7	566.1	323.0	243.1	117.1	90.2
	2.8	—	21.3	374.0	749.7	868.7	844.9	753.1	557.6	413.1	312.8	176.8	132.3	63.1	47.9
C	1.0	521.9	1536.8	1751.0	1477.3	1159.4	902.7	710.6	464.1	323.0	236.3	126.1	93.3	43.2	32.6
	1.5	—	—	5.2	111.5	401.2	731.0	975.8	1164.5	1127.1	1013.2	719.1	584.8	324.7	271.3
	2.8	—	—	16.1	164.2	416.5	627.3	744.6	778.6	702.1	606.9	409.7	328.1	178.5	145.5
D	1.0	0.4	1.0	3.0	7.8	17.3	32.6	52.7	96.9	131.2	149.4	146.2	130.7	81.8	66.2
	1.5	—	—	0.02	4.0	42.7	151.0	312.8	634.1	831.3	907.2	841.5	749.7	498.1	436.9
	2.8	—	—	0.2	11.3	71.4	185.3	316.2	515.1	598.4	606.9	513.4	443.7	282.2	239.8

通过上述分析可知，该生活垃圾焚烧发电厂二噁英对人体健康的风险评价结果为可接受。但是，由于二噁英有很高的潜在毒性，并不能忽视其在人体健康的长期累积效应。受技术条件所限，目前尚不能通过在线监测系统对垃圾焚烧电厂所排放烟气中的二噁英含量进行实时监测。从增城区的实际情况来看，应学习先进国家的经验推广干湿分类，降低垃圾水分，从而降低运输成本，减少垃圾焚烧过程中二噁英的产生，以免对环境及市民造成不良影响。

3 资源化利用生态工程

（1）厨余垃圾资源化处理

依据厨余垃圾分类和收运情况，在增城区北部、中部和南部各建设一个厨余垃圾资源化处理中心。对规划区内餐饮服务企业产生的高油脂、高水分、高盐度厨余垃圾进行统一收集，建立一座厨余垃圾处理厂对厨余垃圾进行单独处理。厨余垃圾处理厂日处理能力20-30t，产品为生物柴油原料和饲料蛋白。饲料蛋白可用于农业区鱼类和畜禽养殖。将分离出的油脂与餐厨废弃油脂（包括地沟油）混合精炼生产生物柴油。典型的工艺流程及设备如图6-53所示。

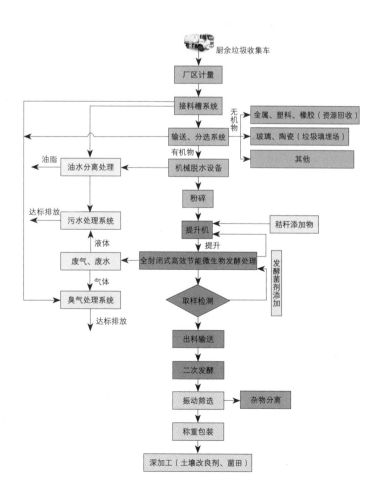

图6-53 厨余垃圾生物处理厂工艺流程

（2）农业废弃物综合利用

①规模化养鸡场鸡粪产沼发电工程

增城区境内的大型规模化养鸡场，鼓励营造"鸡—肥—沼—电—生物质"循环产业链，以沼气为纽带，把养殖业、种植业和加工业各项生产中的能量转换和物质循环有机结合起来，提高能源与资源的利用率，使畜禽与饲料、燃料与粪便、作物与肥料在微生物作用下，形成协调、转化、再生、增殖的良性循环。

利用鸡场日产的鲜鸡粪（含水率80%）和污水为原料，在沼气发酵菌的作用下，有机质被分解产生甲烷，甲烷是沼气的主要成分，可作为燃料发电。与其他原料相比用鸡粪发酵沼气可以达到较高的产气水平，每千克鸡粪可产气$0.37m^3$，每立方米沼气理论上可以发电$1.8kW \cdot h$。利用沼气发电并网、生产，余热可供沼气发酵工程自身增温和居住、工厂的供温，沼液和沼渣又可以作为有机肥料，用于周围的果园和农田使用。实现对大型养鸡场的鸡粪废弃物进行资源化开发和多层次利用，既制取了优质气体能源，又开发了优质有机肥料，同时减排温室气体，治理了污染，净化了环境。

②小型养鸡场鸡粪高效发酵肥料化工程

对于一些养殖规模小于1万只的小型养鸡场，可以推广使用鸡粪好氧发酵肥料化技术，采用垛式或槽式堆肥将鸡粪作资源化处理。一般1－1.5t干鸡粪（鲜鸡粪约2.5－3.5t）加1kg鸡粪发酵剂，每公斤的发酵剂平均加5－10kg发酵辅料（米糠、秸秆粉、麸皮或蘑菇渣等），搅拌均匀后撒入已准备好的物料中。正常一周左右可发酵完成，发酵产物具有生物活性强、肥效高、易于推广、使用持续性强等特点，同时可达到除臭、灭菌的目的。

利用好氧发酵技术处理鸡粪，以每生产1t有机肥为例，表6-16中核算了其生产成本，包括原料、电费、人工费等共345元，以目前有机肥市场售价600元/t计算，每生产销售1t有机肥利润为255元。

有机肥生产成本核算（1t）   表6-16

项目	数量	单价	金额（元）
鸡粪	$3m^3$	50元/m^3	150
玉米秸秆	300kg	0.2元/kg	60
菌种	1.6kg	8元/kg	12.8
电费	6.4度	0.55元/度	3.52
包装费	20个	1.32元/个	26.4
人工费	1.6工时	50元/工时	80
其他			12
合计			345

针对增城区养鸡业"小规模，大群体"现状，大部分中小规模鸡场由于受场地、资

金、技术等制约，未建设与其相匹配的鸡粪无害化处理场所。可以依托境内或周边专业有机肥生产企业规模大、设施设备先进、技术销售等优势，开展中小规模养鸡场与大型专业有机肥生产企业合作的模式，既解决了大型有机肥厂原料来源，又使中小规模养殖场的鸡粪得到了处理。为确保养鸡场与有机肥生产企业的顺利对接，研究并提出了以下实施方案：指导中小规模鸡场通过设施改造、安装湿帘等，控制鸡舍温度；改造自动清粪系统，减少鸡粪水分含量；加强饲养管理，优化饲料配方，减少有害物质排放；使用微生态制剂，减少药物使用，利于鸡粪微生物发酵；有条件的鸡场设置晾晒场或对鸡粪预发酵处理；指导养殖场开展鸡粪发酵处理，有机肥厂提供发酵菌种；制定适宜收购价格，确保养殖场合理收益。在养鸡场集中区域，投资或合作建设鸡粪预处理厂（晾晒、发酵）；有机肥厂配备密闭专用运输车辆，并加强对运输人员管理、车辆的消毒。

4　社会化管理生态工程

（1）源头分类减排激励

①建立促使垃圾减量化与资源化的财政拨款体系

未来的财政拨款体系的优化需考虑到各环节减量的激励作用，对分类垃圾、减量化垃圾、增量垃圾和混合垃圾实施不同的财政拨款方式，将有助于垃圾收费制度的建立，实现垃圾减量与资源化的目的。同时，还需要强调激励机制的有效性和传导性。有效的激励机制需要对行为人的减量有促进作用，减得越多，激励越大。传导性是指垃圾分类、收集、处置的各环节均具有产生减量的激励，层层作用，实现全过程减量。激励的源头从市对区的激励开始，然后沿着区环卫局—街道—居委会—居民、环卫局—环卫作业单位—小区物业—居民、区环卫局—环卫作业单位—单位垃圾产生企业、区环卫局—中转站—小压站，通过该发散性网络层层传递到各垃圾产生源头，从而实现垃圾的减量化目标。

②建立垃圾分类质量的梯度价格制度

以小区、企业为单位构建居民和企业的生活垃圾阶梯收费制度，调动垃圾产生者的分类减量积极性。核算各小区和企业的基准垃圾量，对基准内的垃圾，根据其分类质量划分为几类，分别征收不同的收运处置费。如严格按要求分类的干湿垃圾免费收运；对不分类的实行收费制度；对超额垃圾按议价分别对分类和不分类垃圾征收不同的收运处置费。

③建立末端处置环境税费制度和资源化再利用的补贴制度

市政府可通过调节该税费标准，引导、激励各区县采取措施，朝着政府既定的减量与资源化利用方向转变。另外，扶持资源化再利用企业的发展。如对回收资源化再利用企业进行资质管理，通过行业标准的制定、规范，提升此类企业的作业水平。对市内居民专项生活垃圾的回收再利用实行特许经营，给予贷款担保等融资支持等。

④加强垃圾分类的地方立法，强化对各主体垃圾减量的法律强制

尽快出台《增城区生活垃圾管理办法》，通过地方立法强调从居民到市政府各级责任主体的权利、责任与利益，并建立具有可操作性的监管办法，在严格执法的基础上保

证管理办法的层层落实，实现城市生活垃圾的减量。

（2）全生命周期过程管理

构建工业产品从需求、规划、设计、生产、经销、运行、使用、维修保养、直到回收再用和处置的全生命周期过程管理模式图（图6-54）。

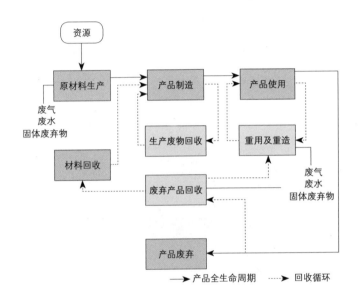

图6-54 产品全生命周期过程管理模式

①制造商经过对供应商的评估，选择出绿色供应商，供应商将由资源转化而来的原材料送达生产企业，选择绿色供应商主要是为了对该环节产生的废气废水固体废弃物进行最优控制；

②经过对产品的绿色设计、绿色制造、绿色包装，形成最终的绿色产品；

③生产过程中的废物、副产品、次品，直接进入内部回收系统，尽量做到重复再利用，减少废弃物的产生；

④产品生产出来，经过绿色分销渠道送到用户手中，在此过程中必须考虑产品退货、产品召回以及报废后的回收处理问题。同样，产生的废气废水固体废弃物也要进行最优控制。

"城市矿产"是对废弃资源再生利用规模化发展的形象比喻，是指工业化和城镇化过程中产生和蕴藏于废旧机电设备、电线电缆、通信工具、汽车、家电、电子产品、金属和塑料包装物以及废料中，可循环利用的钢铁、有色金属、贵金属、塑料、橡胶等资源。其利用量相当于原生矿产资源。

构建增城区"城市矿产"物流网络体系，确立物流网络决策框架，包括：

• 横向耦合：注重社区服务产业、回收再生产业、处理处置产业、机械制造产业、咨询与信息服务产业之间的联结；

• 纵向闭合：注重从食品、包装物等产品生产到垃圾回收、再生、处理、处置行业之间的功能组合；

·社会复合：由基于固体废弃物治理的部门经济转向"自下而上"的网络经济；

·增加就业：充分利用人力资源丰富、人力成本较低的优势，不仅增加垃圾处理和利用的效率，还要提高相关产业的从业人数，做到"增员增效"；

·生活垃圾静脉产业园区。

静脉产业（资源再生利用产业）是以保障环境安全为前提，以节约资源、保护环境为目的，运用先进的技术，将生产和消费过程中产生的废物转化为可重新利用的资源和产品，实现各类废物的再利用和资源化的产业，包括废物转化为再生资源及将再生资源加工为产品两个过程。

建立以静脉产业为主导的生态工业园，通过静脉产业尽可能地把传统的"资源—产品—废弃物"的线性经济模式，改造为"资源—产品—再生资源"闭环经济模式，实现生活垃圾变废为宝、循环利用。系统整合现有生活垃圾产业，设计增城区生活垃圾静脉产业结构，如图6-55所示。

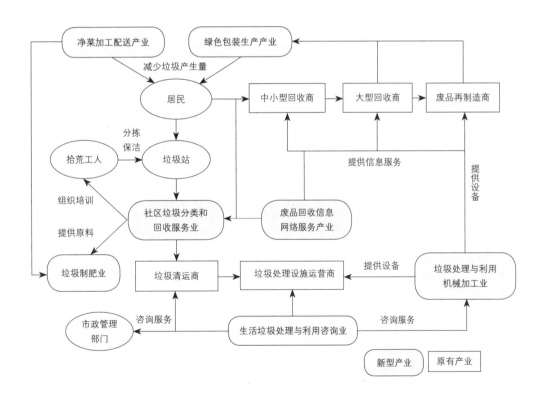

图6-55 增城区生活垃圾
静脉产业系统结构

1

低碳生态产业

7.1
产业生态文明

生态城市是一类具有经济高产生态高效的产业、系统负责社会和谐的文化、结构健康生命力强的景观行政单元。其建设目标是通过规划、设计、管理和建设生态景观、生态产业和生态文化来实现结构耦合的合理、代谢过程的平衡和功能的可持续性。生态城市是以生态经济学、系统工程学为理论基础，通过改变生产方式、消费行为和决策手段，实现在当地生态系统承载能力范围内可持续的、健康的人类生态过程。体制整合、科技孵化、企业投资、公众参与和政府引导是生态城市发展的基本方法。低碳城市，即通过零碳和低碳技术研发及其在城市发展中的推广应用，节约和集约利用能源，有效减少碳排放。"低碳生态城市"是在"生态城市"的基础上衍生和发展而来的，它是以低能耗、低污染、低排放为标志的节能环保型城市，是一种强调生态环境综合平衡的全新城市发展模式，是建立在人类对人与自然关系更深刻认识基础上，以降低温室气体排放为主要目的而建立的高效、和谐、健康、可持续发展的人类聚居环境。

我国传统的农业文明是环境友好、生态持续的，其认识论基础是尊重自然，生态学基础是循环再生和自力更生，但这种持续是在低技术、低效益、低规模、低影响基础上的持续；以大规模的化石能源消耗、化工产品生产以及自然生态系统退化为特征的工业文明，推行的是一类掠夺式、耗竭型、高经济效益、高环境影响的生产方式，其认识论基础是还原论，追求的是局部的、眼前的经济效益，生产力虽高、可持续能力却很低。

生态文明，是物质文明、精神文明与政治文明在自然与社会生态关系上的具体表现，是天人关系的文明，涉及体制文明、认知文明、物态文明和心态文明，在不同社会发展阶段有不同的表现形式。具体表现在人与环境关系的管理体制、政策法规、价值观念、道德规范、生产方式及消费行为等方面的体制合理性、决策科学性、资源节约性、环境友好性、生活俭朴性、行为自觉性、公众参与性和系统和谐性，展现一种竞生、共生、再生、自生的生态风尚。

产业生态文明必须在吸取传统农业生态文明再生和自生机制以及工业文明高效活力的基础上推进资源耗竭、环境破坏型工业文明向资源节约、环境友好型的生态产业转型，发展以竞生、共生、再生和自生机制为特征的生态经济，推进传统生产方式从产品导向向功能导向、资源掠夺型向循环共生型、厂区经济向园区经济、部门经济向网络经济、自然经济向知识经济、刚性生产向柔性生产、从减员增效走向增员增效、职业谋生走向生态乐生的循环经济转型。主要手段有：产业的纵向闭合、横向联合、区域耦合、社会复合、功能导向、结构灵活、软硬结合、结构柔化、增加就业和人性化生产。

7.2
产业生态转型与发展目标

7.2.1　产业生态转型的意义与基本原则

1　产业生态转型的必要性

通过对产业发展的优势及所面临的机遇与挑战的分析，可以看出，增城区必须进一步转变观念，从传统经济发展的思路和观念中跳出来，用全新的理念去思考、规划新的发展思路，根据自己的资源禀赋及其在省内、国内所处的战略地位，走非常规的跨越式发展道路。其核心就是按照循环经济的理念，借鉴国内外成功的发展经验，指导传统产业转型与生态产业的发展。

产业生态转型，就是促进传统的资源掠夺型和环境破坏型产品经济向新兴的循环经济的转型。在这一转型过程中，需要进行循环经济理论基础上的产业重组，建设生态产业，变产业链的"开环"为"闭环"，使物质、能量达到多级利用与高效产出，使自然资产和生态系统服务功能实现正向积累和持续利用，使环境污染的负效益转变为经济发展的正效益。生态产业转型旨在通过观念更新、科学规划、技术创新、体制改革，发展功能整合性技术、系统负责的体制、生态可持续的文化。

2　产业生态转型的基本原则

（1）循环经济原则

所谓循环经济，是基于循环生态原理运行，并按系统工程方法组织的具有高效的资源代谢过程，完整的系统耦合结构及整体、协同、循环、自生功能的网络型、进化型复合生态经济。循环经济突出了整体预防、生态效率、环境战略、全生命周期等重要概念，它主要有减量化、无害化、再利用、资源化、产业化、系统化原则，将传统经济的

"资源—产品—废物排放与末端治理"单向流动的线性经济模式改变为"资源—产品—再生资源与回用"的反馈式流动的循环经济模式，将环保融于生产和消费之中。

（2）生态产业和产业生态的原则

传统产业生态转型的实质是变产品经济为功能经济，变环境投入为生态产出，促进生态资产与经济资产、生态基础设施与生产基础设施、生态服务功能与社会服务功能的平衡与协调发展。传统产业生态转型涉及两方面的创新：一是生态效率（Eco-efficiency）的创新，即怎样把产品生产工艺改进得更好，以生态和经济上最合理的方式利用资源；二是生态效用（Eco-effectiveness）的创新，即如何设计一类生态和经济上更合理的产品，以最大限度地满足社会的需求。

生态产业是一类按生态经济原理和知识经济规律组织起来的，基于生态系统承载能力，具有完整的生命周期、高效的代谢过程及和谐的生态功能的网络型、进化型、复合型产业。生态产业以对社会的服务功能而不是以产品为经营目标，将生产、流通、消费、回收、环境保护及能力建设纵向耦合，将生产基地与周边环境包括生物质的第一性生产、社区发展和区域环境保护纳入生态产业园统一管理，谋求资源的高效利用、社会的充分就业和有害废弃物向系统外的零排放。生态产业的产出包括产品（物质产品、信息产品和人才产品）、服务（售前服务、售后服务和生态还原服务）和文化（企业文化、消费文化和认知文化）。

产业生态是用来描述产业系统中企业个体之间以及企业与环境之间的互动关系，并探索其发展轨迹的一种评价方法，其目的是为了通过这一新的构架可以设计并实施相关战略，以达到减少与产业集群系统有关的经济活动对环境造成的负面影响，维护生态系统的有序和健康运行的目的。这就要求产业系统作为一个整体系统，要符合生态经济要求：一方面充分利用输入的原始资源，另一方面要对产业系统在社会经济活动中产生的"废物"进行再生循环利用，从而实现系统内物质的充分利用和能量循环，形成一个封闭的产业生态价值链，最终实现对产业系统内资源利用的增值效应（表7-1）。

生态产业和传统产业的比较　　　　　　　　　　　　　　　　　　　　　　　表7-1

类别	传统产业	生态产业
目标	单一利润、产品导向	综合效益、功能导向
结构	链式、刚性	网状、自适应性
规模化趋势	产业单一化、大型化	产业多样化、网络化
系统耦合关系	纵向、部门经济	横向、复合生态经济
功能	对产品销售市场负责	对产品生命周期的全过程负责
经济效益	局部效益高、整体效益低	综合效益高、整体效益大
废弃物	向环境排放、负效益	系统内资源化、正效益
调节机制	上部控制、正反馈为主	内部调节、正负反馈平衡
环境保护	末端治理、高投入、无回报	过程控制、低投入、正回报

续表

类别	传统产业	生态产业
社会效益	减少就业机会	增加就业机会
行为生态	被动、分工专门化、行为机械化	主动、一专多能，行为人性化
自然生态	厂内生产与厂外环境分离	与厂外相关环境构成复合生态体
稳定性	对外部依赖性高	抗外部干扰能力强
进化策略	更新换代难、代价大	协同进化快、代价小
可持续能力	低	高
决策管理机制	人治、自我调节能力弱	生态控制、自我调节能力强
研究与开发能力	低、封闭性	高、开放性
工业景观	灰色、破碎、反差大	绿色、和谐、生机勃勃

资料来源：王如松等. 海南生态省建设的理论与实践 [M]. 北京：化学工业出版社，2004.

（3）生态工程原则

生态工程是产业向生态产业转型，即孵化、发展生态产业的一条有效途径。产业转型的生态系统工程是指按生态经济学与生态工程学原理，在观念、管理和技术3个层次上，大力推进从传统模式、控制污染模式向生态产业模式转型和逐步孵化、建立与扩大生态产业。根据世界经济全球化和国家产业结构调整的战略部署，加快传统产业的改造、转型、升级及新兴产业发展。在产业结构调整、优化技术和管理的开拓、创新与发展过程中，改进与协调产业生产和消费全过程的物流、能流、货币流、信息流、人力流；增产节约，降低物耗、水耗、能耗；合理利用与保护水、土、气、生物多样性、景观等生态资产和生态服务功能，寓环保于生产和消费中，寓废物处理于利用中；推进经济资产（产值、利润、GDP等）和生态资产的积累和增长；生产过程和维护人体和生态系统健康，促进资源、环境与经济社会协调发展。逐步形成具有高效的经济过程及生态功能，人与自然和谐共生，建立动态比较优势和竞争优势的网络型、进化型产业。

（4）生态产业布局原则

现状适应性原则：应在充分考虑现有工业布局的基础上进行规划设计，使布局的经济费用最低。区域适应性原则：生态产业的布局不仅应与其所在地整体格局相适应，也应与其所在地的工农业发展状况相适应，以使原材料的供应费用最小。环境适应性原则：工业企业如规划、布局实施不当，将污染或破坏生态环境。因此，在一些环境比较敏感的地区或环境容量比较小的地区不应再建工业项目，已有的污染比较严重的工业企业也应搬迁。同时在城市的环境敏感方向上也应限制工业企业的发展。发展原则：在进行工业布局时，应考虑城市及城镇未来的发展，以免引起未来城市发展过程中不必要的问题。

7.2.2　生态产业发展目标

1　总体目标

增城区作为广州市城市副中心，是重要的制造及加工产业基地、历史文化名城和旅游胜地，要以产业结构调整为主线，大力推进清洁生产和循环经济，适度调整产业结构，促进传统农业和加工制造产业向静脉产业、阳光产业、物流产业、文化产业和旅游产业的生态转型，构建企业、行业和社会三个层面的循环经济发展模式，以生态产业为龙头，以社会服务和生态服务为目标，实现增城区经济的跨越式发展。

发展静脉产业是指由资源开采型向资源回收型产业转型，即由造成环境污染、生态破坏、农民工占很大比例的资源耗竭型的矿产资源开发产业向包括电子产品回收利用、家庭生活消费品回收再利用、纸张回收利用、垃圾回收处理、废水处理、煤矸石和粉煤灰的综合利用等资源回收型产业转化。

阳光产业是指由化石能源产业向可再生能源产业（包括太阳能、风能、生物能等）和光合资源型产业（生物质生产、加工等产业）转型。

物流产业是指由密集型能值的耗散过程向分散型能值的升值过程转型（包括生态食品的配送、物流中转、加工等）。

文化产业是指岭南文化和客家文化的现代化升华，教育产业和中专中技产业的发展，以及文化创意、玩具、动漫、影视产业、国际会展的发展。

旅游产业是指挖掘旅游潜力，由传统的观光旅游转向高端的房地产、休闲、研修旅游，并与健康的养老产业、生态农业、观光农业相结合。

2　具体目标

增城区开发区正以建设广州市东部高新技术产业带和广州市战略性新兴产业核心基地为着力点，采取"一区多园"的发展模式，着力打造"宜居、宜业、宜创新"的国际化、现代化产业新区和生态宜居新城。通过实施"开发区带动战略"，构建"一区多园"发展模式，实行统一规划、统一招商、统一服务，实现资源共享、功能互补、产城融合、错位发展。依托三大功能组团，推进六大发展平台建设，培育七大产业集群，努力构建以战略性新兴产业为主导的现代产业体系（表7-2－表7-4）。

增城区经济技术开发区三大功能组团　　　　　　　　　　　　　　　　　　　　　　　　　　　　　　　　　表7-2

序号	主导功能组团	重点培育项目
1	增城区经济技术开发区香山产城新区	汽车及新能源汽车、LED、光伏、电子商务、物联网等战略性新兴产业
2	增城区经济技术开发区增江高新区	电子信息为主的高新技术产业和以汽车整车生产为主的先进制造业
3	增城区经济技术开发区石滩创意区	汽车及新能源汽车研发创意功能区、文化衍生中心及创意策源中心

增城区经济技术开发区六大发展平台   表7-3

序号	主导产业园区	重点培育项目
1	挂绿新城高端产业集聚区	总部经济区、金融集聚区、美食休闲街区，重点引进总部经济、高新技术、商贸、居住、文化、生活、休闲等产业
2	汽车及新能源汽车产业园（广州东部汽车产业基地）	汽车及新能源汽车研发设计、核心零部件、推广使用技术、充电设备生产及公共工程建设等项目
3	广东省光伏光电产业园	半导体照明（LED）研发、生产、应用项目，太阳能光伏电池、光伏发电系统研发和生产等项目
4	电子商务和物联网产业园	电子商务、无线射频识别（RFID）、数据服务、云计算、新一代宽带无线移动通信、物联网和下一代互联网、数字家庭等项目
5	广州东部交通枢纽中心高端商务区	总部经济、会展经济、商务会议、金融服务、企业服务、商贸流通、产品展示等项目
6	科教生活产业集聚区	电子信息领域材料、元器件可靠性检测、检验、认证、研发设计等生产性服务业，引进国内外职业技术教育院校、科研机构和产学研基地

增城区经济技术开发区七大产业集群   表7-4

序号	主导产业	业务范围及代表企业
1	总部经济产业集群	中电投集团光伏电池、广州通用光伏、广本研发、南方电网超高压国家工程实验室（绿色低碳、智慧产业、科技金融、创新服务关联产业）
2	汽车及新能源汽车产业集群	广汽本田、北汽集团、日立汽车系统、广州电装
3	摩托车产业集群	五羊本田、豪进集团
4	高端装备制造业产业集群	珠江钢琴、科利亚、博创机械
5	节能环保产业集群	晶元光电、台达电子、创维集团
6	电子商务与物联网产业集群	中金数据、阿里巴巴、普洛斯物流
7	牛仔服装产业集群	康威运动、广英集团、创兴牛仔

7.3
重点生态产业发展与新兴产业培育

7.3.1 传统工业转型提升和战略新兴产业培育

进入21世纪以来，国际社会对城市环境问题的响应发生了深刻变化，相应的生态对策也做了调整（表7-5）。面临21世纪的机遇和挑战，产业发展不能重走传统产业模式的老路，必须转变观念，摆脱传统经济发展思路和观念的束缚，用全新的理念去思

国际社会对城市环境问题的响应及生态对策   表7-5

阶段*	相应性质	注意的焦点	主要行动者	优化目标	生态对策
1	救急	末端治理	环保部门	最小污染	污染防治
2	控制	工艺过程	经管部门	最小排放	清洁生产
3	预防	产业结构	行业和地区	最优结构	生态产业
4	共生	系统功能	全社会	最适功能	生态社区

注：1. 20世纪60－20世纪80年代；2. 20世纪80－20世纪90年代；3. 20世纪90年代－2000年；4. 2000年至今（参见王如松等《海南生态省建设的理论与实践》研究成果）

考、规划新的发展思路，必须根据自身的资源禀赋和在区域、国内、国际格局中的战略定位，走非常规的超常发展之路—发展生态产业，走可持续发展之路。

在产业结构调整、优化过程中，必须从观念、管理和技术3个层次上，加快传统产业改造、转型、升级及新兴产业发展，大力推进产业生态转型和建立生态产业。结合大量案例，论述发展生态产业的原则和策略，主要有：以市场为导向，生态与整体最优，竞争、共生、自生、再生相结合，减量化、再利用、资源化的循环经济三原则，发挥区域优势，加强结构与功能的弹性和自我调节，硬件、软件和心件的耦合，创造更多就业机会。

工业的转型升级既要加快培育战略新兴产业，又要改造提升传统优势产业，不是一味强调制造水平的提高，而是突出产业链的延长、共生和战略新兴产业的培育，不是减少就业机会，而是增加就业机会。从2000—2013年，增城区工业总产值增长了6.18倍，人口增加了5%（图7-1，图7-2），在保持传统汽车、牛仔服装等特色产业的基础上，注重对乡村旅游，岭南文化等产业的技术和品牌提升，优化产业布局，促进产业共生耦合和结构升级。

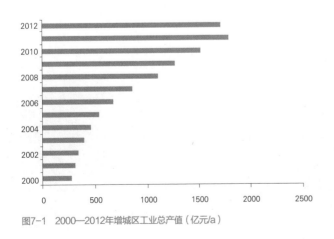

图7-1　2000—2012年增城区工业总产值（亿元/a）

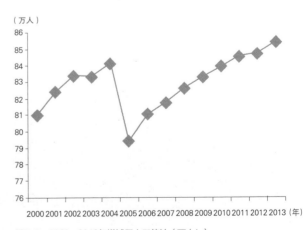

图7-2　2000—2013年增城区人口统计（万人/a）

1 汽车、摩托车产业

增城区是广州东部汽车产业带的重要组成部分，也是全国少有的拥有完备汽车生产体系的城市。多年来增城区从把握政策、优化布局、引进项目、完善产业链等途径，依托广州本田增城工厂、豪进摩托工厂等已落户或已签约的项目分别规划建设汽车摩托车整车工业组团、汽车零配件工业组团、物联网产业组团、LED产业组团、综合制造业组团、电子商务产业组团、广东省太阳能光伏产业园、生产性服务业组团、生活性配套组团、总部经济组团及广州东部交通枢纽中心等优势资源，扩大汽车产业规模，提升汽车产业整体实力，成就了增城区汽车产业的核心竞争力，成为广州市三大汽车板块之一。

截至2014年年末，增城区有整车生产企业（广汽本田、北汽广州2家），改装特种车1家（中警羊城），研发中心1个（广本研发），汽车零部件企业127家，其中世界500强汽车零部件企业2家。全年整车产量23.8万辆，整车产值413亿元，全行业产值563亿元。增城区是华南地区摩托车三大板块之一，增城区有摩托车整车生产企业8家，摩托车零部件企业23家，研发中心2家，全年摩托车产量211万辆（占全国的1/10），整车产值89.46亿元，全行业产值124.24亿元。其中豪进、五羊本田摩托车连续多年出口量和出口额居全国前十，并连续获得中国驰名商标称号，在中东和非洲设厂，成功实施海外扩张。

（1）汽车、摩托车产业发展现状

①总体技术水平领先，对本地企业的带动需加强

广州东部汽车产业基地现有企业在全国乃至全球都具有较高技术水平，但这些企业基本属于外来企业，其先进技术由母公司掌握，管理、研发等部门不在本地，地处增城区经济技术开发区的这些子公司以生产为主，与本地企业联系有限，根植性差，对本地企业的技术提升作用较小。另外新程汽车、广州豪进、科里亚农机、越峰电子等企业技术尚处中等水平。

②汽车产业一枝独秀，产业集群需逐步加强

从汽车产业产值和效益上分析，汽车整车行业产值人均约1100万元，已经成为开发区支柱产业。其余的汽车零部件、摩托车、专用机械、电气机械、材料等行业产值效益均在200万元以下，这说明汽车整车行业大大高于其他行业。零配件产业仍有待壮大发展，产业集群应逐步加强。尽管有多家摩托车整车企业，但是与全国领先的企业相比，规模仍然偏小。摩托车行业的本地零部件配套企业不足，大部分零部件需要外购。

③服务业发展滞后，不能满足经济发展需求

服务业配套完善是工业进一步发展的需求。随着开发区工业的发展，各类工业企业对生活性服务业的需求不断增多，具体包括员工的购物需求、管理技术人员的居住需求、商务接待需求等。然而，本地缺乏生活性服务设施，不能满足经济发展需求。园区工薪阶层的商业需求不能满足；企业中高层员工的住房需求不能满足；产业升级发展带来的商务需求不能满足。

④企业的研发能力和自主创新能力需要提升

大部分汽车零部件企业研发实力较弱，大部分企业没有研发中心。汽车零部件工业虽然已经聚集了一批企业，但是企业种类少，配套层级不高，覆盖面小。汽车产业上游的汽车研发、设计、检测、实验，下游的汽车金融、保险、贸易、展示、物流配送、美容护理、资讯等各类汽车服务业发展还比较滞后，尚未形成完整的产业链条。大部分摩托车企业把主要精力放在市场营销上，导致拥有自主知识产权和原创性技术的新车型推出缓慢。

（2）汽车、摩托车产业发展策略与建议

①立足当前产业基础，稳固主导产业发展步伐，形成汽车产业集群

借鉴上海国际汽车城、广州花都汽车城的成功经验，以汽车、摩托车及其配套产业、机械装备等先进制造业为主导，规划立足于现有优势企业，积极引入汽车产业链上的各类配套企业，打造华南地区重要的汽车生产基地，并通过龙头企业的带动，为各产业链的发展预留空间，从而形成产业集群。

②转型升级传统产业，延伸和优化产业链，提升片区产业技术含量

随着经济技术产业的发展，高科技信息产业逐渐成为主导产业，因此应推进传统产业转型升级，发展高科技及智慧型产业，构筑商业商务区域核心。并积极扶持龙头企业，支持核心技术的研发，鼓励龙头企业实现向产品经营、核心技术经营的方向发展，提高企业的专业化水平。

③加强对外贸易服务，助力企业开拓国际市场

积极响应"一带一路"倡议，贯彻丝绸之路经济带和"21世纪海上丝绸之路"，引导企业参加海上丝绸之路展览会，提升本土品牌影响力。加强自贸区政策研究，整合增城国家级开发区、新塘港和保税仓的优势资源，完善升级保税两仓功能，增强新塘口岸码头服务功能和综合竞争力。借力广东自贸区获批契机，主动对接南沙自贸区，积极发展外贸新业态。

2　牛仔纺织服装制造业

珠江三角洲地区作为中国三大牛仔布料生产基地之一，形成了新塘、均安、大涌、三埠等四大服装名镇。新塘镇是全国最大的牛仔服装生产、出口集聚区，是珠江三角洲最主要的牛仔服装产业基地，该镇目前年产牛仔服装将近4亿件，年产值超400亿元，其中自营出口，代理出口的牛仔服装占专业市场销售总额的60%，出口额年均增长12%。全国70%以上的牛仔服装出自新塘镇，全国出口的牛仔服装30%来自新塘镇，且新塘镇拥有5个牛仔服装配套专业市场，占地面积5000亩。

广州东部交通枢纽的建设将极大促进地区人流、物流与信息流的聚集与流通，为牛仔服装产业发展带来重大机遇。按照区委区政府的工作部署，增城以产业转型升级

为龙头，带动城镇的整体转型升级，先后出台《关于加快推进新塘牛仔纺织服装产业转型升级工作实施方案》及其一系列配套子方案，从相关土地、环保、投融资、税收、资金扶持等政策方面，改善牛仔纺织服装产业投资管理体制和管理模式，规范行业准入，推动了增城区牛仔服装行业的转型升级。

近年来，牛仔服装产业逐渐成为新塘镇的第一大经济支柱产业，经济总量不断扩大，牛仔服装产业的产值由2009年的287.3亿元上升到2013年的442.68亿元，占新塘镇工业总产值的比例由2009年的44.08%上升到2013年的73.86%。2013年，新塘镇规模以上工业总产值598.51亿元，其中牛仔纺织服装规模以上企业产值达442.68亿元，占新塘镇规模以上企业工业总产值的73.96%，涉及从业人数22万人。

（1）牛仔服装行业发展现状

①牛仔服装自主品牌拥有率低

新塘镇的牛仔服装行业已形成完善的生产系统（纺纱、染色、织布、整理、印花、制衣、洗水、漂染、防缩），并发展了一批规模以上企业，具有较强的生产能力，但是自主品牌的拥有率较低，附加值还有待提高。目前，新塘镇牛仔服装产业的产业链环节在空间上的整体分布还是以加工制造为主，设计研发和品牌营销的环节比较少，处于产业价值链的低附加值阶段，利润率低于10%。中小企业较多，规模以上的企业较少，该镇共有牛仔服装企业4000多家，其中产值亿元以上的龙头生产企业68家，规模以上（含亿元）企业488家，配套商贸服务业1500多家。

②产品附加值低，同质性较强，利润偏低

大企业对于长远发展考虑不多，缺乏规划，主要侧重于加工业务，大多数企业难以应对国际市场的竞争和变化。纺织服装企业大部分集中在生产制造环节，附加值不高，在下游的市场渠道和上游的技术、设计等环节还有待加强。纺织服装行业中大多是从事贴牌生产和来料加工，真正能够自主设计、领导时尚潮流的产品少之又少。纺织服装行业中小企业众多，产品同质性高，且集中在产业链的低端环节，企业实力总体偏弱，主要依靠粗放型增长、大规模、大批量、低成本、低价格等形式发展。多数企业以贴牌加工为主，拥有自主品牌的企业较少，市场占有率不高，主要市场为出口，对外依存度大。

目前，新塘镇注册企业达4000多家，有全国驰名商标企业2家（康威、广英），广东省著名商标企业4家，广州市著名商标企业6家，其他注册企业大多数为走上品牌发展道路，产品以贴牌生产为主，附加值低，自主创新能力差。据统计镇内1400多个品牌中仅有14个广州市以上的著名商标，拥有自主品牌企业所占比例不到10%，缺乏品牌和定价权。且新塘镇牛仔服装产品主要为中低端产品（出厂价格低于30元/件），高端产品较少，利润较低，发展潜力较小，不利于长远发展，此外，产品的需求结构较为单一，主要产品为牛仔裤、衬衣，连衣裙以及其他牛仔服装产品较少。

③园区硬件配套设施参差不齐

各园区生产配件及硬件设施参差不齐，牛仔服装企业产业布局分散，导致用地较为

破碎。主要以板块分布为主，包含新塘环保工业园，民营制衣工业园，沙浦银沙工业园以及大墩等片区。主要的问题是园区道路设施有待完善，缺乏停车设施，道路绿化需改善，部分园区建筑质量一般，需要改善。

④专业研发机构较为稀缺

新塘镇现已建成的具有独立的牛仔服装研发能力的机构只有1个，即新塘牛仔服装创新服务中心，但是中心企业多数不具有研发能力。目前，高端经营管理人才，经营销售类人才、研发设计类（技术型如面料设计、服装设计、工艺设计等）人才较为紧缺。

（2）牛仔服装行业发展策略与建议

①优化产业结构

新塘镇牛仔服装产业可以借鉴广东虎门服装产业集群、广东佛山西樵纺织产业集群、浙江绍兴柯桥轻纺产业集群的成熟经验，形成牛仔服装制造和现代服务双驱动的产业结构，主要表现在：通过"三旧"改造，整顿和关闭新塘镇老城区部分污染严重的企业，移除部分零散企业，连通零散小型村级工业区，通过聚集成园的方式布局各类工业用地。将迁移出的工业用地转换为居住以及公共服务功能，发展房地产业和现代服务业，为牛仔服装产业发展提供服务支持。

②产业升级和人才培育并重

突出大企业在新塘镇牛仔服装产业转型升级过程中的优势，培育和发展大企业，适当淘汰部分中小企业，形成以大企业为依托的地方生产系统。同时，促进新塘镇牛仔服装产业内部分工进一步细化，使得牛仔服装企业之间形成分工协作的公平竞争关系，进一步完善各企业之间的市场竞争关系，完成产业组织的优化。在产业环节选择上，重点发展服装设计和服装销售环节，适当发展面辅料生产、纺纱技术研究等环节，整合提升服装加工环节，使牛仔服装产业链进一步向高附加值环节提升。注重高端经营管理人才、懂专业的经营销售类人才、研发设计类人才以及艺术设计类人才的引进。改善现有专业批发市场的硬件设施，提升其展贸功能，促进产品销售适当向高端发展，提升企业的设计研发能力。鼓励企业及时更新落后设备，提高生产效率，节约劳动力成本。

3 旅游业

增城区的旅游业目前处于转型升级的关键阶段，其中旅游产品的转型升级是重中之重。

（1）增城区旅游业的现状

①旅游产业结构不完善

从经济产业结构来说，2008年增城三大产业的比例是7：63：30，第三产业在国民经济中占的比例为30%，低于全国平均水平（图7-3，图7-4）；从旅游产业结构来说，

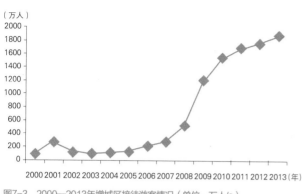

图7-3　2000—2013年增城区接待游客情况（单位：万人/a）

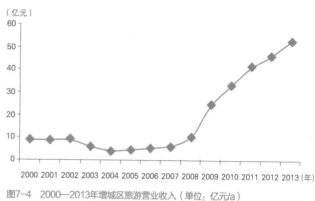

图7-4　2000—2013年增城区旅游营业收入（单位：亿元/a）

增城目前以观光旅游产品及相关服务要素为主体的旅游体系，与其建设广州东部的国际商务城和国际旅游度假城的目标所应具备的体系和结构还存在较大差距。

②旅游形象不够鲜明

旅游目的地形象的确立需要一系列品牌作为支撑，包括政府品牌、市场品牌和产品品牌。但是增城区目前的情况是政府品牌强于市场品牌和产品品牌，这对于增城区旅游业的发展具有一定的限制。其次，增城区在将政府品牌转化为市场品牌方面还存在较大的不足，而对于旅游业来说，最终的落脚点必须落在市场和具体的旅游产品上。

③旅游资源开发不足，产品类型单一

增城区拥有丰富的旅游资源，但是目前在资源开发和产品开发方面仍然以观光旅游为主，资源禀赋与产品形态的不匹配导致了增城区在旅游市场上的影响力不足，具有市场号召力的旅游产品较少。

④旅游专业人才缺乏

增城区的各级政府部门已经认识到发展旅游业的重要性，但客观来看，专业人才还存在明显不足。此外，增城区的旅游从业人群中专业人才的比重也较低，由于人员流动较强等原因，旅游企业缺乏对从业人员进行系统的专业培训，员工的素质较低，也难以适应增城旅游发展的需要。增城已经进入一个旅游业大建设、大发展的阶段，因此更需要专业人才和专业知识的支撑。整体竞争力和消费带动力较弱主要有三个方面的表现：一方面，人均花费低；另一方面，客源结构以周边市场为主；再者，旅游收入在整个国民经济中所占的比重还较低，远低于全国平均水平，旅游消费的经济拉动作用较弱。

⑤旅游特质略显不足，周边城市间竞争激烈

城市形象、环境氛围、城市地位、好客程度、精神面貌等都是能够对旅游者构成吸引力的因素，而且也是城市特质的载体。增城区在城市建设过程中，并没有很好地融入能够代表增城区特质的各种符号，尤其是文化符号，并没有形成作为旅游地的形象和强大的吸引力。同时伴随着珠江三角洲地区各级地方政府对旅游业的重视，增城区周边的旅游竞争越发激烈，这些都将成为增城区旅游产业发展过程中的重要竞争对手。

（2）增城旅游业的策略与建议

①发挥政府的主导作用

联合政府、企业、媒体以及协会组织构筑增城旅游营销组织，建立长效的营销机制；加强与珠江三角洲区域其他旅游城市的文化、科技经贸和信息化、外事以及地方媒体等相关部门的合作，形成旅游营销。构建增城区农产品与生态旅游产品相结合的营销，增城区牛仔服装工业旅游与美国西部牛仔文化、汽车工业旅游与汽车文化的结合营销。

②保护与开发的矛盾依然存在，旅游景点需加强整合

增城目前的各旅游资源和景点尚处于分散和自发发展状态，缺乏必要的互动和有机联系，尚未构建一个有机的体系并未形成整体吸引效应。另外，保护与开发的矛盾依然是当地旅游开发过程中不可避免的一个问题。在进行旅游资源开发的过程中，如何妥善协调好近期和长远之间的利益关系，处理好历史文化、山水生态等类型的旅游资源的保护与开发的矛盾，是增城区旅游发展面对的重大挑战之一。加快产业结构优化，推动城乡协调发展，改善乡村发展环境，扩大农民就业机会，提高居民生活品质，增进人们的沟通与交流以及生态文化的教育，促进社会和谐。

7.3.2 先导培育生态旅游业和生态科技产业

生态科技产业通过两个或两个以上的生产体系或生产工艺环节之间的系统耦合，使物质、能量能多级利用、高效产出，资源、环境能系统开发、持续利用，企业发展的多样性与优势度、开放度与自主度、力度与柔度、速度与稳度达到有机的结合，污染负效益变为经济正效益和生态正效益。生态产业运作的基本单元是产业生态系统，它以环境为体、经济为用、生态为纲、文化为常，以对社会的服务功能而不是以产品本身为经营目标，将生产、流通、消费、回收再利用、环境保护及能力建设纵向结合，将不同行业的生产工艺横向耦合，将生产基地与周边环境包括生物质的第一性生产、社区发展和区域环境保护纳入统一管理，谋求资源的有效利用、社会的充分就业和有害废弃物向系统外的零排放。生态产业的产出包括产品（物质产品、信息产品、人才产品）、服务（售前服务、售后服务和生态还原回收服务）和文化（企业文化、消费文化和认知文化）。

先进制造业：加快培育发展汽车及新能源汽车整车制造、汽车核心零部件研发制造、电动汽车应用、高端装备、工程机械、电力设备等重点建设项目。

战略性新兴产业：半导体照明、软件业、IT信息服务、节能环保、电子商务、物联网、太阳能光伏电池、光伏发电系统研发和生产等项目。

现代服务业：总部经济、会展贸易、金融服务、文化创意、教育培训、设计研发、数据服务、检验检测、服务外包。

旅游及现代都市农业：培育星级酒店、健康休闲、会议经济、基地农业、观光农

业、农副产品深加工、高端农家乐等项目。加快发展第三产业，构建生态观光、文化体
验和都市科技型主题农业区，以小楼镇小楼人家农民集约创业农业园、朱村街现代农业
园、石滩镇现代农业园三大园区为龙头加快发展现代农业。

7.4
重点生态产业园建设与管理

7.4.1　园区的生态管理

生态管理是依据生态规律对生态要素和生态要素的一种整合性、适应性、回馈性和
自生性的调控。狭义生态管理是对自然资源、生态资产的协调管理；广义生态管理是对
目标系统中人与环境间各类生态关系的系统管理，管理对象是物、事、人及其间的相互
关系。生态管理的对象是生态资产、生态服务、生态风险、生态意识和生态知识，管理
的手段包括评价、规划、工程、监理、规范、激励、强制和惩罚。

1　生态资产管理

生态资产指区域的生存、发展、进化所依赖的有形或无形的自然支持条件和环境耦
合关系，它是区域生态系统赖以生存的基本条件。包括有形的生态资产，如土地、生物
等，也包括无形资产，如水利、环保设施、道路、绿地等人工生态资产。生态资产审
计、监测和管理是区域生态管理的重要环节。

2　生态服务管理

生态服务是指为维持区域的生产、消费、流通、还原和调控功能所需要的有形或无
形的自然产品和环境公益。示范区生态管理的核心就是要处理好开发活动与自然生态系
统间的服务关系，一方面要减少开发建设过程中对区域生态服务功能的损害；另一方面
要通过生态工程的手段，积极建设和提高生态服务功能。

3　人居生态管理

按生态学原理将住宅、交通、基础设施及消费过程与自然生态系统融为一体，为示范区居民提供适宜的居室环境、交通环境和社区环境。主要包括建设用地生产与生态功能的恢复与再造、废弃物的"四化"管理等。

7.4.2　园区生态要素的管理

1　水的生态管理

建立一套包括污染源控制、补源与循环净化、工程措施、水生生物措施、水体复氧措施、水华控制措施、异常事件应急措施以及水质监测与运行等措施在内的综合管理体系。

开展流域的一级水生态管理，在开发及运营过程中持续开展对上下游水质的动态监测，建立信息管理数据库。控制示范区的面源污染，对城市垃圾处理和生活污水排放进行严格管理，严禁污水排入附近水体，禁止附近工业、企业和农业污染物进入河湖水系，并及时清理水系周围的垃圾或有害物质。

对于水系中一些水体不易流动的"死"湾区以及易出现水华的水域，配备充氧船或其他充氧设备，根据各水域水质监测结果，对溶解氧含量低的区域随时进行充氧；同时，结合旅游景观设计，合理设置喷泉、水车、瀑布等具有复氧曝气功能的水景，增加水体复氧效果。

开展水质的定期监测，选择有代表性水域对环境要素指标进行定点、定时、定期测定或连续自动监测，全面掌握环境质量状况及其变化规律，掌握水质变化情况，进而研究水质变化的原因及其防治途径。

设置专业管理机构、建立管理机制、确定管理方式、建立信息管理调度系统、进行环境监理、环境监督和环境监测、实施公众参与和信访制度以及环保设备维护和生态工程的运行维护等。

2　植被的生态管理

恢复和重建示范区内的林草地生态系统，开展对林草系统的生态保育，减少人类居住及旅游活动的干扰及对林草生态系统的危害行为。制定严格的管理措施，严格控制林地内部人类活动的强度和频度，禁止游客向林地内随意丢弃废弃污染物，禁止游客随意践踏地表植被及攀树折枝行为的发生。

"近自然"修复管理，以群集+随机为原则，由于植株以幼苗和幼树为主，为了提高植株的成活率，建植后需辅以一定的人工管理（包括浇水、施肥、除草）。经过4-5

年以后，植被群落逐渐形成，即可解除人工管理，群落进入良性的自然演替。

对示范区内的绿地系统开展定期监测。对落叶进行科学的收集和管理，尽量做到就近原位腐化，回用到绿地系统。

设立专门的小区绿地管理机构，组建一支专业的管理队伍，对示范区内的绿地系统进行人工管理和抚育，以确保小区绿地系统的迅速建成。对生境要求严格的观赏种和引进种，要制定严格的抚育制度，科学浇水、施肥、除草和除虫。

3 土地的生态管理

辨识和避开那些不宜建设的生态敏感用地或生态脆弱结构，保护生态系统组分不被开发性破坏，在开发建设过程中充分利用、有意营建和积极保育土地生态系统的服务功能。

根据城市人口密度、基础设施负担、生态环境、建筑物疏密高低组合等要素适度开展土地的立体开发利用，发挥土地潜力，提高土地利用集约度，缓解土地供求矛盾。

通过生态工程的手段和高新技术的使用，提高土地的光合生产效率、复合经济效益以及生态服务效率。通过技术手段提高被占土地的生态服务功能，从土地面积的异地占补平衡变为土地生态服务功能的本地占补平衡，在增加建设用地的同时，保证土地原有的生物质生产潜力不变。

通过技术手段提高被占土地的生态服务功能，从土地面积的异地占补平衡变为土地生态服务功能的本地占补平衡，在增加建设用地的同时，保证土地原有的生物质生产潜力不变。

实施对示范区土地利用的生产和生态功能总量的科学控制，开发后的土地生物质生产力应高于或至少不低于原土地，表层熟土总量、地表及地下水文平衡状态、温湿调节能力、可更新能源利用率、环境净化能力、废弃物流出量以及生物多样性维持能力等应优于或至少不低于原土地的生态功能；建立科学的土地生产和生态服务功能评估、监测和审计体系，对新开发利用的土地进行生产和生态服务功能的系统评价。

8

碳排放核算与
土地利用优化

8.1
研究方法与数据来源

8.1.1　研究方法

1　文献资料分析法

通过对国内外关于低碳经济与土地利用结构优化的文献综述，确定本研究的思路，把握前沿研究领域，也是本研究的理论依据和方法基础。

2　碳排放清单分析方法

结合IPCC温室气体清单和相关研究中碳排放的计算方法，对广州市增城区的碳排放量进行核算，主要包括能源消费、工业生产过程、人体及牲畜呼吸等途径的碳排放，同时，把城市碳排放量具体落实到土地利用上，进而再得到土地利用的碳排放清单。

3　空间信息技术分析方法

通过ArcGIS的空间分析功能和数理统计功能来直观反映出增城区碳排放、增城区土地利用碳排放（城市最终碳排放量），分析其地域差异。

4　线性规划分析方法

确定碳排量最小化和经济效益最大化的情景下，参照"增城区十二五规划"和《增城区土地利用总体规划（2020年）》设置决策变量和约束函数，在Matlab软件平台上求解得到优化方案。

5　比较分析方法

将碳减排条件下的土地利用结构优化方案与《增城区土地利用总体规划（2020年）》二者的碳减排潜力及经济效益进行对比分析。

8.1.2　数据来源

社会经济基础数据:《增城区统计年鉴》《广州市统计年鉴》。
碳排放估算数据:《广州市统计年鉴》广州市碳排放研究成果。
土地利用数据:增城区国土局提供的土地利用类型数据。
其他数据:《增城区土地利用总体规划(2020年)》。

8.2
碳排放清单的制定

城市向大气中排放的二氧化碳主要来源于人体、动物、土壤与植被的呼吸,以及人类的生产活动,其中,人类的能源消耗所排放的二氧化碳占城市总碳排放量的80%以上,因此,以往有些研究把能源消耗碳排放近似看作城市的总碳排放量。为了更精确地计算出城市系统的总碳排放量,暂且将城市看作一个封闭系统,排除城市系统中的不确定及干扰因素,通过计算本研究区内人体及牲畜、能源消耗、主要工业产品生产过程等主要碳源的碳排放量,宏观上反映增城区的碳排放总量。

8.2.1　城市碳排放核算边界界定

通过划分排放源的范围以避免重复计算的思想,由世界资源研究所在关于企业温室气体排放清单编制的指南中首次提出。城市碳排放核算边界界定借鉴该思想,可分为3大范围:范围1是指城市辖区内的所有直接排放,主要包括城镇内部能源活动(工业、交通和建筑)、工业生产过程、农业、土地利用变化和林业、废弃物处理活动产生的温室气体排放;范围2是指发生在城市辖区外的与能源有关的间接排放,主要包括为满足城市消费而外购的电力、供热/制冷等二次能源产生的排放;范围3指由城市内部活动引起,产生于辖区之外,但未被范围2包括的其他间接排放,包括城镇从辖区外购买的所有物品在生产、运输、使用和废弃物处理环节的温室气体排放。

综合考虑数据的可得性以及核算的复杂程度,本研究所核算的城市碳排放以范围1为主,即城市辖区内的所有直接排放,具体包括能源消耗碳排放、工业生产过程碳排放和人体及主要牲畜呼吸碳排放三部分。

8.2.2　城市碳排放测算

1　能源消耗碳排放

城市是化石燃料等能源消耗的集中地，工业生产和生活消费中的煤炭、石油、焦煤、柴油、电力等能源消耗所带来的碳排放是城市最主要的碳排放类型。本报告借鉴IPCC能源碳排放估算公式来测算广州市的能源消耗碳排放。

$$C_{ener} = \sum_{i=1}^{n} T_{ener-i} \cdot \delta_{ener-i} \qquad (8-1)$$

式中，C_{ener}为第i种能源消耗的碳排放量，T_{ener-i}为第i种能源的实际消耗总量（$10^4 t \times SCE$）；δ_{ener-i}为第i种能源的碳排放系数（$10^4 tCO_2/10^4 tSCE$：每万吨标准煤产生的二氧化碳量）。其中，此模型的能源碳排放系数来自《2006年IPCC国家温室气体清单指南》的缺省碳含量值转换所得，IPCC的碳排系数原始数据是以GJ为单位的，本书按29.3GJ为1tSCE将其能量单位转为标准煤（表8-1）。

主要能源碳排放系数（单位：kgC/GJ，$10^4 tCO_2/10^4 tSCE$）　　　表8-1

能源种类	缺省碳含量	碳排放系数
煤炭	25.80	0.7561
原煤	25.80	0.7561
洗精煤	26.21	0.7681
其他洗煤	26.95	0.7899
煤制品	26.60	0.7796
焦炭	29.20	0.8558
焦炉煤气	12.10	0.3546
其他煤气	60.20	1.7643
原油	20.00	0.5862
汽油	18.90	0.5539
煤油	19.60	0.5744
柴油	20.20	0.5920
燃料油	21.10	0.6184
液化石油气	17.20	0.5041
炼厂干气	15.70	0.4601
其他石油制品	20.00	0.5862
其他焦化产品	26.60	0.7796
热力	26.95	0.7899
电力	26.95	0.7899

注：缺省碳含量取自IPCC，由于其他洗煤等部分能源的碳含量数据在IPCC中无对应项目，因此取同性质类能源碳含量系数的均值。

2　工业生产过程碳排放

IPCC温室气体气候指南中指出主要的工业产品生产过程中也会产生大量的二氧化碳，如水泥生料煅烧变成熟料过程就会释放大量二氧化碳，这些化学排碳过程很复杂，还受地区生产工艺与技术的影响，由于行业内部的工艺过程数据难以收集，因此，采用国内外相关研究的参数和计算公式来推算水泥、钢铁和合成氨三种主要工业产品生产过程的碳排放（表8-2）。

$$C_{prod-i} = T_{prod-i} \times \alpha_{prod-i} \times 12 \div 44 \qquad (8-2)$$

式中，C_{prod-i}为第i种工业产品生产的碳排放量，T_{prod-i}为第i种工业产品生产的总量，α_{prod-i}为第i种工业产品生产的含碳因子。

主要工业产品生产过程含碳因子（单位：tCO$_2$/t）   表8-2

工业产品	水泥	钢铁	合成氨
含碳因子	0.136	1.060	3.273

3 人体及主要牲畜呼吸碳排放

人体和牲畜呼吸所排除的二氧化碳是生物体新陈代谢的结果，增城区的常住人口多，其人体呼吸碳排放也占城市系统碳排放的一部分，根据方精云等人的研究来推算。增城区的畜牧业生产种类有牛、猪、羊、兔和鸡鸭等，考虑到羊的数量不多且鸡鸭兔的个体小，这里根据匡耀求等人的研究计算牛和猪两种相对大型动物的碳排放。

$$C_{\text{peop}} = T_{\text{peop}} \cdot \delta_{\text{peop}} \tag{8-3}$$

式中，C_{peop}为人体呼吸的碳排放量，T_{peop}为人口总数，δ_{peop}为人体呼吸的年均碳排放量0.079t。

$$C_{\text{anim}-i} = T_{\text{anim}-i} \cdot \delta_{\text{anim}-i} \tag{8-4}$$

式中，$C_{\text{anim}-i}$为第i种动物呼吸的碳排放量，$T_{\text{anim}-i}$为第i种动物的总数，$\delta_{\text{anim}-i}$为第i种动物呼吸年均碳排放量，其中，每头牛每年呼吸的碳排量为0.796t，每头猪每年呼吸的碳排量为0.082t。

8.2.3 碳排放总量时序变化及区域对比

由于增城区的能源统计数据相对较为缺乏，因此需通过相关文献来弥补该地区统计资料的不足。本研究参考曾娟的文章，对广州市总排放量以及各个区县进行了时间尺度和空间尺度的统计，结果如下表（表8-3－表8-5、图8-1）。

1996—2010年广州市碳排放总量（单位：10^{4}t）   表8-3

年份	人体及牲畜呼吸				能源消耗	工业生产过程				总计
	人体	牛	猪	小计		水泥	钢铁	合成氨	小计	
1996	51.83	9.83	21.78	83.43	1104.15	43.79	39.88	40.22	123.88	1311.47
1997	52.65	9.15	23.16	84.96	1139.92	36.32	43.36	39.90	119.58	1344.46
1998	53.26	9.15	22.83	85.23	1153.04	43.83	44.79	36.38	125.00	1363.27
1999	54.12	7.94	22.92	84.98	1166.77	46.60	50.80	26.11	123.51	1375.25
2000	55.35	7.00	23.52	85.87	1332.44	46.81	59.63	14.88	12132	1539.63
2001	56.30	6.53	23.06	85.89	1378.12	44.66	69.40	1.83	115.90	1579.90
2002	56.93	6.02	23.28	86.23	1478.72	52.08	59.63	1.54	113.25	1678.19

续表

年份	人体及牲畜呼吸				能源消耗	工业生产过程				总计
	人体	牛	猪	小计		水泥	钢铁	合成氨	小计	
2003	57.29	4.98	23.54	85.80	1679.77	72.10	104.15	1.07	177.32	1942.89
2004	58.28	5.51	23.36	87.15	2143.70	61.83	148.85	2.35	213.03	2443.89
2005	59.29	5.37	26.28	90.94	2500.94	71.21	131.33	1.91	204.45	2796.33
2006	60.10	5.62	27.96	93.68	2668.65	70.88	180.13	2.56	253.57	3015.90
2007	61.10	3.28	26.65	91.03	2870.68	54.86	212.29	2.57	269.72	3231.43
2008	61.95	4.37	28.81	95.13	3006.03	35.87	209.88	2.59	248.34	3349.50
2009	62.76	4.36	29.71	96.83	3227.19	33.12	205.89	2.61	241.62	3565.64
2010	63.68	4.39	29.76	97.84	4030.80	32.20	245.85	2.73	280.78	4409.42

2005年广州市各区县碳排放总量及排名（单位：10^4t）   表8-4

排名	区县	人体及牲畜呼吸	工业生产过程	能源消耗	碳排放总量
1	天河区	2.097	0.000	143.116	145.213
2	海珠区	2.768	0.000	145.661	148.429
3	越秀区	3.635	0.000	169.430	173.065
4	黄埔区	0.615	1.230	179.105	180.950
5	南沙区	0.727	1.538	193.702	195.967
6	从化市	3.887	4.139	196.470	204.496
7	花都区	3.188	20.553	228.768	252.509
8	番禺区	4.642	12.220	239.869	256.731
9	萝岗区	1.510	13.059	244.399	258.968
10	荔湾区	2.293	21.588	260.562	284.443
11	白云区	4.558	32.997	288.945	326.499
12	增城区	6.404	51.061	311.595	369.060

2010年广州市各区县碳排放总量及排名（单位：10^4t）   表8-5

排名	区县	人体及牲畜呼吸	工业生产过程	能源消耗	碳排放总量
1	天河区	3.263	0.000	243.400	246.663
2	海珠区	0.794	0.000	265.535	266.329
3	黄埔区	3.792	0.926	271.973	276.691
4	越秀区	4.939	0.000	287.186	292.125
5	从化市	4.630	3.572	299.885	308.087
6	南沙区	1.058	7.231	318.757	327.046

续表

排名	区县	人体及牲畜呼吸	工业生产过程	能源消耗	碳排放总量
7	增城区	10.053	11.509	317.919	339.481
8	花都区	4.409	25.927	381.900	412.236
9	番禺区	5.820	23.943	391.953	421.716
10	荔湾区	2.822	23.017	395.878	421.717
11	白云区	5.159	36.775	505.849	547.783
12	萝岗区	2.337	50.973	496.368	549.678

可以看出，整个广州市的碳排放从1996—2010年处于逐年增加的趋势，总碳排放量涨幅达到236%。这也说明了随着城市经济的快速发展和扩展，产生了大量的碳排放需求。

增城区从2005年碳排放总量369.060万t，全市排名第12，到2010年碳排放总量降低为339.481万t，全市排名第7。分析碳排放的组成可以发现，碳排放总量的降低主要是工业生产过程中碳排放的降低造成的，而能源消耗和人体及牲畜呼吸产生的碳排放量均有所增加。根据《增城区低碳发展规划纲要（2012—2020）》的数据，通过产业结构调整、落后产能淘汰、实施工业生产节能改造等一系列措施，全面推进节能降耗，2010年，全市单位生产总值耗能为0.7243tce/万元，比2005年下降21.57%。截至2011年底关停167家水泥厂、54家线路板厂、18家电镀厂、97家洗漂印染厂、97家黏土砖瓦陶瓷企业和200多家采石采矿场。积极组织18家重点耗能企业开展节能减排，实现节能量8656.1tce，超额完成广州市下达的节能指标（7415.2tce）。以上数据也进一步说明了增城区在产业结构上优化对降低碳排放产生的积极效果（图8-1）。

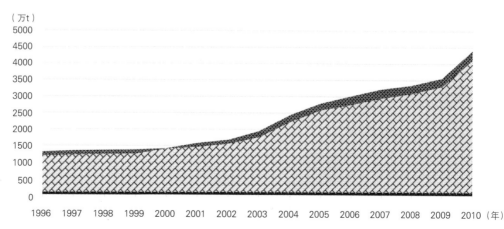

图8-1 1996—2010年
广州市主要碳排放源排放
量年际变化

8.2.4 碳减排任务分析

由下列两表（表8-6、表8-7）和图8-2可以看出，1996—2010年虽然我国的碳排放强度逐年降低，但是由于GDP的高速增长，我国的人均碳排放量和碳排放总量始终处于上升阶段。在《国家应对气候变化规划（2014—2020年）》中明确指出，我国单位国内生产总值二氧化碳排放比2005年下降40%－45%，非化石能源占一次能源消费的比重为15%左右，森林面积和蓄积量分别比2005年增加4000万hm^{2}和13亿m^3。根据2005年的碳排放强度进行核算，到2020年我国碳排放强度应控制在1.68973－1.84334 tCO$_2$/万元。结合《增城区低碳发展规划纲要（2012—2020年）》中的目标，到2020年单位国内生产总值的二氧化碳排放比2005年降低50%以上，单位国内生产总值耗能下降至0.52吨标煤/万元，可再生能源占能源消费比例达到25%[①]。增城区2005年碳排放总量369.060万t，全市国内生产总值255.26亿元，碳排放强度为1.4458tCO$_2$/万元。则预期2020年碳排放强度0.7229tCO$_2$/万元，远低于国家2020年的平均标准1.68973－1.84334tCO$_2$/万元[①]。在控制碳排放强度降低的同时，还应注重碳排放总量的控制，从而为预测2030年碳排放总量达到峰值进行压力缓解，具体还需要结合增城GDP增长率和碳排放强度降低率系统的进行分析。

① 本书的结论基于2015年的研究成果，此处不做数据更新。

1996—2012年中国碳排放强度和人均碳排放量变化   表8-6

年份	碳排放强度（tCO$_2$/万元）	人均碳排放量（tCO$_2$/人）
1996	4.246908578	2.665743138
1997	3.9641302	2.658953288
1998	3.688996922	2.641381686
1999	3.551117403	2.717987765
2000	3.332966647	2.789400162
2001	3.114700831	2.841446955
2002	2.991915683	2.999975022
2003	3.097224193	3.443042679
2004	3.172222069	3.971856065
2005	3.072240755	4.345286009
2006	2.919448209	4.732921456
2007	2.693841953	5.094347889
2008	2.491431369	5.23000651
2009	2.393343801	5.465975767
2010	2.21945512	5.751992435
2011	2.129994791	6.142204435
2012	2.054886109	6.303617425

1996—2010年世界部分国家碳排放总量（单位：万t） 表8-7

年份	中国	美国	印度	日本	德国	加拿大	法国	全世界
1996	357126	599388	82441	131042	95567	54563	41663	2418513
1997	357750	608119	85084	131079	93239	56165	40780	2442301
1998	359142	612686	87458	127612	92568	56715	43365	2451017
1999	371569	620137	89848	130906	90118	57548	43331	2485328
2000	383020	637705	95277	133310	90410	59357	43030	2550125
2001	401907	624836	95916	132874	91792	59271	43011	2582541
2002	437768	629336	100725	132593	90530	60528	42162	2643556
2003	509624	634346	104090	138105	91004	63157	43082	2771824
2004	591643	647328	111626	138949	89850	62926	43513	2914348
2005	672365	649501	118000	140496	87998	63597	43340	3027928
2006	733454	641282	124650	137926	89835	62906	42684	3118737
2007	794655	652148	134173	139580	86388	64095	42116	3230693
2008	806421	633209	144434	139771	85386	63343	41919	3259715
2009	843324	590822	157048	123061	79849	58805	39954	3200365
2010	888774	614274	164008	131187	83539	61187	40387	3347081

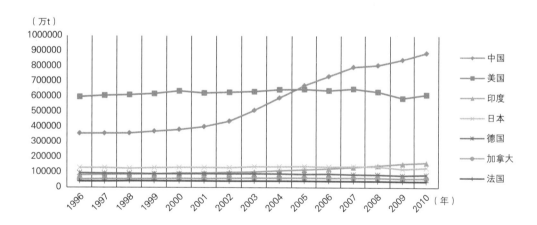

图8-2 1996—2010年世界部分国家碳排放量年际变化

8.3
土地利用变化与城市碳排放关联性分析

8.3.1　碳排放清单框架体系的二次转换

　　该部分参考北京市、广州市等多地区已有的研究，目的是将碳排放清单与规划的内容进行有机整合，从而为构建低碳城市提供直观有力的支持。鉴于增城区所收集的能源、工业、农业活动等资料有限，在此提出建议，希望该区相关部门逐步将相关信息纳入到收集整理的资料范围内，为构建增城区低碳城市提供数据保障。

　　碳排放清单编制是低碳城市规划的核心，是城市规划低碳化、定量化、和可考核的基础保障。IPCC碳排放清单框架分为能源使用、工业过程、农业/林业/土地利用、废物处理和其他5个部分，其主要目的是衡量国家层面温室气体排放和清除的总体情况。而对于城市这一开放的系统，采用IPCC框架体系就难以体现城市的能耗特征，也难以产生规划策略。因此，必须对碳排放清单的框架进行调整，调整的主要原则包括：第一，体现城市能源消费的特征，将外调电、供热等计算在内；第二，碳排放清单部门划分可以分解至城市终端活动，并与城市规划要素有机联系。

　　因此本章在编制增城区碳排放清单的过程中，对IPCC清单编制框架进行了分解和转换，将可能产生规划策略的要素指标嵌入碳排放清单当中，以便于对规划碳排放进行清单编制和情景模拟，以及由此产生规划策略。具体的情况框架转换方式为：清单框架由供应端到消费端、再到规划端的转换。也就是先由城市总体能源供应品种和供应量入手，得到城市能源消费和碳排放的总量；再依据统计年鉴中分行业能源消费数据，按照国民经济产业分类进行碳排放清单编制；第三步，依据规划要求，将分行业能源消费数据进行拆分和重构，整合为生产、交通、建筑三部分；最后根据规划用地分类要求，将清单框架与土地利用类别进行关联，形成"土地利用-碳排放"关联框架，为规划控制提供依据。最终确定的城市碳排放清单框架包括生产、交通、建筑、碳汇4个部分。

　　碳排放清单框架体系确定后，还需要对各部门能源消费进行分解，落实到具体的终端能耗活动，以便了解实际城市活动的碳排放，产生规划对策。例如交通能耗分为城市客运、城际客运和货运，其中城市客运又包括电动自行车、小汽车、出租车、公共汽车、地铁等。还比如建筑能耗分为城镇建筑和农村建筑能耗，而城镇建筑又分为公共建筑、住宅建筑，其中住宅建筑能耗包括照明、炊事、热水、供暖、制冷、家用电器、电梯、建筑设备等。将城市碳排放清单进行供应端到消费端、再到规划端的二次转换，同时将能耗分解到各部门的终端活动，这样一方面保证全市能耗和碳排放总量保持不变，另一方面能够反映出各微观活动在城市总量中的比例，以及对城市总碳排放的影响。

在碳排放清单编制过程中，应当将规划要素纳入，包括清单框架和终端能耗活动的碳排放计算。前面已经提到，碳排放清单的二次转换，实现了城市碳排放与城市用地的关联，有助于了解各类城市用地的碳排放水平，同时可以对不同规划方案进行碳排放评估。此外在对各终端活动的碳排放进行计算时，应将土地利用、建筑规模、出行距离等纳入计算公式（图8-3）。

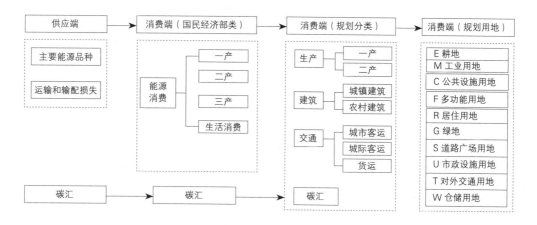

图8-3 碳排放清单转换示意图

8.3.2 土地利用类型的碳吸收与碳排放

1 耕地的碳排放量与碳吸收量

由于不考虑土壤呼吸过程的碳源碳汇作用，耕地的碳排量则主要源于农作物生产过程的投入，包括农业化肥的使用、农业机械的使用和农业灌溉，运用下列公式来估算。

$$C_{plou} = C_{plou-fert} + C_{plou-mach} + C_{plou-irri}$$
$$C_{plou-fert} = T_{fert} \times A$$
$$C_{plou-mach} = (S_{plou} \times B) + (P_{plou} \times C) \tag{8-5}$$
$$C_{plou-irri} = S_{irri} \times D$$

上式中，C_{plou} 为农作物的碳排放量，即耕地的碳排放量，$C_{plou-fert}$、$C_{plou-mach}$、$C_{plou-irri}$ 分别为农业化肥施用、机械施用和灌溉过程的碳排放量；T_{fert} 为农业化肥实用的总量，S_{plou} 为农作物种植的面积，P_{plou} 为农作物种植时的机械总动力（柴油、汽油和电动机动力），S_{irri} 为农业灌溉面积；A、B 及 C、D 分别为 $C_{plou-fert}$、$C_{plou-mach}$、$C_{plou-irri}$ 的碳排放转换系数，A 为857.54kg/t，B 为16.47kg/hm^2，C 为0.18kg/kW，D 为266.48kg/hm^2。

耕地的碳吸收源于农作物的碳吸收，主要是生育期的光合作用所吸收固定的二氧化碳量，可以用农作物的产量来进行推算。

$$C_{plou-fert} = \sum_{i=1}^{n} \delta_{crop-i} \cdot \frac{T_{crop-i}}{E_{crop-i}} \cdot (1 - P_{crop-i}) \tag{8-6}$$

公式中，$C_{\text{plou-fert}}$表示农作物的碳吸收量，即耕地的碳吸收量，$\delta_{\text{crop-}i}$表示第i种农作物合成为有机质即生产干物质时的碳吸收率，$T_{\text{crop-}i}$为第i种农作物的经济产量，$E_{\text{crop-}i}$为第i种农作物的经济系数（作物相对生产力），$P_{\text{crop-}i}$表示第i种农作物的含水率。此部分的计算由于需要对照《增城区统计年鉴》，广州市每年生产的农作物有稻谷、大豆、甘蔗、花生、木薯、花卉、蔬菜和瓜果，各种农作物的生育期间的碳吸收率、经济系数和含水率见表8-8。

主要农作物类型干物质碳吸收率、经济系数和含水率 　　　　　　　　　　　　　表8-8

农作物类型	碳吸收率（%）	经济系数[tC/（hm²·a）]	含水率（%）
稻谷	0.41	0.45	0.138
大豆	2.50	0.35	0.125
甘蔗	0.45	0.50	0.133
花生	0.45	0.43	0.090
木薯	0.42	0.70	0.133
花卉	0.40	0.50	0.125
蔬菜	0.41	0.73	0.133
瓜果	0.45	0.52	0.122

2　园地、林地、牧草地、其他农用地和城市绿地的碳排放量与碳吸收量

其他农用地的碳排放量主要测算畜牧业中牲畜的呼吸碳排量，而增城区园地、林地、牧草地和城市绿地的碳排放量/碳吸收量的测算引用徐国泉改进的碳排放量分解模型。

$$C_{\text{land}} = \sum S_{\text{land-}i} \cdot \sigma_{\text{land-}i}$$ 　　　　　（8-7）

式中，C_{land}为土地利用的碳排放量（碳吸收量），碳源型土地利用方式结果为正，碳汇型土地利用方式结果为负；$S_{\text{land-}i}$为第i种土地利用方式的土地总面积，i分别指耕地、园地、林地、牧草地和城市园林绿地；$\sigma_{\text{land-}i}$为第i种土地利用方式的碳排放/碳吸收系数（表8-9），具体的碳排放/碳吸收系数参照前人研究的成果。

各类用地的碳排放/碳吸收系数［单位：tC/（hm²·a）］ 　　　　　　　　　　表8-9

碳排放系数			碳吸收系数	
耕地**	园地**	林地***	牧草地***	城市园林绿地****
0.0323	1.7123	3.810	0.948	3.378

注：*谭梦等（2011）；**匡耀求等（2010）；***谢鸿宇等（2008）；****管东生（1998）。

3 建设用地碳排放量

由于建设用地的碳排放量大部分来源于居民点及工矿用地、交通用地和水利设施用地中的能源消耗、工业生产、家庭能源消费、人体呼吸的碳排放量，可直接对应为前文部分所得到的增城区城市总碳排放量减去其他土地利用类型的碳排放量，同时，其最终碳排放量还需要减去城市园林绿地的碳汇量。

通过碳排放清单的二次转换以及各土地利用类型的分析可以看出增城区土地利用类型碳排放与碳吸收的相互关系（表8-10）。

增城区土地利用类型碳排放与碳吸收的相互关系 表8-10

土地利用类型		碳吸收过程	碳排放过程	碳源/碳汇类型
一级地类	二级地类			
农用地	耕地	土壤*、农作物生长	土壤*、稻田CH$_4$	碳源、碳汇
	园地	土壤*、园林生长	土壤*、耕作	碳源、碳汇
	林地	土壤*、植被	土壤*	碳汇
	牧草地	土壤*、植被	土壤*	碳汇
	其他农用地	土壤*	牲畜	碳源
建设用地	居民点及工矿用地	绿化植被	家庭生活消费、化石能源、工业生产等	碳源
	交通用地	绿化植被	交通能源消耗	碳源
	水利设施用地	绿化植被	电力能耗	碳源
未利用地	未利用地	水域吸收、原生植被吸收*	水域挥发*	碳汇

注：*谭梦等（2011）。

8.4
基于碳减排的土地利用优化方案

8.4.1 实现城市碳减排目标的土地调控机理分析

土地利用变化对城市碳排放量的影响分为直接影响和间接影响两方面，直接影响指土地利用对城市自然碳排放和碳吸收过程的影响，间接影响指土地利用变化影响人类经济活动和能源方式而间接导致碳排放量和碳吸收量，两种影响所产生的碳排放量和碳吸收量即构成了城市最终的碳排放量。在本章中，土地利用变化对城市碳排放量的直接影响指不同地类的自然植被碳吸收作用，不同植被的碳密度和碳储量存在明显差异，当土地利用方式改变时，地表植被会相应的发生变化，从而影响城市的碳排放和碳吸收。除了这种自然的碳收支外，不同的地类也直接决定着城市的能源消费类型和经济形式，地类的改变会引起人类活动碳排放量的变化，进而使土地利用的碳排放强度格局变化，间接影响到了城市的碳排放量和吸收量。因此，可以看出，无论是直接影响还是间接影响引起的碳排放量，土地利用方式的改变都会在某种程度上增大或者减小城市的最终碳排放量。低碳城市建设的调控措施，如调整产业结构、紧凑型城市建设、功能区规划和生态保护战略等，实际上都必然最终体现到土地利用结构的变化上，土地利用方式的调整是大部分城市碳减排政策措施实施的落脚点和直接体现。因此，进行低碳城市的建设，达到城市碳减排的目标，需要优先开展土地调控研究，从土地利用层面来探讨减少城市的碳排放量，有助于产业结构调整、城镇布局、国土开发、土地规划等具体方向来引导城市的低碳发展，是城市层面发展低碳经济的重要途径。

因此，达到城市碳减排目标的土地调控可以通过土地利用数量结构的调整来完成。前文已经对增城区土地利用的碳源/碳汇进行了分析，并最终计算了相应地类的碳排放量和碳吸收量，得到碳源型用地和碳汇型用地，且不同地类的碳排放强度有所差异，因此，通过土地利用数量结构调整，可以在很大程度上对碳源型和碳汇型土地的面积做出分配，在保证经济发展的前提下提高碳汇型土地的比重，减少碳源型土地的比重，差别化的供地机制能在一定程度上降低高碳排放量土地利用方式的增长速率，实现低碳型的土地利用结构，发展环境友好型的城市土地利用模式，可以保证城市经济发展的同时总体降低城市的最终碳排放量。

8.4.2   基于碳减排的增城区土地利用数量结构优化模型的构建

基于碳减排目标的土地利用数量结构优化是通过改变土地利用类型和土地管理方式来改变区域土地布局方式和产业布局，进而改变不同土地利用方式的碳源与碳汇格局，从而提出有利于碳减排的土地利用结构配置。本部分主要采用灰色多目标动态规划（GMDP）模型来进行研究，GMDP是灰色线性规划与多目标规划的结合与延伸，它能解决多目标约束白化的问题，不仅能给出设定条件下的最优结构，也能显示最优结构的发展变化，保证优化结构的科学性和动态性。

1   土地利用数量结构优化原则

基于碳减排目标的土地利用数量结构优化是以区域内土地利用的经济效益最大化与碳

排放量最小化为目标，在满足约束条件下分配给各土地利用一定的数量，这样达到合理安排土地。要在低碳经济发展的视角下保证增城区土地利用数量结构优化的科学性，必须要遵循低碳经济发展与低碳城市建设的目标性原则、继承性原则、协调性原则和动态性原则。

2　决策变量的设置

设置决策变量是构建灰色多目标线性规划模型的关键，决策变量的选定要能体现增城区土地利用的特点、土地利用分类体系、土地利用规划要求和未来的发展趋势，同时，所选择的变量在地域上相互独立不重叠，具有典型性、综合性和数据可获取性。为更好地实现城市碳减排目标，根据土地利用的碳排放效应分析，设置了7个变量，耕地的5种二级地类各成一个变量，建设用地和其他用地不再细分，各自的整体作为一个变量（表8-11）。由于整个增城区域范围无法得到完整的2020年的土地利用规划数据，因此下表在总结现有数据的基础上，也给出了2020年的部分数据[1]。

① 数据来源：《增城区土地利用总体规划（2010—2020年）》。

② 本书的结论基于2015年的研究成果，此处数据不做更新。

基于碳减排的增城区土地利用数量结构优化决策变量设置（单位：公顷）　　表8-11

变量	用地类型	2008年现状面积	2013年现状面积	2020年规划面积[2]
X_1	耕地	25135.69	23351.14	38018
X_2	园地	33766.29	32746.92	
X_3	林地	64826.35	65679.25	
X_4	牧草地	212.26	633.39	
X_5	其他农用地	570.70	878.38	
X_6	建设用地	22429.05	24151.45	24189
X_7	其他用地	14234.62	14039.05	

3　约束条件的建立

约束条件主要根据增城区的土地利用总体规划、广州市土地利用总体规划以及当地实际情况综合得出。

（1）土地利用总面积约束

根据增城区土地总面积为161647hm²，所以：

$$S=X_1+X_2+X_3+X_4+X_5+X_6+X_7=161647 \tag{8-8}$$

（2）农用地面积约束

根据本部分构建的低碳生态城市建设指标体系中给出的数据，2020年森林覆盖率不低于市域总面积的56%，因此$X_2+X_3 \geqslant 90522hm^2$。园地面积应不会减少太多，反而有增加的需求，所以$X_2 \geq 32747 hm^2$。根据生态县的要求，受保护用地占国土面积应不低于30%，因此$X_3 \geq 48494 hm^2$。据《广州市土地利用总体规划（2006—2020年）》中分配的份额，耕地面积2020年应不低于$38018 hm^2$，但实际上在2008和2013年的土地利用分类中，耕地面积早已小于这一数值，所以$23351 hm^2 \leq X_1 \leq 38018 hm^2$。此外，牧草地应予以一定程度的保留，$X_4 \geq 200 hm^2$。其他农用地主要包括设施农业和集中养殖牲畜的农业用地，这部分土地在近期进行过集中整治，所以面积有所下降，但是需要保证基本的需求量，因此$X_5 \geq 500 hm^2$。

（3）建设用地面积约束

根据《广州市土地利用总体规划（2006—2020年）》中分配的份额，增城区2020年建设用地面积不高于$24189 hm^2$，所以$24151 hm^2 \leq X_6 \leq 24189 hm^2$。

（4）其他用地约束

由于增城区水域面积为$12446 hm^2$，而此区域不会轻易缩减，再加上挂绿湖湖面的$800 hm^2$，所以$13246 hm^2 \leq X_7 \leq 14039 hm^2$。

4　目标函数的确定

（1）碳减排目标函数

通过能反映城市最终碳排放量的土地利用碳排放量的最小化来表示该目标，利用与土地利用碳排放量相关的地类面积乘以相应的碳排放系数来计算，其中，园地、林地和牧草地为碳汇，耕地、其他农用地和建设用地为碳源，并且，前述也计算得出了各土地利用的碳排放系数，这里采用规划基期年的碳排放系数来进行计算，其中，园地$-1.680 t/hm^2$、林地$-3.810 t/hm^2$、牧草地$-0.948 t/hm^2$、耕地$0.433 t/hm^2$、其他农用地$5.140 t/hm^2$、建设用地$171.250 t/hm^2$，因此，可以确定碳减排的目标函数。

$$f_1(x) = \sum_{i=1}^{6} C_{land} = \sum_{i=1}^{6} \sigma_{land-i} \cdot S_{land-i} \rightarrow min \tag{8-9}$$
$$= 0.433X_1 - 1.680X_2 - 3.810X_3 - 0.948X_4 + 5.140X_5 + 171.250X_6$$

式中，$f_1(x) \rightarrow min$表示土地$\sum_{i-1}^{6} C_{land}$利用结构优化目标一的最终碳排放量趋于最小化；为土地利用的总碳排放量，即城市的最终碳排放量；σ_{land-i}［$i = (1, 2...6)$］为6种与城市总碳排放量相关的碳排放系数；S_{land-i}［$i = (1, 2...6)$］表示不同地类的面积。

（2）经济效益目标函数

在减排的同时还要考虑到经济效益的最大化，研究区GDP总值可以通过各土地利用的产出效益与相应的地类面积的乘积来计算。因此，经济效益的目标函数可以表示为以下公式：

$$f_2(x) = C_{\text{land}-i}S_{\text{land}-i} \rightarrow \max \qquad (8\text{-}10)$$

$$C_{\text{land}-i} = W_i \times C \qquad (8\text{-}11)$$

公式中，$f_2(x) \rightarrow \max$ 表示土地利用结构优化目标二的土地经济效益即研究区经济效益的最大化；$C_{\text{land}-i}$ [i=（1，2...7）] 为各种用地的效益系数；$S_{\text{land}-i}$ [i=（1，2...7）] 表示各种用地的面积。

式（8-11）表示了效益系数 $C_{\text{land}-i}$ [i=（1，2...7）] 的计算过程，首先通过层次分析法和专家打分法来确定各类用地的效益权重，即各地类对研究区GDP贡献的大小，构成效益权重集 W_i（i=1，2...7），其次，根据研究区单位面积用地类型产出效益和权重来计算得出各年份耕地的效益系数，再运用GM（1，1）灰色预测模型预测得出2020年每公顷用地类型的经济产出 C，最后，基于不同用地类型的效益产出预测值和各种不同用地对应的效应权重相乘得到各地类的经济效益系数（表8-12）。要说明的是，其他用地由于暂时对研究区GDP的贡献度小且面积小，不对其进行权重打分，但考虑土地利用结构优化模型计算的需要，其经济效益系数取值 0.001×10^4元/hm²，这将不会影响研究结果。此部分数据借鉴1996—2009年广州市的研究成果。因此，基于碳减排的土地利用数量结构优化模型目标函数二可以具体表示为：

$$\begin{aligned}
f_2(x) &= C_{\text{land}-i}S_{\text{land}-i} \rightarrow \max \\
&= 100.697X_1 + 180.857X_2 + 142.022X_3 + 115.001X_4 + \\
&\quad 161.276X_5 + 1012.556X_6 + 0.001X_7
\end{aligned}$$

广州市各地类经济效益权重及系数（单位：万元/hm²） 表8-12

	耕地X_1	园地X_2	林地X_3	牧草地X_4	其他农用地X_5	建设用地X_6	其他用地X_7
权重W_i	0.0502	0.0902	0.0708	0.0573	0.0804	0.5048	0
系数C_i	100.697	180.857	142.022	115.001	161.276	1012.556	0.001

8.4.3 多情景分析与政策建议

本节通过模拟两种情景，对其进行求解，来模拟分析2020年合理的土地利用配比，并对结果进行了深入分析（表8-13）。

增城区2020年土地利用类型面积情景模拟 表8-13

情景分析	年GDP最高		年碳排放量最低		约束条件
	面积（hm²）	比例（%）	面积（hm²）	比例（%）	
X_1耕地	23351	14.45	23351	14.45	$23351 \leqslant X_1 \leqslant 38018$
X_2园地	51667	31.96	32747	20.26	$X_2 \geqslant 32747$

情景分析	年GDP最高		年碳排放量最低		约束条件
	面积（hm²）	比例（%）	面积（hm²）	比例（%）	
X_3林地	48494	30.00	67452	41.73	$X_3 \geqslant 48494$
X_4牧草地	200	0.12	200	0.12	$X_4 \geqslant 200$
X_5其他农用地	500	0.31	500	0.31	$X_5 \geqslant 500$
X_6建设用地	24189	14.96	24151	14.94	$24151 \leqslant X_6 \leqslant 24189$
X_7其他用地	13246	8.19	13246	8.19	$13246 \leqslant X_7 \leqslant 14039$
GDP（亿元）	4317.9298		4241.1459		—
碳排放量（万t）	388.3295		383.6343		—

情景一模拟在各种土地利用类型面积约束下，为达到增城区年GDP最高的经济目标，各个用地类型的适宜面积。可以发现，由于耕地、林地、牧草地和其他农用地与园地相比，单位面积年平均GDP均较低，所以都处于约束条件下限。园地为农用地中单位面积年平均GDP最高的用地类型，所以园地面积会尽可能高。由于单位面积建设用地创造的年平均GDP最高，所以建设用地面积为约束条件的上限，其他用地由于不创造GDP，因此相应面积会取约束条件下限。

情景二模拟在各种土地利用类型面积约束下，为达到增城区年碳排放量最低的环境目标，各个用地类型的适宜面积。可以发现，由于耕地、园地、牧草地和其他农用地与林地相比，单位面积年净碳排放量均较高，因此都处于约束条件下限。林地为农用地中单位面积吸收碳最多的用地类型，所以林地面积会尽可能高。由于单位面积建设用地具有最高的年碳排放量，所以建设用地面积为约束条件的下限，其他用地对于碳排放和碳吸收的影响较小，因此相应面积会取约束条件下限。

通过上述两种情景分析可以发现，不论是以经济发展为主还是以环境保护为主，耕地、牧草地、其他农用地和其他用地的面积都是取约束条件的下限。而这部分土地利用类型约束条件的影响因素则综合了自然、社会等其他复杂的条件，如人口数量、水体面积、畜牧业程度等。

因此，从碳减排的角度考虑土地利用规划，应该在测算城市需求耕地、园地、牧草地、其他农用地、建设用地、其他用地的下限同时，尽可能提高林地的面积，此结论显然与主观认知相吻合。

从碳减排的角度考虑土地利用效率和工艺，一方面应该提高每种土地利用类型的利用效率，这样可适当调整该类型的土地利用下限；另一方面，应对每种土地利用类型中涉及影响碳排放强度的工艺过程及生产过程进行优化升级，在提高经济效益系数的同时降低碳排放系数。

9

河流廊道的
生态修复

20世纪80年代以来，随着世界各国城镇化的发展以及对环境问题的日益重视，生态修复与土地整治逐渐发展为保护自然生态环境、改善乡村景观的重要措施。以德国、瑞士、日本、荷兰为代表的发达国家，强调生态和景观理论在生态修复与土地整治规划实践中的应用，防止对景观的持久改变和破坏，保护和恢复重要景观功能空间。至2010年前后，我国土地整治工作的基本导向也由单纯重视数量过渡到"数量、质量、生态"并重的新阶段。

2015年，广州市明确提出"构建一江两岸三带"（以珠江为纽带，把沿岸的优势资源、创新要素串珠成链，构筑两岸经济带、创新带和景观带）的空间发展思路，并要求重点保护全市"江心岛"。在此战略背景下，加强河流廊道地区生态修复规划与研究，凸显河流廊道的生态功能，也是应时之举。

河流廊道作为城市景观中重要的功能服务体，是流域内各个斑块间的生态纽带，又是陆生与水生生物间的过渡带，具有重要的生态资产价值。国内已针对河流廊道开展不少生态修复实践，但多以环保部门、水利部门为主导，更为关注生态修复技术的应用，对生态修复可能涉及的功能置换、建设管控、景观优化等活动，缺乏相应规划途径的支撑。因此，本章以增城河流廊道地区为研究对象，探索其生态修复规划的策略及实施的途径。

国内已开展不少河流生态修复实践，生态技术手段较为成熟。河流廊道生态修复作为一个完整的生态系统，它不仅包括植物，还包括动物及微生物，系统内部之间以及系统与相邻系统间均发生着物质能量和信息的交换，具有很强的动态性，包括环境质量修复、河流地貌修复、生境修复及生物多样性保护等关键技术。

环境质量修复技术：通过利用环境质量修复技术，使河流廊道地区水环境、土壤环境达到相应的安全标准，从而为植被修复、生物多样性保护、生态安全提供有效支撑。

河流地貌修复技术：河流廊道中的河道岸坡是河流的基本组成部分，通过地貌修复技术、岸坡生态修复技术降低对河岸带栖息地的影响，减少河流渠化面积，缓解栖息地破碎化现象。

生境修复及生物多样性保护技术：在环境质量修复、河岸地貌修复的基础上，基于景观生态学原理，识别场地"斑块—廊道—基质"，通过对生态战略点、重要廊道地区的控制与恢复，重建景观格局。

从上述生态修复技术看出，现有生态修复往往涉及对低效、污染建设用地的功能置换，以及对建设活动、景观的优化控制，尚缺乏相应的规划途径支撑生态修复的实施。

河流廊道是流域内各个斑块间的生态纽带，又是陆地与水生生物间的过渡带，作为输送物质流、能量流、信息流和生物流的通道和载体，具有多种生态功能，如栖息地、通道、过滤、屏障、源、汇等。

在增城区，相比其他土地类型，河流水体具有较高的生态资产价值。但由于景观良好、资源丰富，往往容易受到城市建设的干扰。以增江为例，1986—2013年，增江廊道内建设用地从14.6km²增长到24km²，建设用地占廊道地区比例（不计水体面积）从10.8%增长至17.7%。部分区域有村生活用地散点状布局，对生态廊道的连续性造成一定干扰。因此，基于增城区实际需求，亟须开展河流廊道地区生态修复工作。

9.1
河流廊道及其特点

9.1.1 对象界定

景观生态学的"廊道（corridor）"是指景观中与相邻环境不同的线路或带状结构。在城市研究中，廊道可以分为蓝道（blue way）、绿道（green way）和灰道（gray way）。

河流廊道（river corridor）即蓝道，是陆地生态系统最重要的廊道。景观生态学中，河流廊道指河流本身及其沿线分布的不同于周围基质的植被缓冲带。从侧向结构看，河流廊道包括河道、河漫滩、高地边缘过渡带3个部分，其中河漫滩和高地边缘过渡带又被统称为河岸带。

1 河道

平水期河流所占据的谷底部分称为河道，亦称河床或河槽，其形成、维持和改变是水流与泥沙运动共同作用的结果。其中，深潭—浅滩结构是大多数河流河道所共有的结构，其生态效应包括增加栖息地异质性，为鱼类和多种水生生物提供庇护、食物和栖息地。

受所流经地区的地形地质特征以及河流自身水沙特性等因素影响，河道的形态极为多样化，如单汊顺直河道、单汊弯曲河道、双汊河道、辫状河道等。

天然河流的河道是渗透性的界面，具有很高的孔隙率。这种形式允许河流水体与河岸地下水之间进行交换和循环，相互补给和平衡，使得自然河流具有水量的自我调节功能。

2 河漫滩

沿河道两侧分布的河谷谷底部分称为河漫滩。河漫滩的形成有两方面因素：河道的横向摆动，造成河谷不断侧向侵蚀和拓宽，同时周期性的洪水所携带的大量沉积物，覆盖在河道附近的谷底，形成了河漫滩。

河漫滩往往具有较高的地下水位，并且由于河流周期性的干扰，形成多样的河流地貌，因此河漫滩的栖息地类型极为丰富，以湿地动植物为主，通常是河流两岸生物多样性最高的地方。

河漫滩的主要生态功能包括：缓冲、容蓄部分的洪水和沉积物；控制和调整河流的侵蚀—淤积过程；为湿地动植物提供栖息地，为鸟类提供栖息地和觅食通道；同时河漫滩对于控制沉积物和养分的流失、消纳污染有一定作用。

3 高地边缘过渡带

这一区域是指河流两岸滩地外侧排水条件较好的带状区域，它们构成了河流与其周围环境的过渡区域。高地边缘过渡带里的植被对于控制来自侧向流域的沉积物和养分直接进入河流有着重要意义，通过拦截、蓄留和吸收来自侧向的地表径流和泥沙等沉积物，特别是在保育时，有效地控制水土流失，对于中小河流的影响尤为明显，能够有效改善水质。在实践领域中，它相当于目前在美欧广泛应用的河岸缓冲带（riparian buffer strip）概念。

9.1.2 主要特点

总体上，河流廊道具有两个典型特征：第一，生态敏感性和脆弱性，河流廊道作为滨水生物的重要联系廊道，其生态系统易受自然及人为活动干扰破坏，且自然恢复过程较漫长；第二，生物和生态多样性，河流廊道处于水陆生态系统交界边缘，是典型的生态交错带。相邻生态系统或景观相互渗透，内部环境因子和生物因子发生梯度上的突变，生境对比度和等值线密度高，生态位分化程度高，生物多样性显著。

河流廊道是城市景观中重要的功能服务体，其本身功能的正常发挥与结构特征具有密切关系。广义的河流廊道结构包括连通性、宽度、弯曲度及其与周围斑块或基底的相互关系。

（1）连通性：河流廊道具有三维空间连通性，即指沿水流流动的纵向连续，洪水漫溢的侧向连通，以及向下渗透的垂向连通，连通性是河流廊道栖息地、通道功能得以发挥的结构基础，孤立的栖息地难以维持较高的生物多样性，当某一栖息地发生洪灾或受强烈人为干扰等时，生物从通道迁移至相对安全的栖息地；

（2）宽度：既包括河流横断面宽度，也包括廊道内河漫滩植被覆盖的宽度，河漫滩植被宽度直接影响河流廊道过滤或屏障以及源与汇作用的发挥（图9-1）；

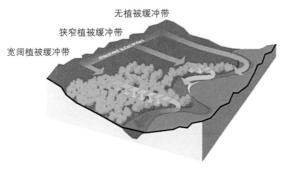

图9-1 植被缓冲带宽度对屏障—过滤作用的影响

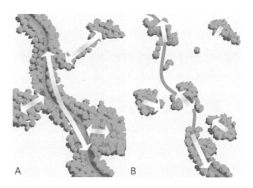

图9-2 高连通性与低连通性的廊道功能示意

（3）与周围斑块或基底的关系：与周围斑块、基底的良好关系是河流廊道存在的基础，也是河流廊道发挥作用的前提条件（图9-2）。

从景观生态学的角度来看，河流廊道是陆地生态景观中最重要的廊道，对于生态系统和人类社会具有生命源泉的功能。

河流廊道具有重要的生态功能，是流域内各个斑块间的生态纽带，又是陆生与水生生物间的过渡带。河流廊道是流域内输送物质流、能量流、信息流和生物流的通道和载体，除了增加城市景观的多样性、丰富城市居民生活以外，还具有多种生态功能，如栖息地（habitat）、通道（conduit）、过滤（filter）与屏障（barrier）、源（source）与汇（sink）。

（1）栖息地：河流廊道特殊的空间结构，是生物觅食、生存、繁殖的场所；

（2）通道：河流廊道是水、泥沙、营养物质和能量的输送通道，也是生物的迁移通道；

（3）过滤与屏障：过滤是指有选择的允许能量、物质和生物渗透或穿过的功能，屏障则相反，是阻止能量、物质和生物渗透或穿过的功能，廊道植被带对河流水体中的污染物、有害物质常常有过滤、拦截作用，从而降低河流中污染物的含量，起到净化作用；

（4）源与汇：源是指为相邻的生态系统提供能量、物质和生物的功能，汇与之作用相反，从周围吸收能量、物质和生物的功能。

9.2
河流廊道现状分析

9.2.1 增城区河流廊道的生态地位

1 河流廊道贯通南北，是联系北部与中南部地区的关键廊道

从河流走向与分布来看，增江、西福河、派潭河、兰溪水等几条主要河流都是从增城区北部地区汇集，流过中南部地区，最后汇入东江。增城区的河流廊道是贯通南北，是联系北部森林生态系统与中南部农田、湿地生态系统的关键性廊道（图9-3）。

2 水系发达，水源充沛，是广州市东部重要的水源涵养地

增城区境内流经9条主要河流，包括东江北干流、增江、西福河、派潭河、兰溪水、雅瑶河、二龙河、官湖河、温涌，具有流量大、流速快、洪峰高等特点。由于增城区水质总体良好、取水条件优越，也是广州东部重要的水源涵养地（表9-1）。

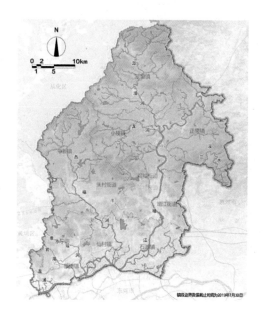

图9-3 增城区水系分布图

增城区主要河流概况 表9-1

河流名称	河流长度（km）	流域面积（km²）
东江北干流	520	27040
增江	203	3160
西福河	58	580
派潭河	36	357.5
兰溪水	58.6	147.8
雅瑶河	21	129
二龙河	22.5	122.7
官湖河	24.4	106
温涌	15.94	37

3 河流水系的生态资产价值较高

通过生态系统服务功能价值评估发现，河流水体在涵养水源、水土保持、废物处理、休闲娱乐与教育文化等多个方面的生态资产价值相对于其他土地利用类型较高。

9.2.2 增城河流廊道的关键问题

1 河流廊道内建设用地增长显著

1986—2013年，东江北干流、增江、西福河等增城区范围内主要河流廊道内建设活动日趋频繁，该范围内建设用地呈现不断增长的态势。2013年该范围内的建设用地规模和数量远远超过1986年，人为干扰越来越多。其中，与工业化和城镇化相对应，荔城街、增江街，新塘镇、石滩镇形成建设用地的主要增长集聚点（图9-4）。

2 中南部水系岸线生产功能较多，保护压力较大

增城区全域水系岸线功能的南北差异较大，其中，北部地区的增江、派潭河、二龙河、西福河河岸周边以生态功能为主，仅局部地区存在居住生活用地或产业用地。南部地区的东江新塘段、雅瑶河、官湖河周边集聚了大量产业用地，兼具部分居住生活用地。岸线复杂的建设用地功能，导致河流廊道保护压力巨大（图9-5）。

3 小河涌水环境保护容易被忽视，污染相对严重

当前，由于管理成本和管理手段的问题，生态保护与治理重心在增城区全域的主要河流、增江绿道、西福河生态景观林带等地区，这种"抓大放小"的管理模式导致

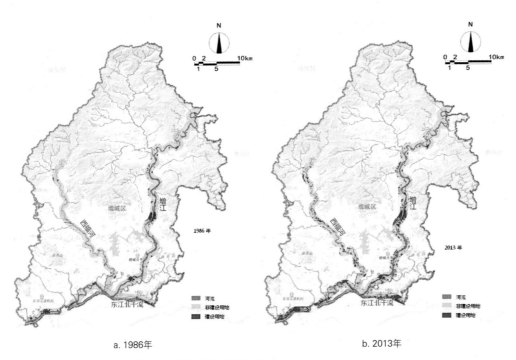

a. 1986年   b. 2013年

图9-4 1986—2013年增城主要河流廊道地区现状建设用地演变图

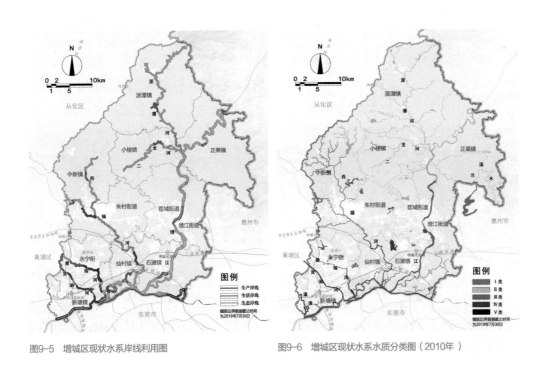

图9-5 增城区现状水系岸线利用图   图9-6 增城区现状水系水质分类图（2010年）

对"小河涌"的关注不够，尤其是中南部地区的河涌，作为增城区乃至全广州市城镇化和工业化速度最快的地区之一，上述地区的小河涌污染也较为明显，亟须进行治理（图9-6）。

4 河岸生物多样性退化

由于城镇化和工业化的影响，河流沿岸建设活动的增加，导致河岸植被缓冲带连通性降低：一是河岸植被缓冲带往往呈现"斑块状"，而非"带状"，阻断了河流廊道纵向联系；二是城镇化地区硬质驳岸居多，阻断了河流廊道地区的横向联系，影响河流生态功能；三是绿化植物配置相对单一，人工痕迹明显，植物群落构建不足，生物多样性有待提升。

5 河流生态系统服务功能单一

除沿河绿道休闲以及果园、农田等生产功能外，增城区河岸生态系统服务功能较为单一，一般仅仅发挥景观作用，更多的如生态、经济、社会服务功能尚未充分发挥，急需建立科学的体制机制，发挥河流生态系统的多元服务功能。

9.2.3 河流廊道生态的影响机制

1 农村发展经济的诉求强烈，与河流保护存在矛盾

增城区中南部地区作为快速城镇化和工业化的典型地区，地区经济发展势头良好，各村集体发展经济、村民提高收入的诉求也越加强烈。由于河流廊道地区本身的生产、生活资源条件良好，往往是村庄发展产业、建设设施、生活居住重点选择的区域。因此，现有村庄发展诉求（尤其是中南部地区的村庄）与河流保护之间存在较大的矛盾，这种矛盾深刻地影响着河流廊道地区的生态状况（图9-7）。

2 工厂依河而建，增加防控压力

河流具有一定交通便利的天然优势，为便于获取生产所需原材料或运输工业产品，部分工厂选择依河而建，由于工厂建设与生产缺乏必要的退让缓冲空间以及相应的保护措施，客观上增加了河流廊道地区受到污染的风险，加大了污染防控的压力（图9-8）。

3 城市污水管网配套尚未完善

当前排水体制以截流式合流制为主，各镇街虽规划建设了足够处理能力的污水处理厂，但受制于河流周边污水管网建设相对滞后的实际情况，导致河流廊道地区污水处理比例不高，需要完善污水管网及配套设施建设（图9-9）。

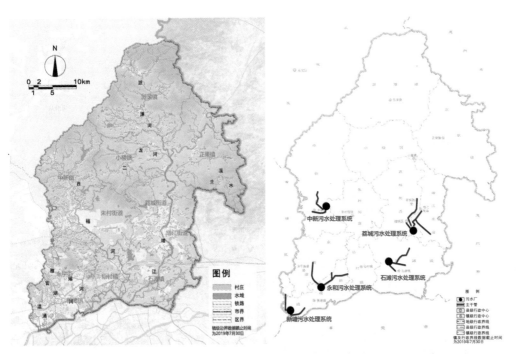

图9-7 增城区村庄与水系分布示意图　　　　　　　　图9-9 增城区中南部地区污水处理系统现状示意

图9-8 典型的依河而建的工厂

4 特定的农业类型与技术导致了农业面源污染的风险

增城区养猪、养鸡等特定的农业养殖方式，增加了产生有机污染的风险，同时由于增城区农村居民点分布较为散乱，相比点源污染更难以控制与治理。

增城区已意识到这种风险，2013年已全面完成"散小乱"养猪场规范整治工作，共拆除7288家、面积472万㎡，新建多家现代化养猪场。

9.3
生态修复目标与方法

9.3.1　修复目标

1　改善生态环境

通过土地整治复垦和生态修复措施，降低人为干扰的程度，修复和建立一个低冲击的河流生态系统。

2　促进功能多元化

充分发挥河流廊道地区的多元功能，实现生态效益、经济效益、社会效益的有机统一。

9.3.2　分类方法

根据河流生态的影响机制分析，为确保生态修复规划具有针对性，将河流廊道地区分为三类（图9-10）：

城乡结合部：河段位于城市建成区边缘，周边兼具城乡建设用地与农用地，以东江北干流下围村段为例；

城市建成区：河段位于城市建成区，周边以城市建设用地为主，以百花涌为例；

生态敏感区：河段周边以农用地为主，一般是水源保护区或基本农田保护区，以仙村涌为例。

城市化地区：
以百花涌为例

生态敏感地区：   城乡统筹地区：
以仙村涌为例   以东江北干流下围村段为例

图9-10　三类地区空间分
布示意图

9.4

城乡结合部生态修复策略

　　城乡结合部的生态修复应结合乡村发展实际，通过生态修复提升村落人居环境及景观品质，提升地区旅游价值，从而引导现状，限制工业用地向旅游设施用地、公园用地置换，实现村镇可持续发展。下面以东江北干流下围村段为例，针对下围村生态特征及存在问题，提出相应规划策略。

图9-11 东江北干流下围
村段在增城区的区位示意
图及现状建设示意图

9.4.1 概况

东江北干流下围村段位于增城区石滩镇东南面，南临东江河，与东莞市石碣镇隔江相望，东与龙地村及博罗县石湾镇毗邻，西接土江村，北邻上塘村，紧水河从村东穿流而过，广深铁路、256省道穿村而过。村域面积有4km²，是增城区的准水源保护区，生态环境良好。下围村有着800多年的建村史，村内有东西炮楼、侯王庙、古祠堂、古榕树、百年芒果树等当地民俗乡村古迹（图9-11）。

下围村两委在增城区委、区政府和石滩镇党务、政府的指导下，积极探索和实践以规范村民代表会议制度，推行"民主商议、一事一议、依法治村、阳光理财"为核心的村民自治模式，成为村民自治的模范村。

9.4.2 社会经济情况

下围村户籍人口2169人，外来人口约1300人，集体土地全部由村经济联合社管理，合作社没有土地支配权，没有任何经济收入。下围村集体土地出租每年收取的土地租金、鱼塘租金、码头租金等约有300万元。通过村镇实地调研访谈发现，村内希望利用丰富的"水"资源做乡村特色游，争创岭南水乡风情旅游示范村。

9.4.3 主要生态问题及特征

1 暴雨季节东江倒灌和洪涝风险

村镇整体高程较低，平均仅为3m，呈东南高、西北低分布。以30m×30m精度地形图进行不同高程淹没地区模拟，下围村西部农田、城镇建设区在雨季存在一定的东江倒灌及洪涝风险（图9-12）。

2   滨江地区植被退化

东江滨江地区生态用地减少，现状植被单一，植被退化较严重，河流廊道地区生物多样性及水土保持功能的发挥受到制约，存在河岸水土流失、生境退化的风险。

3   滨水湿地资源利用不充分，连续性、可达性不足

紧水河沿岸湿地资源丰富，景观较好，但沿岸道路可达性较差，缺乏服务设施。东江沿岸湿地被厂房阻隔，植被较差，生态服务功能有待提升（图9-13）。

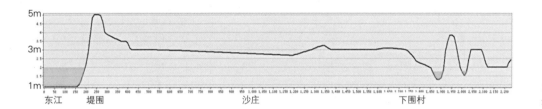

图9-12 下围村地形剖面示意图

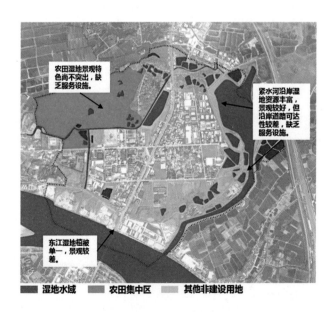

图9-13 下围村主要湿地资源分布示意图

4   工厂堆场诱发土壤、水体污染

部分工厂原料露天堆放，堆场存在一定的暴雨径流污染、土壤污染及地下水污染风险，影响地区生态环境，同时也制约地区土地集约利用程度的提升。

9.4.4　规划理念

1　重塑活力

通过对低效建设用地的整治与复垦，盘活城乡土地资源，提升乡村地区空间品质与经济活力。

2　低影响开发

优化河岸地区生态服务功能，引导人文、游憩、环境设施的低影响建设，推动城乡生态空间保护与利用的结合。

9.4.5　规划策略

规划拟采用"提、迁、串、塑"四大规划策略，即提升水生态功能与水乡特色，推进低效工业的迁退与功能置换，以社区绿道串联景观资源，打造增城区社区绿道典范，塑造村镇"慢生活"新形象（图9-14）。

1　"提"——提升水生态功能与水乡特色

策略1：采用植被修复、地形塑造等技术，优化东江堤岸生态功能
现状护岸维护力度较差，植被单一。通过护石式护岸、格宾石笼护岸等形式，对东江现状岸线进行微地形塑造及护岸生态化改造，强化护岸的水土保持能力，增大护岸孔隙度，提升护岸微生境功能。通过植物纤维垫、植物梢料等土工技术，修复护岸植被，强化植被多样性，优化东江堤岸生态功能。

策略2：应对倒灌、雨洪压力，在低洼、江口地区建设水广场、水公园
应对下围村高程较低，面临东江倒灌及雨洪风险，结合地形及土壤渗透能力分析，

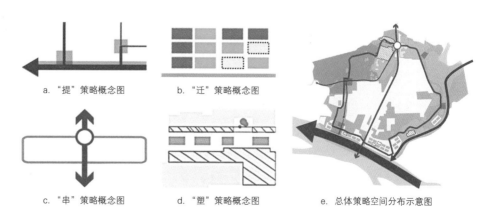

图9-14 "提、迁、串、塑"规划策略示意图

a. "提"策略概念图　　b. "迁"策略概念图

c. "串"策略概念图　　d. "塑"策略概念图　　e. 总体策略空间分布示意图

优先在外围低洼、江口地区建设水公园，在建成区低洼地区建设水广场，预留泄洪空间，通过景观手法缓解雨洪灾害对城镇建设、生产的影响，并形成水广场、水公园等水乡特色景观。

策略3：整合湿地—塘链系统，增强生活污水净化能力

结合下围村丰富的湿地、水塘资源，通过微地形塑造、人工湿地建设等方式，整合形成"村庄生活污水—调节池—初沉池—潜流式湿地—表流式湿地—江口湿地"的湿地—塘链系统，通过湿地—塘链对生活污水的沉淀、过滤的净化作用，减缓村庄生活面源污染，增强生活污水净化能力。

策略4：完善村庄低冲击设施，推广庭院雨水收集利用

完善村庄低冲击设施，构建"屋顶绿化（屋顶雨水收集）—低势绿地—风水塘/蓄水塘—雨水花园—透水铺装"的庭院雨水收集利用系统。其中屋顶绿化（屋顶雨水收集）起雨水的收集、截留、运输作用，简单式绿色屋顶的基质深度一般不大于150mm；低势绿地起传输及部分过滤作用，将屋顶收集的雨水向风水塘、雨水花园传送，其植被高度宜控制在100－200mm；风水塘主要利用现有的村庄水池，起雨水储蓄的作用；雨水花园是庭院雨水收集系统核心的雨水生物渗透净化设施，起储存、过滤、渗透作用；透水表面的改造主要起渗透作用，以及时补充地下水。

2 "迁"——推进低效工业的迁退与功能置换

策略1：清退低效、闲置厂房，建设棕地再利用公园

东江沿江低效厂房、仓库存在明显的停工现象，且现状产业类型较低级，产生污染明显，存在显著的土壤、地下水污染风险。结合村镇三旧改造，清退低效、闲置厂房及仓库，推动土壤、地下水修复及土地整治复垦工作，结合滨江资源建设棕地再利用公园，释放闲置土地规模，盘活村镇土地利用。

策略2：改造部分旧厂仓库，植入文创、餐饮功能，打造文化创意集聚区

结合东江沿江部分建设形式较好、建设质量较高的现状厂房、仓库，通过环境整治、立面改造、给水排水改造、亚空间划分、室内灯光设计等方法，植入文创、餐饮功能，打造文化创意集聚区，引领滨江地区土地功能置换。

3 "串"——以社区绿道串联景观资源，打造增城区社区绿道典范

策略1：完善社区绿道体系，建设增城中南部绿道活力点

目前增城区绿道建设重点在荔城街及其北部地区，仍未有效辐射中南部地区。通过依托增城区绿道系统规划建设的荔三公路自驾车游绿道游线，结合水公园、水广场、文化创意集聚区等旅游资源的挖掘开发，完善增城区社区绿道体系，建设增城区中南部绿道活力点，吸引中南部、东莞市石碣镇、惠州市石湾镇游憩人群。

策略2：策划绿道田间野趣、湿地生态、古村民俗、工业文创活动主题区，推动乡镇旅游产业发展

结合下围村农田垦殖、生态湿地、古村建筑、厂房改造等旅游资源，策划四大活动主题区，推动乡镇旅游产业发展，其中田间野趣活动主题区策划摄影基地、田野采摘、野外定向、湿地科普等活动项目；湿地生态活动主题区策划水上拓展、江边垂钓、河滨露营、野外烧烤等活动项目；古村民俗活动主题区策划龙舟体验、古街品茗、手工市集、碉楼怀古等活动项目；工业文创活动主题区策划遗产公园、文创展览、滨江瞰胜等活动项目。

4 "塑"——塑造村镇"慢生活"新形象

策略1：推动村庄风貌整治、立面改造，完善餐饮、休闲服务设施

推动下围村村庄风貌整治、景观特色营造、立面改造、道排设施改造，突出东江水乡建设特色，完善餐饮、休闲服务设施，引导村庄旅游产业发展，争创岭南水乡风情旅游示范村。

策略2：吸引文创工作室入驻，打造下围村旅游新名片

通过风貌整治，塑造村镇"慢生活"形象，吸引文创工作室入驻，策划手工集市、民俗工艺现场体验、艺术展、湿地戏水节、艺术论坛等节庆会展活动，打造下围村旅游新名片。

9.5
城市建成区生态修复策略

9.5.1 概况

百花涌以增城区著名的增城八景之一"百花崖影"的百花林水库为起点，由西北向东南汇入增江。百花涌全长约6.5km，中下游是增城区的城市核心区——荔城街道，沿线分布大量居住用地、城市公园与少量村庄建设用地，是典型的城镇化地区。

9.5.2   主要生态风险

1   河涌中下游水质变差，且污染防控压力增大

由于部分地段污水管道不完善，加上周边人口压力持续增大，产生的污水直排河涌，导致百花涌中下游水质变差，对下游的城关镇、荔城街道具有重要的环境影响。另外，从土地利用规划上看，未来百花涌周边建设用地规模将进一步增加，生产生活活动的进一步加强将使得百花涌防控污染的压力增大。

2   部分河岸植被缓冲带功能退化

当前，百花涌部分河岸植被缓冲带人工干预痕迹明显，河道采沙、大宗货物堆场以及部分城市建设活动较为明显，上述人类活动破坏了河涌生态服务系统，导致河涌原有的生态系统服务功能不足，生态缓冲功能尚未有效发挥。

3   堤岸建设的生态效应考虑不足

百花涌作为百花林水库的泄洪渠，其堤岸建设以关注防洪安全为重点，当前主要采用以块石、混凝土块、砖、石笼、堆石等构成的刚性堤岸建设方式，可能会破坏河岸的自然植被，导致现有植被覆盖和自然控制侵蚀能力的丧失，阻断了河涌水体与堤岸绿化的物质交换与生物联系，对生态效应的考虑稍显不足。

9.5.3   修复应对策略

百花涌这类城镇化地区的河流廊道，其生态修复主要为了实现两个目标：一是发挥河流的防洪功能，保障城市安全；二是释放河流地区的活力，为城市地区提供活动空间。

据此，对百花涌的生态修复规划采取三大策略：一是结合水利工程建设，实施雨污分流、雨水净化，最大限度减少河涌沿岸的污水来源；二是划定河流绿地与建筑退让控制线，控制河涌两岸的建设强度；三是推进局部地区堤岸生态化改造，通过刚性堤岸和柔性堤岸相结合的综合型堤岸建设方式，既达到防洪排涝的功能，又充分发挥百花涌的生态综合服务效应，释放河流活力。

9.6
生态敏感区生态修复策略

9.6.1　概况

仙村涌是增城区境内重要的饮用水源保护区，流经鹅桂洲湿地及下基村、田心村、沙角村、深涌村、十字滘村等几个村庄，最后汇入东江北干流。仙村涌周边以基本农田为主，少量村庄居住用地和工业用地，部分村庄和工厂已经纳入"三旧"改造图斑。

9.6.2　主要生态风险

1　农业面源污染形势严峻

随着农村经济社会的快速发展，尤其是增城区这种珠江三角洲地区快速工业化和城镇化的农村地区，其环境污染和生态破坏等导致的面源污染问题日益突出。村庄面源污染主要存在三大问题，即畜禽排泄物污染、农业投入品及包装材料等废弃物污染和农作物秸秆和残体污染。当前增城区境内农业面源污染形势严峻，引发了公共卫生和生态环境等一系列问题。

2　村庄与工厂建设影响水质安全

水源保护区内有上基村、下基村、田心村、沙角村、深涌村、十字滘村等多个村庄，村庄人口规模近万人，部分村庄紧邻河涌建设，村庄日常生活活动产生的生活污水影响水源保护区的水质情况。同时水源保护区内仍然有少量水泥厂、沙砖厂等零散工业用地，其废水废渣不达标、不规范排放将影响水源保护区内的水质安全。

3　河涌周边农田的生态服务功能尚未充分显现

仙村涌周边现状有各个村庄的集中成片基本农田，目前主要发挥生产服务功能，而其他生态服务功能，如生物多样性维护、休闲娱乐、科普教育等，尚未充分显现。

9.6.3　修复应对策略

仙村涌这类生态敏感地区的河流廊道，其生态修复目标主要有两点：一是解决生态敏感地区的环保问题，保障环境安全；二是通过河流廊道周边大片农业资源的景观化、生态化利用，促进功能的多元化。

因此，对仙村涌的生态修复规划可采取三大策略：一是打造一体化的农田景观公园，发挥休闲、科普、民俗体验等功能，促进服务功能多元化；二是推广环保农业，增设藕塘、透水坝等生态基础设施，强化生态敏感地区河流廊道的生态效应；三是推进水泥厂、沙砖厂搬迁及功能置换，减少生态敏感地区的外部干扰。

9.7
生态修复规划实施途径

生态修复规划的实施途径主要包括规划途径、政策途径、经济途径和社会途径等几个方面。

9.7.1　规划途径

1　编制详细规划与技术规范

通过识别河流地区的潜在风险点，选择关键性节点，开展下一阶段详细的规划设计，并重点围绕功能置换方向、低冲击开发设施布局、驳岸的生态化改造、社区绿道建设等内容展开。

同时，研究和制定生态修复技术指引与规范，从而指导生态修复规划的科学编制。

2　纳入土地整治图斑

根据生态修复基本思路，核对《增城区土地整治规划（2011—2015）》，将河流廊道地区需要进行城乡建设用地增减挂钩（农村居民点、城镇工矿）、"三旧"改造、土地复垦的地块，纳入到土地整治规划图斑中，并及时纳入土地整治年度计划中，实现信息及时更新与联动管理，推动河流廊道地区生态修复的落地实施。

3 编制土地整治规划方案

针对具体地区，编制土地整治规划方案，其内容主要包括以下几点：核算河流廊道地区建设用地与耕地规模、明确土地整治项目建设内容与要求、确定土地整治工程的时序、工程成本与效益和风险评估。

4 相关规划调整建议

生态修复规划、土地整治规划一般会涉及局部地区土地利用功能、布局、规模、开发强度调整。生态修复规划调整方面需要考虑与控规联动和与村庄规划联动两个方面。

与控规联动方面，在已编控规地区，为进一步促进生态修复的实施，建议将生态修复的相关要求在新一轮控规修编中予以落实；在未编控规地区，建议新编控规时落实生态修复的相关要求。

与村庄规划联动方面，根据生态修复的相关要求，在新一轮村庄规划修编中予以落实。

9.7.2 政策途径

1 创新土地整治相关政策

积极推动河流廊道地区土地整治复垦，出台城乡建设用地增减挂钩实施细则，优先保障土地复垦区域的农民安置、农村公共设施建设、农村集体经济发展的用地，充分发挥和调动村集体与村民对河流廊道地区土地整治复垦的积极性。

2 出台现状建设处理方案

为维持河流廊道地区的连续性，发挥河流廊道地区的生态功能，结合生态修复的相关要求，针对现状建设，提出清退、整治、保留等三大类分类处理的原则与措施。

清退的对象：侵占河道控制线、破坏河流廊道连续性、对水环境有重大风险的地区需要进行清退，恢复为耕地或生态用地，清退的手段实行生态补偿。

整治的对象：影响河流廊道连续性、对水环境有一定影响的地区需要进行重点整治，整治的手段分为功能置换与环境整治两种。

保留的对象：对河流生态与环境基本没影响的地区进行保留现状建设，实行生态化控制。

9.7.3　经济途径

1　鼓励发挥生态用地的经济功能

鼓励河流廊道地区农业产业化发展，对传统农业进行技术改造，推动农业科技进步。以市场为导向，以经济效益为中心，以主导产业、产品为重点，优化组合各种生产要素，实行河流廊道地区农产品专业化生产、规模化建设、系列化加工、社会化服务、企业化管理，形成种养加、产供销、贸工农、农工商、农科教一体化经营体系。

2　政府资金支持

由区人民政府设立河流廊道地区生态修复项目专项资金账户，专款专用，不得挪作他用，并将该资金的使用情况每年向社会公开，接受社会监督。资金来源主要有：各级政府的专项资金、生态公益林经济补偿资金、基本农田补贴资金、水源保护与建设资金、各类建设项目的拆迁安置补偿资金、生态资源占用补偿以及其他依法筹集的资金。

3　社会资金筹措

充分运用市场机制，进行体制创新、项目开发创新，利用多渠道多形式的投资方式，充分吸引社会资金参与河流廊道地区生态修复项目。以项目功能建设来引导资金投入，把资本投入获取利润和项目建设形成的生态功能紧密结合起来。

政府以土地入股，企业投入建设资金，双方按出资比例折股共同组建股份公司。政府以获得项目的生态效益为主要目标，公司从中获取经济效益。政府还可以划出一定地段供企业或个人营造各类纪念林，其林木所有权、使用权归营造的个人和企业，在遵守国家法律法规的前提下，造林者有使用权和管理权，并可转让相应的权益。同时，由各级政府绿化委员会统一接收和吸纳国内外非政府组织、社会团体、企业和个人对林业和园林建设的捐赠，积极开展社团林、公司林和亲子林等认种、认建、认养活动，提高市民生态意识，拓宽社会参与途径。

9.7.4　社会途径

河流廊道地区作为一种公共物品，其生态修复是一种政府主导的维护公众利益的行为。因此，除上述的规划途径、政策途径、经济途径外，还必须加强社会途径的使用，积极推动公众参与。

加大投入，大力宣传生态文化，进行居民生态教育，使得居民具有生态意识，了解保护河流廊道地区生态修复的重要性。

颁布相关法律，建立公众参与制度，建立和完善咨询论证制度。

对于河流廊道地区范围内进行的规划和建设活动，都要如实及时地为公众和民间团体提供充分的信息，确保居民、团体的知情权，并依程序组织咨询论证，如项目对环境的影响及其应采取的应对措施。对于有损河流廊道地区生态保护和相关主体利益的行为，都要依法、依程序举行听证。

10

生态管理对策与
政策建议

基于本书1-9章介绍的广州市增城区低碳生态城市规划建设研究，课题组对位于城镇群、都市圈内核心的特大及超大城市中心城区周边的县（市、区）域，提出以下低碳生态城市建设对策和建议。

10.1
加强组织领导，统一协调推进

县（市、区）可建立高规格的议事机构或协调机制，由党政主要领导牵头，负责低碳生态城市建设工作的全面展开。加强对生态城市建设的重大事项进行统一部署、综合决策，协调各部门、各乡镇、各单位之间的行动。落实严格的责任制和考核制度，实行党政一把手亲自抓、负总责，建立部门职责明确、分工协作的工作机制，把生态城市建设工作实绩作为干部综合考核的重要内容。建立生态城市建设决策咨询、听证制度，推进环境与发展综合决策，在做出发展和建设的重大决策时优先考虑生态环境的承载能力，切实开展政策环评、规划环评等战略性环评，对重大建设项目严把环评关，对可能产生破坏性环境影响的重大决策和重大建设项目实行环保一票否决。加强相关规划的协调、衔接，使生态文明建设的理念贯穿于增城区发展各项规划。

加强各领域发展战略与生态文明战略的衔接，完善各级政府部门之间协调联动监管机制，畅通沟通渠道，加强信息通报，实现定期会商，开展联合执法。

10.2
建立预防为主，治理为辅的生态城市管理理念

　　传统环境政策（修复补偿或末端治理）存在两个主要问题：其一，环境管理政策的出台往往滞后于环境污染的出现，容易造成生态系统的严重破坏，修复成本高、时间长，有些生态问题甚至不可逆；其二，传统的环境管理政策用割裂的视角看待问题，即空气保护政策只关注空气污染问题，水环境管理政策只负责水问题，而忽略了生态问题的系统性和内部相关性，环境政策制定的目标、措施和制度之间缺乏协调，往往导致解决问题的同时制造了新问题。

　　生态管理政策的制定应坚持"以预防为主，治理为辅"的先进理念，通过对生态系统的严格监督和管控，用较为低廉的成本第一时间预防生态问题的发生，力求未雨绸缪，避免生态系统的破坏。同时，预防措施应与事后治理相结合，对于历史遗留问题以及已经检测到的问题，要及时关注并形成应急预案，避免生态问题的持续恶化，造成更严重的损失。

10.3
生态资产与生态服务监管体系

10.3.1　生态资产的监管与审计

　　生态资产的监管和审计内容主要包括：自然资源管理政策的执行情况，在审计中要分析政府在制定国民经济和社会发展中长期规划时是否考虑了可持续发展原则和生态环

境因素，并评价包括经济政策、产业政策和国际合作政策等在内的自然资源资产政策体系的健全情况，以及政府环境政策对企业经济活动的引导作用；资金使用的合规与绩效性，自然资源资产离任审计，应该包括最基本的财务审计，所以有必要检查相关自然资源资产资金的筹集、管理和使用的情况；自然资源的管理情况，为保证地方政府恰当地使用、管理和监管自然资源资产，需要有外部力量对其进行监督，因而在离任审计时，有必要检查自然资源的管理情况；针对资产负债表审计，审计自然资源资产的存量及其变动情况，以全面记录当期自然和各经济主体对生态资产的占有、使用、消耗、恢复和增值活动。

对于生态资产监管和审计，首先应确认审计的瞄准重点，要瞄准问题最多、最重的方面，也要瞄准关注度最高、反映最强烈的方面。其次要确认资源环境审计的关键指标，一是土地类指标，包括耕地面积保有量及其增减率、基本农田保有量及其增减率、建设用地新增面积及征地拆迁补偿到位率，以及土地出让金收支情况。二是水资源类指标，包括自来水水质达标率、集中饮用水源地水质达标率、水体水质达标率等。三是能源类指标，包括单位GDP能耗、节能减排任务完成率等。四是空气质量类指标，包括PM_{10}浓度及其达标率、$PM_{2.5}$浓度及其达标率等。五是林草生态类指标，包括林草覆被率、森林防火、病虫害防治等。同时，要不断创新生态资产监管与审计的方式与方法，包括积极开展合作审计、积极开展跟踪审计、积极运用信息技术与方法等。另外，要建立和完善资源环境审计工作制度，包括建立和完善审计机关内部组织协调机制；建立和完善审计机关与主管部门协调配合机制；建立和完善生态资产监管与审计工作规范；建立和完善生态资产监管与审计工作报告制度；引入市场机制创建生态物业管理制度。

10.3.2 土地开发前后生态服务功能监管方法

应加强生态资产动态变化的监测研究，建立生态环境监测研究中心，应用GIS建立生态资源监测网络。评估土地开发前后自然资源及其生态服务价值的动态变化，从而实施相应的生态补偿机制、资源保护和环境治理政策。确定补偿主客体、补偿途径、补偿方式，并且完善相应的组织管理体系。

10.4
建立生态文明绩效考核机制

10.4.1 落实目标责任，认真考核评价

制定生态城市建设的年度计划，分解落实生态城市建设任务，由市政府与相关责任单位签订目标责任书，确保生态城市建设各项工程和任务的组织落实、任务落实、措施落实和管理落实。依据各委办局和乡镇生态文明建设的不同定位和有侧重的工作重点，设立科学的、差异化的生态城市建设考核体系，并将目标考核、领导干部考评及社会评价纳入综合考评体系。

运用生态科学研究成果，听取各方意见，适当借鉴国外生态环境保护体系的经验，设置科学合理的、操作性强的考核指标。同时需兼顾譬如生态绿色产业的产量增速、环境保护投入等生态城市建设中的绝对值与其他比如大气质量变化、水质量变化、森林覆盖率等具有动态变化特点的相对量。

10.4.2 完善考核评价指标，协调好GDP与生态文明指标两者关系，突出科学发展政绩

在充分调研的基础上，结合本地区的具体实际，科学地把握各考核指标的权重，扩大GDP中与生态文明不冲突或是对生态起促进作用的部分，减少和去除GDP中与生态文明相悖的成分，以进一步优化GDP的结构，构建全面合理的生态文明建设考核体系。实现"既看产出增加，又看消耗降低；既看产业效益，又看环境权益；既看经济数字，又看生态发展；既看发展速度，又看发展质量"的考核标准。在地方政府绩效考核制度中，除适当地降低GDP所占比重和提高生态环境所占比重这一机械的方式外，亦可采用诸如"绿色GDP"等融合了两个方面的综合指标，使两者成为一个同步的过程而不再相互抵制，把"绿色GDP"作为干部绩效考核的重要内容，从而让生态文明成为同GDP一样的硬指标。让考核指标能全面、充分反映经济、社会、生态等各方面的状况，给地方政府以科学的导向。

10.5
建立生态城市信息管理系统

10.5.1　打造数字城市，为数字化管理提供物质基础

充分利用现代信息技术的发展创新政府工作方式，通过网络提供在线信息与服务，政府机构各部门全部实现网络化和信息化运行，搭建政府与公民的生态信息交流平台，确保公众的环境参与权、监督权、知情权。要本着统一规划管理、统一网络平台、统一安全策略等原则。一要加强多源数据的统筹与治理建设，把城市的基本信息系统连接起来，达到资源充分共享；二要加强应用系统的开发，全面提升已有的信息系统功能等级，在系统的大量事务性信息中进行二次开发，使信息系统充分发挥管理、辅助决策、支持决策的功能；三要建设城市基础设施、交通、全部产业及城市管理系统各子系统的数字化管理数据库，并通过城域网将分散的、分布式的数据库连接起来，用智能化的监测和调控体系进行数字化管理，实现生态城市人流、物流、信息流、资金流、交通流高度通畅。

基于各地日益完善的智慧时空云平台和CIM系统，实现城市经济、社会、生态系统的各个子系统进行实时监测与动态控制，客观、及时地为管理者提供管理信息，帮助管理者进行科学管理。同时，建立决策支持系统，实现生态城市决策科学化信息基础设施建设是信息化管理基础层，信息技术的应用是信息化管理的技术层，建立管理信息系统是信息化管理应用层，三者是层级关系，都服务于最高的决策层——决策支持系统。相对于管理信息系统，生态城市决策支持系统是对生态城市进行宏观管理的辅助工具，它利用电子计算机对MIS产生的数据信息再次高度综合。决策支持系统能在决策过程的不同阶段给予决策者不同形式的支持，辅助生态城市可持续发展决策的制定。

10.5.2　发挥县域空间规划及其配套政策引领低碳生态城市建设的重要作用

总体规划层面应当基于现行规划内容，在发展定位、空间格局、综合交通、设施配建等方面凸显绿色生态、低冲击开发的理念，作为建设低碳生态城市的总体规划依据。同时考虑再在总规层次配套编制低碳生态相关的专项规划，进一步促进低碳生态理念的落实。在重要综合服务组团和产业组团的法定详细编制或修编中，引入绿色容积率、透水地表面积比例、绿色建筑星级标准等低碳生态控制性指标，从规划层面引导地区的低

冲击开发。创新控规图则，落实低碳生态控制性指标，并明确生态控制线以及下凹式绿地、雨水收集设施等生态基础设施的空间范围与控制要求，作为低碳生态规划管理及土地出让的重要依据。村庄规划是其实施农村地区管理的重要依据，也是其走向村庄绿色发展的关键突破口。为改善农村地区分散式生活污染、农业面源污染的现实情况，建议在村庄规划中明确提出农村生活污水处理设施、垃圾处理设施、生态沟渠等生态基础设施的位置、规模、运作模式以及控制要求，对点源污染进行集中治理，对面源污染进行截留处理。此外，随着乡村振兴过程中近年来农家乐、休闲旅游项目的兴起，会对农村环境造成一定影响，应在村庄规划中高度重视这一问题给出解决方案。

当前推进低碳生态建造技术的市场和社会力量还比较薄弱，需要政府进行示范引导并出台相应激励政策，调动生产企业、开发建设单位的积极性。以绿色建筑为例，由于需要使用一些先进的技术和材料来达到绿色建筑的标准，绿色建筑的建设成本也会相应地增加，可探索根据实际产生的增量经济成本，给予不同程度的补偿及奖励措施，如有条件豁免计入容积率出让指标等方式。

10.6
完善生态城市产业发展对策

10.6.1　建立绿色产品的公共采购制度

绿色产品是清洁化生产的必然产物，其生命周期全过程中符合特定的环境保护要求，对生态环境无害或危害极小、资源利用率高、能源消耗率低。加大有效投入，推动技术进步，建立和完善绿色产品的公共采购制度是增城区绿色产业发展的当务之急，也是加强廉政建设、消除"暗箱操作"的有效途径。

建立健全政府公共采购体制，合理设置政府公共采购机构，优化政府采购资源配置，注重发挥政府采购的政策导向功能，努力营造平等、竞争、有序的政府公共采购市场环境。

建立专业的政府公共采购队伍与人才，健全相关法律法规和制定相应的技术标准来完善招标体制。

提升政府公共采购所需的软硬件水平，加强政府采购的信息化电子化网络平台建设，以实现政府预算、采购、支付和统计的有机统一。

10.6.2　建立严格的产业准入机制

严格的产业环境准入制度是优化经济发展结构和方式，推进经济与环境协调发展的必要保障。增城区应该立足其优越的资源环境优势和区位优势，大力发展资源消耗低、污染压力小的产业，建立健全严格的产业准入机制，把能耗及污染物排放评估审查作为固定资产投资项目的强制性准入门槛。

建立严格的项目环评、环境准入和有效的奖惩机制。对所有新、改、扩建项目进行评估和审查，未进行节能减排评估或评估达不到合理标准的项目一律不予审批、核准或备案，倒逼和引导企业不断加快科技创新与升级，推动园区产业升级改造和生态化改造，鼓励和加快发展节能环保低碳产业，积极发展生态旅游和生态健康产业。

严格依法监管，建立节能监察制度。对重点耗能企业开展节能监察工作，对违法用能加大惩治力度。制定重点耗能企业年度监测计划，并依照计划开展节能监测工作。

不定期举行"节能减排宣传周"活动。组织技术人员深入乡镇、企业进行节能减排技术的推广及宣传教育工作；加强新闻媒体的宣传与监督工作，对节能减排成效明显的单位进行宣传鼓励，对成效不明显的进行通报批评；开展节能全民行动，动员全社会力量做好节能工作，使之贯穿于生产、流通、消费等各个领域、各个环节。

10.6.3　完善绿色产业扶持政策体系

坚持以计划和市场相结合的手段，建立多元化的投融资机制，完善绿色产业扶持政策体系，鼓励社会资金转向绿色产业建设领域。积极申请国家专项基金，建设符合国家产业政策和发展规划的生态环境保护、经济结构调整和转型升级、废弃资源再生利用和静脉产业等项目。积极申请各类银行贷款、通过证券、风投融资等方式进行融资，吸引和鼓励社会资本及外资参与绿色产业扶持等重大工程项目的建设。

10.6.4　孵化低碳生态产业

低碳生态科技产业通过两个或两个以上的生产体系或生产工艺环节之间的系统耦合，使物质、能量能多级利用、高效产出，资源、环境能系统开发、持续利用，企业发展的多样性与优势度、开放度与自主度、力度与柔度、速度与稳度达到有机的结合，污染负效益变为经济正效益和生态正效益。生态产业的产出包括产品（物质产品、信息产品、人才产品）、服务（售前服务、售后服务和生态还原回收服务）和文化（企业文化、消费文化和认知文化）。增城区应该结合本地资源及区位优势，积极孵化并扶持低碳生态产业：

（1）先进制造业：加快培育发展汽车及新能源汽车整车制造、汽车核心零部件研发制造、电动汽车应用、高端装备、工程机械、电力设备等重点建设项目；

（2）战略性新兴产业：半导体照明、软件业、IT信息服务、节能环保、电子商务、物联网、太阳能光伏电池、光伏发电系统研发和生产等项目；

（3）现代服务业：总部经济、会展贸易、金融服务、文化创意、教育培训、设计研发、数据服务、检验检测、服务外包；

（4）旅游及现代都市农业：培育星级酒店、健康休闲、会议经济、基地农业、观光农业、农副产品深加工、高端农家乐等项目；加快发展第三产业，构建生态观光、文化体验和都市科技型主题农业区，加快发展现代农业。

10.7
完善生态系统补偿机制

10.7.1　加大政府的支持力度

我国的生态资产所有权一般属于国家和集体所有，而且生态系统服务功能是多方面的，其受益对象也是全方位的，因而，政府手段应是生态效益补偿的主要措施。但仅依靠财政补偿机制不能解决森林生态效益补偿长期性问题，政府应当积极挖掘社会资本的资金，不仅为森林生态效益补偿提供资金来源，而且有助于引导主体改变其行为。

10.7.2　发展补偿多元化融资渠道

生态补偿市场化是市场经济体制的必然要求，应当考虑建立生态效益补偿交易市场，拓宽生态效益补偿的资金渠道，在财政补偿机制的基础上，逐步建立生态效益的市场补偿机制。市场应以利益方的积极性为基础，如何调动利益方的积极性是建立生态补偿市场的重要条件。生态补偿的市场化就是生态资源公共物品的外部性能通过私人部门自主协议等市场途径内化，其补偿过程就是生态产品市场供需均衡的结果。建立生态服务市场，就能将较大份额的生态服务供给成本转移给非政府部门，减缓政府财政压力。生态效益市场化补偿主要包括几个方面：生态景观交易、多样性保护、流域水文服务交易和碳汇贸易。

10.7.3　规范补偿制度体系

建立生态补偿制度的体系化，将生态补偿的理论基础，补偿的范围，补偿的主体、对象，补偿的方法、机制、政策、法律都贯彻在生态补偿的实施过程中，完善补偿活动的政策体系，营造良好的政策环境，加紧建立配套机制，提供配套服务，营造良好的补偿运行机制和运行环境。生态补偿制度化是补偿规范化和市场化的制度基础。针对管理机制中存在的问题，应建立监督机制，有关生态补偿的财政转移、项目建设与管理政策的稳定实施，必须以健全的生态补偿制度为基础，并逐步法制化。因此，生态补偿的制度化是生态补偿得以顺利实施的保障；建立生态补偿制度程序化，保证生态补偿按照一定的规范程序进行。

10.8
高度重视人文精神对生态城市建设的作用

10.8.1　充分发挥城市历史文化的作用

城市人文生态系统内在包含了城市在其历史演变过程中所积累的独特的文化因素，如生活方式、历史传统、风俗习惯等。而这些历史文化又通过各种外在形式表现出来，如以物质形态表现的名胜古迹、民族建筑、带有民族特色的文化活动等。因此，重视历史文化的积淀，一方面要使城市的历史风貌得到良好的保护和继承，加强对名胜古迹的保护；另一方面，保护城市的民族文化特色不能仅靠保留传统街区以及民族建筑，要宣传特色的历史文化，举办充实的文化活动，将民族传统文化和美德以形象生动的方式展示。发掘地域特色文化，展现生态城市的人文魅力。引导城市历史文化的有效保护和继承，从而充实现代城市文化发展的内涵。

10.8.2　加快城市人文精神的凝练

城市是人文精神的载体，人文精神是城市最基本的品格，是城市创业发展的精神支柱。在当前的生态城市建设中，凝练城市人文精神即是倡导以人为本的理念、和谐发展的思想价值观念，大力发展和繁荣社会主义和谐文化，丰富市民文化生活，提高城市整体的文化品位，使文明的社会风尚成为主流，时代精神、创新精神进一步弘扬，人文素质进一步提高，思想境界得到进一步升华，使城市发展具有雍容大度的气质，这是城市人文生态的发展所必不可少的重要方面。

10.8.3　增强非物质文化遗产的保护和利用

非物质文化遗产与传统的历史文化的内涵有很大不同，它是以非物质形态来体现人文生态的个性。对非物质文化遗产的保护是城市人文生态建设中必不可少的一环。对其保护和利用要坚持追求其存在的客观和可持续性，要摒弃只从追求经济利益的方面对其保护利用，在掌握适度开发和合理利用的基础上制定符合非物质文化遗产存在和发展的法律、法规，从制度上给予保护，减少少数地方利益集团为一己私利盲目开发，还原其多样性及生命力。对非物质文化遗产的保护不能仅仅依靠政府，要鼓励群众与民间公益性投入，提高人们对非物质文化遗产重要性的意识，做到保护与开发相协调。

10.8.4　强化公众生态意识

在城市人文生态构建的过程中，公众生态意识的培养是非常重要的方面。强化公众生态意识，增强生态保护观念，是城市人文生态长久发展的题中之意，也是社会主义生态文明发展的要求。城市人文生态建设要求指导人们，正确认识自己在生态系统中的地位和作用、责任和义务，引导人们合理改造自身及自然界，树立全新的人与人、人与社会、人与自然和谐的价值观，要积极创造条件，鼓励公众参与生态环境的保护与建设，树立和谐的生态文明观，倡导生态伦理观，提倡文明健康的生活方式，提高公众自觉参与生态环境保护的意识。

10.9
提倡绿色低碳的生产生活消费模式

10.9.1　大力发展生态农业与生态工业

对于生态农业，应当改变农民传统的思维方式，强化农民的环保意识，积极引导农民与政府一道参与农业资源的可持续利用。利用政府的政策调动农户参与的积极性，避免耕地抛荒、乱占、乱垦、滥植等现象。

调整农业产业结构，实现农、林、牧、渔的协调发展，调整与恢复生态结构，以达到农业资源可持续利用的目标。

将资源与环境成本资本化，并纳入国民经济核算体系中，改变经济增长以过度利用资源和环境污染为代价，让农业自然资源的利用更加合理。尽量向低投入、低污染、低消耗、高产出的资源节约型经营方式靠拢。

加强监督与执法职能。通过宏观财政手段鼓励有利于环境保护和资源合理利用的政策与活动。保护我国农业用地数量不再损失，防止土地受到不良侵占，有益于我国农业的可持续发展。

大力发展新科技，依靠新科技促进可持续发展的实现。开发节地、节水、节能、节材的新技术，提高水的利用率，改变农作物的种植方式，以达到节水的目的。加强环境保护技术的开发与利用，加速科技成果转化率，以保证农业生态化与可持续发展。

发展农村产业，防治污染，减少浪费，综合管理。当前我国正在大力提倡的农产品深加工业，但有些只有包装上的过度矫饰，只是纯商业目的的驱使，在某种程度上造成了资源的浪费。

对于生态工业，要通过环境中资源的清洁开发与加工利用，实现生产和土地复垦与生态修复，发展农林业的有机组合，促进资源及土地资源的合理开发与利用，提高资源利用率，保护环境。在我国主要表现在减少"白色污染"，从生产"龙头"上予以断绝。对于矿业资源做好复合型开发，贫矿、富矿同时兼顾。

通过合适的运行机制发展大批小型卫星企业，实现资源开发秩序全面好转，同时提高整个生态效率。这在当前许多发达国家十分盛行，并取得了一定的成果。

在各地区现有的全部资源中，对资源、生态环境的价值进行评价，改变长期以来资源不计价或最低价、初级产品低价，导致自然资源粗放型经营，资源浪费、污染转嫁，使环境成本外部化。

健全管理机制，避免企业间缺乏协调，造成资源和资金的浪费，导致发展滞后。加强生态意识，减少可持续发展意识淡薄而导致的产业生态系统建设基础条件和能力不能充分发挥，危及生态环境。

10.9.2　强化和完善可持续性的生产生活消费模式

首先制定可持续性的生产、消费的国家政策、法律及税收、价格体系，加强对自然资源特别是不可再生资源的管理治理，明确规定各地区应尽的责任和义务。加强从法制、经济的角度完善可持续性的生产、消费模式，违者必须受到惩罚。强化人们尤其是从操作层面上严格遵守可持续性的发展模式，从意识领域强化这一发展模式。

其次要充分利用新技术、新工艺、新方法，提高经济增长的质量，彻底改变高投入、高消耗的粗放型生产模式，提高资源利用率，减少消耗及污染物质排放量，减少消费过程中有害物质的产生，实现工业"三废"资源化及资源有效利用。坚持不懈地植树造林，发展林业资源，切实加强生物多样性的保护，更进一步地推广生态农业。

除此之外，还需要引导公众树立全球意识，在全社会范围内倡导适度消费、"绿色消费"。实现可持续发展和可持续性消费，是人类价值观、认识观、行为方式的变革，摆脱由于受传统心理及价值观影响的盲目攀比，引导公众合理消费。

10.10
完善公众参与生态城市管理的制度

10.10.1　培养公众参与生态城市管理的意识

鼓励、吸引和保障社会公众参与生态城市建设是社会监督的应有之义。增城区相关政府部门在治理城市的过程中应通过广泛的宣传和教育，让公众逐步摆脱传统思想观念的束缚，明确城市的主体是市民，充分意识到公众参与既是市民的权利又是市民的义务，积极参与城市管理是维护自身利益的一种方式。因此，相关职能部门首先应从政府主导的观念转变为还政于民的观念，从全面控制的无限政府的观念转变为对社会实行公共管理的有限责任的政府的观念，从政府是单一的城市管理主体转变对多元主体合作管理的观念，给公众提供适当的公共领域，以便使公众积极参与公共事务；其次，建立一种"选择性激励"来驱使城市公众参与城市管理，参加集体行动。

10.10.2　畅通公众参与生态城市管理的渠道

加大宣传力度，推动公众参与，充分利用互联网、报纸、电视、公告、宣传牌、宣传资料、标语等各种形式，畅通公众意见反馈渠道，形成全社会共同参与生态城市建设的良好氛围。采取各种有效传播形式，依托科普基地，开展丰富多彩的科普活动。积极发动各种社会力量，培养壮大科普创作队伍和志愿者队伍，形成生态城市建设科普工作新局面。

10.10.3　完善公众参与生态城市管理的制度

公众参与实际上是一种合作式的管理，公众参与城市生态管理与建设的成功与否，关键在于参与权的规范与约束，在生态城市管理建设中，既要赋予公众参与权，又要对权利进行合理恰当的限制。尤其在城市治理中，涉及地方发展全局性的规划、与公众切身利益相关密切的决策都应该向公众公开，通过各种方式让公众在相应的行政程序中表达意见，通过"公众表决"让公众作出决定等。在具体的城市治理中，还应重视就公众参与的过程制定相应的公众参与决策制度和公众参与监督制度。

10.11
综合：构建技术革新、体制创新、行为引导的复合生态管理模式

10.11.1　社会—经济—自然复合生态系统生态管理理论

20世纪80年代初，我国著名生态学家马世骏、王如松认为：社会、经济、自然是三个不同性质的系统，但其各自的生存和发展都受其他系统结构、功能的制约，必须当

成一个复合生态系统来考虑，故称其为社会—经济—自然复合生态系统。王如松认为：人类社会是一类以自然生态系统为基础，人类行为为主导，物质、能量、信息、资金等经济流为命脉的社会—经济—自然复合生态系统。生态管理科学就是要运用系统工程的手段和生态学原理去探讨这类复合生态系统的动力学机制和控制论方法，协调人与自然、经济与环境、局部与整体间在时间、空间、数量、结构、序理上复杂的系统耦合关系，促进物质、能量、信息的高效利用，技术和自然的充分融合，人的创造力和生产力得到最大限度的发挥，生态系统功能和居民身心健康得到最大限度的保护，经济、自然和社会得以持续、健康的发展。复合生态管理旨在倡导一种将决策方式从线性思维转向系统思维，生产方式从链式产业转向生态产业，生活方式从物质文明转向生态文明，思维方式从个体人转向生态人的方法论转型。通过复合生态管理将单一的生物环节、物理环节、经济环节和社会环节组装成一个有强生命力的生态系统，从技术革新、体制创新和行为诱导入手，调节系统的主导性与多样性、开放性与自主性、灵活性与稳定性，使生态学的竞争、共生、再生和自生原理得到充分的体现，资源得以高效利用，人与自然高度和谐。

马世骏、王如松从我国几千年人类生态哲学中总结出8条生态控制论原理：开拓适应原理、竞争共生原理、连锁反馈原理、乘补协同原理、循环再生原理、多样性主导性原理、生态发育原理、最小风险原理。这些原理可以归结为3类：对有效资源及可利用的生态位的竞争或效率原则；人与自然之间、不同人类活动间以及个体与整体间的共生或公平性原则；通过循环再生与自组织行为维持系统结构、功能和过程稳定性的自生或生命力原则。竞争是促进生态系统演化的一种正反馈机制，在社会发展中就是市场经济机制。它强调发展的效率、力度和速度，强调资源的合理利用、潜力的充分发挥，倡导优胜劣汰，鼓励开拓进取。竞争是社会进化过程中的一种生命力和催化剂。共生是维持生态系统稳定的一种负反馈机制。它强调发展的整体性、平稳性与和谐性，注意协调局部利益和整体利益、眼前利益和长远利益、经济建设与环境保护、物质文明和精神文明间的相互关系，强调体制、法规和规划的权威性，倡导合作共生，鼓励协同进化。共生是社会冲突的一种缓冲力和磨合剂。自生是生物的生存本能，是生态系统应付环境变化的一种自我调节能力。

10.11.2 复合生态系统的技术革新、体制创新、行为诱导的综合管理

生态文明是人类文明的一种形态，它以尊重和维护自然为前提，以人与人、人与自然、人与社会和谐共生为宗旨，以建立可持续的生产方式和消费方式为内涵，以引导人们走上持续、和谐的发展道路为着眼点。增城区应该以生态教育和技术研发为生态文明建设的竞争力保障，以生态文化为生态文明建设的思想保障，以经济发展为生态文明建设的经济保障，三方面循序渐进演替发展，积极响应"一带一路"倡议，贯彻"丝绸之

路"经济带和"21世纪海上丝绸之路",引导企业参加"海上丝绸之路"展览会,提升本土品牌影响力。加强自贸区政策研究,整合增城国家级开发区、新塘港和保税仓的优势资源,完善升级保税两仓功能,增强新塘口岸码头服务功能和综合竞争力。借力广东自贸区获批契机,主动对接南沙自贸区,积极发展外贸新业态。积极利用我国"新常态"时期的生态文明建设,并构建系统化、可操作的绿色发展制度,加快扩容提质建设广州市城市副中心,全力建设全国市县城乡统筹发展示范区、珠江三角洲现代产业新区、广州市东部生态宜居宜业新城,创造增城区的美好未来。

参考文献

[1] Ahern J. Greenways as ecological networks in rural areas [J]. Landscape Planning & Ecological Networksf E, 1994.

[2] Albert C. Galler C. Hermes J. Neuendorf F. Haaren C.V. Lovett A. Applying ecosystem services indicators in landscape planning and management: the ES-in-Planning framework [J]. Ecological Indicators, 2015.

[3] Amy V.R. Carolyn C.V. Kathleen M.R. Joel G. Alice F.Y. Nan M.A.

[4] Andersson E. Barthel S. Borgström S. Colding J. Elmqvist T. Folke C. Gren. Å. Reconnecting Cities to the Biosphere: Stewardship of Green Infrastructure and Urban Ecosystem Services [J]. Ambio, 2014, 43(4): 445-453.

[5] Andersson E. Tengö M. Mcphearson T. Kremer P. Cultural ecosystem services as a gateway for improving urban sustainability [J]. Ecosystem Services, 2015, 12: 165-168.

[6] Andrew J.M. Payne L.L. Scott D. Change and Stability in Park Visitation Constraints Revisited [J]. Leisure Sciences, 2005, 27(2): 191-204.

[7] Andrew T.K. Mohammad J.K. Sonja A.W.S. Ryan B. Takemi S. Association of street connectivity and road traffic speed with park usage and park-based physical activity [J]. Am J Health Promot, 2014, 28: 197-203.

[8] Aydin M. B. S. Cukur D. Maintaining the carbon-oxygen balance in residential areas: A method proposal for land use planning [J]. Urban Forestry & Urban Greening, 2012, 11 (1) : 87-94.

[9] Bagliani M. Galli A. Niccolucci V. etc. Ecological footprint analysis applied to a sub-national area: The case of the Province of Siena (Italy) [J]. Journal of environmental management, 2008, 86 (2): 354-364.

[10] Ballo S. Liu M. Hou L. et al. Pollutants in stormwater runoff in Shanghai (China): Implications for management of urban runoff pollution [J]. Progress in Natural Science, 2009, 19(7) : 873-880.

[11] Bekele E.G. Nicklow J.W. Multi-objective automatic calibration of SWAT using NSGA-II [J]. Journal of Hydrology, 2007, 341(3-4) : 165-176.

[12] Bolund P. Hunhammar S. Ecosystem services in urban areas [J]. Ecological Economics, May, 1999, 29 (2): 293-301.

[13] Briber B.M. Hutyra L.R. Reinmann A.B. Raciti S.M. Dearborn V.K. Holden C.E. Dunn A.L. Tree Productivity Enhanced with Conversion from Forest to Urban Land Covers [J]. Plos One, 2015, 10(8) : 26-32.

[14] Briner S. Elkin C. Huber R. Grêt-Regamey A. Assessing the impacts of economic and climate changes on land-use in mountain regions: A spatial dynamic modeling approach [J]. Agriculture Ecosystems & Environment, 2012, 149: 50-63.

[15] Burkhard B. Kroll F. Nedkov S. Müller F. Mapping ecosystem service supply demand and budgets [J]. Ecological Indicators, 2012, 21(3) : 17-29.

[16] Carpenter S.R. Mooney H.A. Agard J. Capistrano D. DeFries R.S. Diaz S. Dietz T. Duraiappah A.K. Oteng-Yeboah A. Pereira H.M. Perrings C. Reid W.V. Sarukhan J. Scholes R.J. Whyte A. Science for managing ecosystem services: Beyond the Millennium Ecosystem Assessment [J]. Proceedings of the National Academy of Sciences of the United States of America, 2009, 106: 1305-1312.

[17] Carrie D.P. Leslie A.L. Darin J.E. John R.S. Daheia B. Mary S. The relative influence of demographic individual social and environmental factors on physical activity among boys and girls [J]. International Journal of Behavioral Nutrition and Physical Activity, 2010, 7: 79-80.

[18] Che W. Liu Y. Li J.Q. Quality of urban rainwater and pollution control home and broad [J]. Water & Wastewater Engineering, 2003, 29: 38-42.

[19] Cheng J. Zhao D. Zeng Z. Sun J. Wang M. Li Y. Analysis on current status of physical activity among residents in Beijing [J]. Chin J Public Health, 2007, 5.

[20] Cheng M.S. Zhen J.X. Shoemaker L. BMP decision support system for evaluating stormwater management alternatives [J]. Frontiers of Environmental Science & Engineering in China, 2009, 3(4) : 453-463.

[21] Christie M. Fazey I. Cooper R. et al. An evaluation of monetary and non-monetary techniques for assessing the importance of biodiversity and ecosystem services to people in countries with developing economies [J]. Ecological Economics, 2012, 3: 67-78.

[22] Church A. Fish R. Haines-Young R. Mourato S. Tratalos J. Stapleton L. Willis C. Coates P. Gibbons S. Leyshon C. Potschin M. Ravenscroft N. Sanchis-Guarner R. Winter M. Kenter J. UK National Ecosystem Assessment Follow-on Work Package Report 5: Cultural Ecosystem Services and Indicators [J]. UNEP-WCMC LWEC UK, 2014.

[23] Clark S.E. RE P.E.D. teele K.A. et al. Roofing Materials' Contributions to Storm-Water Runoff Pollution [J]. Journal of Irrigation and Drainage Engineering, 2008,

134: 638-644.

[24] Constanza R. d'Arge R. Groot R.d. The value of theworld's ecosystem services and natural capital [J]. Nature, 1997, 387(6630) : 253-260.

[25] Cook E.A. Landscape structure indices for assessing urban ecological networks [J]. Landscape Urban Plan, 2002, 58 (2-4) : 269-280.

[26] Coombes P.J. Argue J.R. Kuczera G. Figtree Place a case study in water sensitive urban development [J]. Urban Water, 1999, 1: 335-343.

[27] Costanza R. dArge R. deGroot R. etc. The value of the world's ecosystem services and natural capital [J]. Nature, May 1997, 387 (6630) : 253-260.

[28] Craig C.L. Marshall A.L. Sjostrom M. Bauman A.E. Booth M.L. Ainsworth B.E. Pratt M. Ekelund U. Yngve A. Sallis J.F. Oja P. International physical activity questionnaire: 12-country reliability and validity [J]. Med Sci Sports Exerc, 2003, 35: 1381-1395.

[29] Czemiel Berndtsson J. Green roof performance towards management of runoff water quantity and quality: A review [J]. Ecological Engineering, 2010, 36(4) : 351-360.

[30] Dai D. Racial/ethnic and socioeconomic disparities in urban green space accessibility: Where to intervene? [J]. Landscape Urban Plan Sep, 2011, 102 (4) : 234-244.

[31] Daily G. Nature's services societal dependence on natural ecosystems [M]. Washington D C: Island Press, 1997.

[32] de Athayde Costa e Silva M. Klein C.E. Mariani V.C. et al. Multiobjective scatter search approach with new combination scheme applied to solve environmental/ economic dispatch problem [J]. Energy, 2013, 53, 14-21.

[33] Delfien V.D. James F.S. Greet C. Benedicte D. Marc A.A. Carrie G. Ilse D.B. Associations of neighborhood characteristics with active park use: an observational study in two cities in the USA and Belgium [J]. Int J Health Geogr, 2013, 12: 26-35.

[34] Dobbs C. Escobedo F. Analyzing the ecosystem services, disservices, and tradeoffs in an urban forest. ESA Convention, 2011.

[35] Dobbs C. Kendal D. Nitschke C.R. Multiple ecosystem services and disservices of the urban forest establishing their connections with landscape structure and socio-demographics [J]. Ecological Indicators, 2014, 43: 44-55.

[36] Dwyer J. F. Mcpherson E.G. Schroeder H. W. Rowntree R.A. Assessing the benefits and costs of the urban forest [J]. Journal of Arboriculture, 1992, 18: 227-236.

[37] Elizabeth F. Stormwater BMP treatment performance variability for sediment and heavy metals [J]. Separation and Purification Technology, 2012, 84: 95-103.

[38] EPA, SUSTAIN-A Framework for Placement of Best Management Practices in UrbanWatersheds to ProtectWater Quality EPA/600/R-09/095. Office of Research and Development, Cincinnati, OH. [J]. http:// wwwepagov/nrmrl/pubs/600r05040/600r05040pdf, 2009.

[39] EPA, Preliminary Data Summary of Urban Stormwater Best Management Practices [J]. Office of Water, Washington, DC, 1999.

[40] Goonetilleke A. Egodawatta P. Kitchen B. Evaluation of pollutant build-up and wash-off from selected land uses at the Port of Brisbane, Australia [J]. Marine Pollution Bulletin, 2009, 58: 213-221.

[41] Grimm N.B. Faeth S.H. Golubiewski N.E. Global change and the ecology of cities [J]. Science, 2008, 319: 756-760.

[42] Gromaire-Mertz M.C. Garnaud S. Gonzalez A. et al. Characterisation of urban runoff pollution in Paris [J]. Water Science and Technology 1999 , 39: 1-8.

[43] Groot R.S.d. Wilson M.A. Boumans R.M.J. A typology for the classification, description and valuation of ecosystem functions, good and services [J]. Ecological Economics, 2002, 41: 393-408.

[44] Group (FISRW)T.F.I.S.R.W. Stream corridor restoration: principles, processes, and practices [Z]. GPO, 2001.

[45] Haines-Young R. Potschin, M. Kienast F. Indicators of ecosystem service potential at European scales: Mapping marginal changes and trade-offs [J]. Ecological Indicators, 2012, 21: 39-53.

[46] Hamann M. Biggs R. Reyers B. Mapping social-ecological systems: Identifying 'green-loop' and 'red-loop' dynamics based on characteristic bundles of ecosystem service use [J]. Global Environmental Change, 2015, 34: 218-226.

[47] Helliwell D.R. Valuation of wildlife resources [J]. Regional Studies, 1969, 3: 41-49.

[48] Hossain I. Imteaz M.A. Hossain M.I. Application of Build-up and Wash-off Models for an East-Australian Catchment [J]. International Journal of Environmental Science, Technology and Engineering Research, 2011, 5.

[49] Howe C. Suich H. Vira B. Mace G.M. Creating win-wins from trade-offs? Ecosystem services for human well-being: A meta-analysis of ecosystem service trade-offs and synergies in the real world [J]. Global Environmental Change-Human and Policy Dimensions, 2014, 28: 263-275.

[50] Hu X. Weng Q. Estimating impervious surfaces from medium spatial resolution imagery: a comparison between fuzzy classification and LSMA [J]. International Journal of Remote Sensing, 2011, 32(20): 5645-5663.

[51] Hutto C. J. Shelburne V. B. Jones S. M. Preliminary ecological land classification of the Chauga Ridges Region of South Carolina [J]. Forest Ecology and Management, Feb 22, 1999, 114 (2-3): 385-393.

[52] Ibarra A.A. Zambrano L.Valiente E.L. et al. Enhancing the potential value of environmental services in urban wetlands: An agro-ecosystem approach [J]. Cities, 2013, 31: 438-443.

[53] Ileva N.Y. Shibata H. Satoh F. Sasa K. Ueda H. Relationship between the riverine nitrate-nitrogen concentration and the land use in the Teshio River watershed North Japan [J]. Sustainability Science,

2009, 4(2): 189-198.

[54] Jäppinen J.P. Heliölä J. Towards A Sustainable and Genuinely Green Economy The value and social significance of ecosystem services in Finland (TEEB for Finland) [J]. 2015.

[55] Jia H. Lu Y. Yu S.L. et al. Planning of LID-BMPs for urban runoff control: The case of Beijing Olympic Village [J]. Separation and Purification Technology, 2012, 84: 112-119.

[56] Joshua W.R.B. Joanne F.T. Edwin G. Attitudes about urban nature parks: a case study of users and nonusers in Portland, Oregon [J]. Landscape. Urban Plan. , 2013, 117: 100-111.

[57] Kim L.H. Zoh K.D. Jeong S. et al. Estimating Pollutant Mass Accumulation on Highways during Dry Periods [J]. Journal of Environmental Engineering, 2006, 132: 985-993.

[58] Kim M.H. Sung C.Y. Li M.-H. et al. Bioretention for stormwater quality improvement in Texas: Removal effectiveness of Escherichia coli [J]. Separation and Purification Technology, 2012, 84: 120-124.

[59] Kindal A.S. Stephanie T. Rural and urban park visits and park-based physical Activity [J]. Prev. Med., 2010, 50: 13-17.

[60] Kong F. Yin H. Nakagoshi N. etc. Urban green space network development for biodiversity conservation: Identification based on graph theory and gravity modeling [J]. Landscape Urban Plan, 2010, 95 (1-2) : 16-27.

[61] Kosz M. Valuing riverside wetlands the case of the "Donau-Auen"national park [J]. Ecological Economics, 1996, 16: 109-127.

[62] Kremen C. Managing ecosystem services: what do we need to know about their ecology? [J]. Ecology letters, 2005, 8(5) : 468-479.

[63] Kumar M. Pushpam K. Valuation of the Ecosystem Services: A Psycho-Cultural Perspective [J]. Ecological Economics, 2008, 64(4) : 808-819.

[64] Kupfer J. A. Franklin S. B. Evaluation of an ecological land type classification system, Natchez Trace State Forest, western Tennessee, USA [J]. Landscape Urban Plan, Jul 20, 2000, 49 (3-4) : 179-190.

[65] Langemeyer J. Gómez-Baggethun E. Haase D. Scheuer S. Elmqvist T. Bridging the gap between ecosystem service assessments and land-use planning through Multi-Criteria Decision Analysis (MCDA) [J]. Environmental Science & Policy, 62: 45-56.

[66] Lee J.G. Selvakumar A. Alvi K. et al. A watershed-scale design optimization model for stormwater best management practices [J]. Environmental Modelling & Software, 2012, 37: 6-18.

[67] Lee J.H. Bang K.W. CHARACTERIZATION OF URBAN STORMWATER [J]. WatRes, 2000, 34: 1773-1780.

[68] Lee J.H. BANG K.W. Ketchum L.H. et al. First flush analysis of urban storm runoff [J]. The Science of the Total Environment, 2002, 293: 163-175.

[69] Li F. Liu X. Zhang X. Zhao D. Liu H. Zhou C. Wang R. Urban ecological infrastructure: an integrated network for ecosystem services and sustainable urban systems [J]. Journal of Cleaner Production, 2016, in press.

[70] Li L.Q. Yin C.Q. He Q.C. et al. First flush of storm runoff pollution from an urban catchment in China [J]. Journal of Environmental Sciences, 2007, 19(3): 295-299.

[71] Lin B.B. Fuller R.A. Bush R. Gaston K.J. Shanahan D.F. Opportunity or orientation? Who uses urban parks and why [J]. PLOS One, 2014, 9: 87422-87429.

[72] Linehan J. Gross M. Finn J. Greenway planning: developing a landscape ecological network approach [J]. Landscape Urban Plan, 1995, 33 (1-3) : 179-193.

[73] Liu H. Li F. Xu L. Han. B. The impact of socio-demographic, environmental, and individual factors on urban park visitation in Beijing, China [J]. Journal of Cleaner Production, 2015, in press.

[74] Liu J. Wang H. Gao X. et al. Review on Urban Hydrology [J]. Chinese Science Bulletin (Chinese Version), 2014, 59(36) : 3581-3590.

[75] Liu W. Chen W. Peng C. Influences of setting sizes and combination of green infrastructures on community's stormwater runoff reduction [J]. Ecological Modelling, 2014, 11: 007.

[76] Luo H.B. Li M. Xu R. et al. Pollution characteristics of urban surface runoff in a street community [J]. Sustain Environ Res, 2012, 22: 61-68.

[77] MA Ecosystems and Human Well-being: Synthesis [M]. Washington DC: Island Press, 2005.

[78] MA Ecosystems and human well-being: wetland and water [M]. Washington DC: Island Press, 2005.

[79] Marland G. Pielke Sr R. A. Apps M. etc. The climatic impacts of land surface change and carbon management, and the implications for climate-change mitigation policy [J]. Climate Policy, 2003, 3 (2): 149-157.

[80] Maruani T. Amit-Cohen I. Open space planning models: A review of approaches and methods[J]. Landscape & Urban Planning, 2007, 81(1-2): 1-13.

[81] McCuen R.H. Moglen G.E. Economic framework for flood and sediment control with detention Basin [J]. Journal of The American Water Resources Association, 1990.

[82] McHarg I.L. HUMAN ECOLOGICAL PLANNING AT PENNSYLVANIA [J]. Landscape Planning, 1981, 8 (2): 109-120.

[83] Merriam G. Connectivity: a Fundamental Ecological Characteristic of Landscape Pattern Methodology in landscape ecological research and planning: proceedings, 1st seminar, International Association of Landscape Ecology, Roskilde, Denmark, 1984, Oct 15-19.

[84] Montgomery M.R. The Urban Transformation of the developing world [J]. Science, 2008, 319: 761-764.

[85] Morse C. Huryn A.D. Cronan C. Impervious surface area as a predictor of the effects of urbanization on stream insect communities in Maine, USA [J]. Environmental Monitoring & Assessment, 2003, 89(1): 95-127.

[86] Mouchet M.A. Lamarque P. Martin-Lopez B. Crouzat E. Gos P. Byczek C. Lavorel S. An interdisciplinary methodological guide for quantifying associations

between ecosystem services [J]. Global Environmental Change-Human and Policy Dimensions, 2014, 28: 298-308.

[87]   Mowen A. Orsega-Smith E. Payne L. Ainsworth B. Godbey G. The role of park proximity and social support in shaping park visitation, physical activity, and perceived health among older adults [J]. Journal of Physical Activity & Health, 2007, 4(2): 167-179.

[88]   Munoz-Erickson T.A. Lugo A.E. Quintero B. Emerging synthesis themes from the study of social-ecological systems of a tropical city [J]. Ecology and Society, 2014, 19: 20-30.

[89]   Napier F. Jefferies C. Heal K.V. et al. Evidence of traffic-related pollutant control in soil-based sustainable urban drainage systems (SUDS) [J]. Water Sci Technol, 2009, 60: 221-230.

[90]   Niu Z. Zhang H. Wang X. et al. Mapping wetland changes in China between 1978 and 2008 [J]. Chinese Science Bulletin, 2012, 57(22): 2813-2823.

[91]   Opdam P. Steingröver E. Rooij S.v. Ecological networks: A spatial concept for multi-actor planning of sustainable landscapes [J]. Landscape Urban Plan, 2006, 75 (3-4): 322-332.

[92]   Oraei Zare S. Saghafian B. Shamsai A. Multi-objective optimization for combined quality-quantity urban runoff control [J]. Hydrology and Earth System Sciences, 2012, 16(12): 4531-4542.

[93]   Orgeta V. Lo Sterzo E. Orrell M. Assessing mental well-being in family carers of people with dementia using the Warwick-Edinburgh Mental Well-Being Scale [J]. Int Psychogeriatr, 2013, 25: 1443-1451.

[94]   Pereira M. Segurado P. Neves N. Using spatial network structure in landscape management and planning: A case study with pond turtles [J]. Landscape Urban Plan, 2011, 100 (1-2): 67-76.

[95]   Perez-Pedini C. Limbrunner J.F. Vogel R.M. Optimal Location of Infiltration-Based Best Management Practices for Storm Water Management [J]. Water Resources Planning and Management, 2005, 131: 441-448.

[96]   Peterseil J. Wrbka T. Plutzar C. etc. Evaluating the ecological sustainability of Austrian agricultural landscapes - the SINUS approach [J]. Land Use Policy, Jul, 2004, 21 (3): 307-320.

[97]   Plieninger T.S. Dijks E.O. Bieling C. Assessing, mapping, and quantifying cultural ecosystem services at community level [J]. Land Use Policy, 2013, 33(14): 118-129.

[98]   Pretty J. Peacock J. Hine R. Sellens M. South N. Griffin M. Green exercise in the UK countryside: effects on health and psychological well-being, and implications for policy and planning [J]. J Environ Plan Manag, 2007, 50: 211-231.

[99]   Ren Y.F. Wang X.K. Ouang Z.Y. et al. Stormwater runoff quality from different surfaces in an urban catchment in Beijing, China [J]. Water Environment Research, 2008, 80: 719-724.

[100]   Rogerson M. Barton J. Effects of the visual exercise environments on cognitive directed attention, energy expenditure and perceived exertion [J]. Int. J. Environ. Res. Public Health, 2015, 12: 7321-7336.

[101]   Sallis J.F. Owen N. Fisher E.B. Ecological models of health behavior. In: Glanz, K. Rimer B. Viswanath K. (Eds.) Health Behavior and Health Education: Theory, Research, and Practice, fourth ed. Jossey-Bass, San Francisco, Calif, 2008, pp. 465-482.

[102]   Salzman J. Arnold C.A. Garcia R. Hirokawa K.H. Jowers K. Lejava J. Peloso M. Olander L.P. The Most Important Current Research Questions in Urban Ecosystem Services [J]. Duke Environmental Law & Policy Forum, 2014.

[103]   Sanon S. Hein T. Douven W. Winkler P. Quantifying ecosystem service trade-offs: the case of an urban floodplain in Vienna, Austria [J]. Journal of Environmental Management, 2012, 111(111): 159-172.

[104]   Scalenghe R. Franco A.M. The anthropogenic sealing of soils in urban areas [J]. Landscape & Urban Planning, 2009, 90: 1-10.

[105]   Scholz M. Grabowiecki P. Review of permeable pavement systems [J]. Building and Environment, 2007, 42(11): 3830-3836.

[106]   Soulis K.X. Valiantzas J.D. Identification of the SCS-CN Parameter Spatial Distribution Using Rainfall-Runoff Data in Heterogeneous Watersheds [J]. Water Resources Management, 2012, 27(6): 1737-1749.

[107]   Soulis K.X. Valiantzas J.D. SCS-CN parameter determination using rainfall-runoff data in heterogeneous watersheds. The two-CN system approach [J]. Hydrology and Earth System Sciences Discussions, 2011, 8(5): 8963-9004.

[108]   Steiner F. Blair J. McSherry L. etc. A watershed at a watershed: the potential for environmentally sensitive area protection in the upper San Pedro Drainage Basin (Mexico and USA) [J]. Landscape Urban Plan, Jul 20, 2000, 49 (3-4): 129-148.

[109]   Syrbe R.U. Ulrich W. Spatial indicators for the assessment of ecosystem services: Providing, benefiting and connecting areas and landscape metrics [J]. Ecological Indicators, 2012, 21(3): 80-88.

[110]   Tao Y. Effects of land use and cover change on terrestrial carbon stocks in urbanized areas: a study from Changzhou, China [J]. Journal of Cleaner Production, 2014, 103(1): 651-657.

[111]   Tao Y. Variation in ecosystem services across an urbanization gradient: A study of terrestrial carbon stocks from Changzhou, China [J]. Ecological Modelling, 2015, 318(1): 210-216.

[112]   Teng M. Wu C. Zhou Z. etc. Multipurpose greenway planning for changing cities: A framework integrating priorities and a least-cost path model [J]. Landscape Urban Plan, Oct 30, 2011, 103 (1): 1-14.

[113]   Tsihrintzisi V.A. Rizwan H. Modeling and Management of Urban Stormwater Runoff Quality: A Review [J]. Water Resources Management, 1997, 11: 137-164.

[114] Tsilini V. Papantoniou S. Kolokotsa D.-D. et al. Urban gardens as a solution to energy poverty and urban heat island [J]. Sustainable Cities and Society, 2015, 14: 323-333.

[115] Tzoulas K. Promoting ecosystem and human health in urban areas using Green Infrastructure: A literature review [J]. Landscape & Urban Planning, 2007, 81(3): 167-178.

[116] Ulrich R.S. Simons R.F. Losito B.D. Fiorito E. Miles M.A. Michael Z. Stress recovery during exposure to natural and urban environments [J]. Environ. Psychol, 1989, 11 (3): 201-230.

[117] United Nations. Department of Economic and Social Affairs. Population Division. New York, 2012.

[118] Uy P. D. Nakagoshi N. Application of land suitability analysis and landscape ecology to urban greenspace planning in Hanoi, Vietnam [J]. Urban Forestry & Urban Greening, 2008, 7 (1): 25-40.

[119] Vijayaraghavan K. Joshi U.M. Balasubramanian R. A field study to evaluate runoff quality from green roofs [J]. Water research, 2012, 46(4): 1337-1345.

[120] Wang B. Li T. Buildup characteristics of roof pollutants in the Shanghai urban area, China [J]. Journal of Zhejiang University SCIENCE A, 2009, 10(9): 1374-1382.

[121] Wang H.F. Qureshi S. Qureshi B.A. Qiu J.X. Friedman C.R. Breuste J. Wang, X.K. A multivariate analysis integrating ecological, socioeconomic and physical characteristics to investigate urban forest cover and plant diversity in Beijing, China [J]. Ecological Indicators, 2016, 60: 921-929.

[122] Wang S. The study on statistical index system and statistical method of green waste in Beijing [D]. Beijing: Beijing Forestry University, 2015.

[123] Wang S. He Q. Ai H. et al. Pollutant concentrations and pollution loads in stormwater runoff from different land uses in Chongqing [J]. Journal of Environmental Sciences, 2013, 25(3): 502-510.

[124] Weber T. Sloan A. Wolf J. Maryland's Green Infrastructure Assessment: Development of a comprehensive approach to land conservation [J]. Landscape Urban Plan, Jun, 2006, 77 (1-2): 94-110.

[125] Weber T. Wolf J. Maryland's Green Infrastructure - Using landscape assessment tools to identify a regional conservation strategy [J]. Environmental Monitoring and Assessment, Jul, 2000, 63 (1): 265-277.

[126] Yang J. Joe M. Zhou J. Sun Z. The urban forest in Beijing and its role in air pollution reduction [J]. Urban Forestry & Urban Greening, 2005, 3: 65-78.

[127] Yin K. Zhao Q. J. Li X. Q. etc. A New Carbon and Oxygen Balance Model Based on Ecological Service of Urban Vegetation [J]. Chinese Geographical Science, Apr, 2010, 20 (2): 144-151.

[128] Yu K. Ecological Security Patterns in Landscapes and GIS Application [J]. Geographic Information Sciences, , 1995, 1 (2): 88-102.

[129] Yu K. Security patterns and surface model in landscape ecological planning [J]. Landscape Urban Plan, 1996, 36 (1): 1-17.

[130] Zhang G. Multiobjective Optimization of Low Impact Development Scenarios in an Urbanizing Watershed [J]. Proceedings of the AWRA Annual Conference, Baltimore, USA, 2006: 1-7.

[131] Zhang J. J. Fu M. C. Tao J. etc. Response of ecological storage and conservation to land use transformation: A case study of a mining town in China [J]. Ecological Modelling, May, 2010, 221 (10): 1427-1439.

[132] Zhang L. Liu Q. Hall N. W. etc. An environmental accounting framework applied to green space ecosystem planning for small towns in China as a case study [J]. Ecological Economics, 2006, 60 (3).

[133] Zhen X. Yu S. Lin J. Optimal location and sizing of stormwater basins at watershed scale [J]. Journal of Water Resources Planning and Management, 2004, 130: 339-347.

[134] Zheng W. Shi H. Chen S. et al. Benefit and cost analysis of mariculture based on ecosystem services [J]. Ecological Economics, 2009, 68(6): 1626-1632.

[135] 白光润. 论生态文化与生态文明 [J]. 人文地理, 2003, 18（2）: 75-78, 6.

[136] 白杨, 黄宇驰, 王敏, 黄沈发, 沙晨燕, 阮俊杰. 我国生态文明建设及其评估体系研究进展 [J]. 生态学报, 2011, 31（20）: 6295-6304.

[137] 白杨, 黄宇驰, 王敏, 黄沈发, 沙晨燕, 阮俊杰. 我国生态文明建设及其评估体系研究进展 [J]. 生态学报, 2011, 31（20）: 6295-6304.

[138] 蔡海生, 张学玲, 黄宏胜. "湖泊-流域" 土地生态管理的理念与方法探讨 [J]. 自然资源学报, 2010, 25（06）: 1049-1058.

[139] 陈利顶, 傅伯杰. 景观连接度的生态学意义及其应用 [J]. 生态学杂志, 1996（04）: 37-42+73.

[140] 陈莉, 李佩武, 李贵才, 苏笛, 袁雪竹. 应用CITYGREEN模型评估深圳市绿地净化空气与固碳释氧效益 [J]. 生态学报, 2009, 29（01）: 272-282.

[141] 丛建辉, 刘学敏, 赵雪如. 城市碳排放核算的边界界定及其测度方法 [J]. 中国人口·资源与环境, 2014, 24（04）: 19-26.

[142] 崔柳. 法国巴黎城市公园发展历程研究 [D]. 北京林业大学, 2006.

[143] 杜士强, 于德永. 城市生态基础设施及其构建原则 [J]. 生态学杂志, 2010, 29（08）: 1646-1654.

[144] 董战峰, 李红祥, 葛察忠, 王金南. 生态文明体制改革宏观思路及框架分析 [J]. 环境保护, 2015, 43（19）: 15-20.

[145] 房艳. 新时期城市总体规划编制技术路线的探讨 [J]. 城市规划, 2005（07）: 14-16.

[146] 高吉喜. 新世纪生态环境管理的理论与方法 [J]. 环境保护, 2002（07）: 9-14.

[147] 高洁. 不同尺度湿地基础设施复合生态管理方法研究 [D]. 北京: 中国科学院大学, 2006.

[148] 高欣. 北京城市公园体系研究及发展策略探讨 [D].

北京林业大学，2006.

[149] 龚艳冰，张继国，梁雪春. 基于全排列多边形综合
图示法的水质评价 [J]. 中国人口·资源与环境，
2011，21（09）：26-31.

[150] 谷树忠，胡咏君，周洪. 生态文明建设的科学内涵与
基本路径 [J]. 资源科学，2013，35（01）：2-13.

[151] 顾康康. 生态承载力的概念及其研究方法 [J]. 生态
环境学报，2012，21（02）：389-396.

[152] 管东生. 香港草地、芒萁、灌木群落植物养分浓度和
养分利用效率 [J]. 中山大学学报：自然科学版，
1998，37（S2）：167-171.

[153] 郭婷. 基于生态足迹和土地承载力的唐山生态城初探
[D]. 北京林业大学，2011.

[154] 韩文权，常禹，胡远满，李秀珍，布仁仓. 景观格
局优化研究进展 [J]. 生态学杂志，2005（12）：
1487-1492.

[155] 郝吉明，李欢欢，沈海滨. 中国大气污染防治进程与
展望 [J]. 世界环境，2014（01）：58-61.

[156] 郝蕊芳，于德永，刘宇鹏，孙云. DMSP/OLS灯光数据
在城市化监测中的应用 [J]. 北京师范大学学报（自
然科学版），2014，50（04）：407-413.

[157] 何强为，苏则民，周岚. 关于我国城市规划编制体
系的思考与建议 [J]. 城市规划学刊，2005（04）：
28-34.

[158] 贺兴. 浅谈公园管理模式 [J]. 现代园艺，2012
（11）：74-75.

[159] 侯鹏，蒋卫国，曹广真. 城市湿地热环境调节功能的
定量研究 [J]. 北京林业大学学报，2010，32（03）：
191-196.

[160] 胡洁，吴宜夏，吕璐珊，李毅，何伟嘉，周志华.
奥林匹克森林公园规划设计 [J]. 建筑创作，2008
（07）：62-71.

[161] 胡隽. 大城市综合公园使用状况评价研究 [D]. 湖南
大学，2006.

[162] 黄从红，杨军，张文娟. 生态系统服务功能评估模
型研究进展 [J]. 生态学杂志，2013，32（12）：
3360-3367.

[163] 黄伟立. 深圳市公园管理模式研究 [D]. 福建农林大
学，2013.

[164] 江俊浩，邱建. 国外城市公园建设及其启示 [J]. 四
川建筑科学研究，2009，35（02）：266-269.

[165] 金经元. 再谈霍华德的明日的田园城市 [J]. 国外城
市规划，1996（04）：31-36.

[166] 康洁. 社会融资参与城市公园建养的模式研究 [D].
河北农业大学，2014.

[167] 孔繁花，尹海伟. 济南城市绿地生态网络构建 [J].
生态学报，2008（04）：1711-1719.

[168] 匡耀求，欧阳婷萍，邹毅，刘宇，李超，王德辉. 广
东省碳源碳汇现状评估及增加碳汇潜力分析 [J]. 中
国人口·资源与环境，2010，20（12）：156-158.

[169] 雷晨. 苏黎世铁道绿地生态补偿策略及启示 [J]. 科
学之友，2012（05）：156-158.

[170] 李爱民. 基于遥感影像的城市建成区扩张与用地规模
研究 [D]. 解放军信息工程大学，2009.

[171] 李锋，刘旭升，胡聃，王如松. 城市可持续发展评价

方法及其应用 [J]. 生态学报，2007（11）：4793-
4802.

[172] 李锋，王如松，赵丹. 基于生态系统服务的城市生
态基础设施：现状、问题与展望 [J]. 生态学报，
2014，34（01）：190-200.

[173] 李双成，赵志强，王仰麟. 中国城市化过程及其资源
与生态环境效应机制 [J]. 地理科学进展，2009，28
（01）：63-70.

[174] 李团胜，石铁矛. 试论城市景观生态规划 [J]. 生态
学杂志，1998（05）：64-68.

[175] 李文华. 生态系统服务功能价值评估的理论、方法与
应用 [M]. 北京：中国人民大学出版社. 2008.

[176] 李月臣，刘春霞，闵婕，王才军，张虹，汪洋. 三峡
库区生态系统服务功能重要性评价 [J]. 生态学报，
2013，33（01）：168-178.

[177] 梁颢严，肖荣波，廖远涛. 基于服务能力的公园绿
地空间分布合理性评价 [J]. 中国园林，2010，26
（09）：15-19.

[178] 梁增武. 增城市生态旅游的开发与保护 [J]. 科技
风，2012（04）：172.

[179] 刘滨谊. 以生态和景观资源保护为导向的城市化 [J].
中国勘察设计，2007（03）：69.

[180] 刘海龙，李迪华，韩西丽. 生态基础设施概念及其研
究进展综述 [J]. 城市规划，2005（09）：70-75.

[181] 刘昕，谷雨，邓红兵. 江西省生态用地保护重要性评价
研究 [J]. 中国环境科学，2010，30（05）：716-720.

[182] 隆容君，朱一中，曹裕. 增城市生态城市建设的探
讨研究 [J]. 环境科学与管理，2014，39（03）：
34-38.

[183] 马世骏，王如松. 社会-经济-自然复合生态系统 [J].
生态学报，1984（01）：1-9.

[184] 毛小岗，宋金平，杨鸿雁，赵倩. 2000-2010年北京
城市公园空间格局变化 [J]. 地理科学进展，2012，
31（10）：1295-1306.

[185] 聂法良. 不同管理定义的分析与启示 [J]. 青岛科技
大学学报（社会科学版），2013，29（02）：74-76.

[186] 欧阳志云，李小马，徐卫华，李煜珊，郑华，王效科. 北
京市生态用地规划与管理对策 [J]. 生态学报，2015，
35（11）：3778-3787.

[187] 欧阳志云，王如松，赵景柱. 生态系统服务功能及其
生态经济价值评价 [J]. 应用生态学报，1999（05）：
635-640.

[188] 潘岳. 论社会主义生态文明 [N]. 中国经济时报，
2006-09-26（005）.

[189] 彭冲. E·沙里宁的"有机疏散"理论及对广州的启
示 [J]. 建筑与环境，2011，3：41-43.

[190] 彭惜君. 联合国可持续发展指标体系的发展 [J]. 四
川省情，2004，（12）：32-33.

[191] 朴希桐，向立云. 下垫面变化对城市内涝的影响 [J].
中国防汛抗旱，2014，24（06）：38-43.

[192] 秦趣，冯维波，代稳，杨洪. 我国城市生态基础设施
研究进展与展望 [J]. 重庆师范大学学报（自然科学
版），2014，31（05）：138-149.

[193] 邱彭华，徐颂军，谢跟踪，唐本安，毕华，余龙师.
基于景观格局和生态敏感性的海南西部地区生态脆弱

性分析 [J]. 生态学报, 2007 (04): 1257-1264.

[194] 屈妮. 关于公园管理模式探究 [J]. 科技创新与应用, 2016 (26): 279.

[195] 邵琳. 城市公园系统空间布局评价研究 [D]. 上海: 同济大学, 2006.

[196] 申金山, 宋建民, 关柯. 城市基础设施与社会经济协调发展的定量评价方法与应用 [J]. 城市环境与城市生态, 2000, 13 (5): 10-12.

[197] 申绍杰. 城市热岛问题与城市设计 [J]. 中外建筑, 2003 (05): 20-22.

[198] 沈清基. 论基于生态文明的新型城镇化 [J]. 城市规划学刊, 2013 (01): 29-36.

[199] 宋晴, 靳牡丹, 邹春静. 生态学中的城市绿地生态补偿机制 [C]. 中国环境科学学会, 2007.

[200] 苏泳娴, 张虹鸥, 陈修治, 黄光庆, 叶玉瑶, 吴旗韬, 黄宁生, 匡耀求. 佛山市高明区生态安全格局和建设用地扩展预案 [J]. 生态学报, 2013, 33 (05): 1524-1534.

[201] 苏泳娴, 黄光庆, 陈修治, 陈水森, 李智山. 城市绿地的生态环境效应研究进展 [J]. 生态学报, 2011, 31 (23): 302-315.

[202] 孙伟. 论城市公园免费开放后经营管理模式的创新与可持续发展的重要性 [J]. 福建建筑, 2011 (01): 40-42.

[203] 孙逊. 基于绿地生态网络构建的北京市绿地体系发展战略研究 [D]. 北京林业大学, 2014.

[204] 孙艺杰, 任志远, 赵胜男. 关中盆地生态服务权衡与协同时空差异 [J]. 资源科学, 2016, 38 (11): 2127-2136.

[205] 谭梦, 黄贤金, 钟太洋, 赵荣钦, 顾留其, 徐泽基, 蒋超俊, 黄金碧. 土地整理对农田土壤碳含量的影响 [J]. 农业工程学报, 2011, 27 (8): 324-329.

[206] 陶晓丽. 基于GIS的城市公园类型、功能、格局与演进研究 [D]. 西北师范大学, 2014.

[207] 佟华, 刘辉志, 李延明, 桑建国, 胡非. 北京夏季城市热岛现状及楔形绿地规划对缓解城市热岛的作用 [J]. 应用气象学报, 2005 (03): 357-366.

[208] 佟金萍, 王慧敏. 流域水资源适应性管理研究 [J]. 软科学, 2006 (02): 59-61.

[209] 汪洋, 赵万民, 杨华. 基于多源空间数据挖掘的区域生态基础设施识别模式研究 [J]. 中国人口·资源与环境, 2007 (06): 72-76.

[210] 王彬, 钟雪, 窦亮, 冉江洪. MaxEnt模型在生物多样性保护中的应用 [C]. 第二届中国西部动物学学术研讨会, 2013.

[211] 王铎, 王诗鸿. "山水城市"的理论概念 [J]. 华中建筑, 2000 (04): 32-33.

[212] 王海珍. 城市生态网络研究 [D]. 华东师范大学, 2005.

[213] 王浩, 汪辉, 李崇富, 张文. 城市绿地景观体系规划初探 [J]. 南京林业大学学报 (人文社会科学版), 2003 (02): 69-73.

[214] 王晖, 陈丽, 陈垦, 薛漫清, 梁庆. 多指标综合评价方法及权重系数的选择 [J]. 广东药学院学报, 2007 (05): 583-589.

[215] 王敏. 基于最小覆盖集模型的天目山自然保护区选址研究 [D]. 华东师范大学, 2015.

[216] 王宁, 黄友谊, 陈伟伟. 构建城市水系生态安全格局初探——以厦门市后溪为例 [A]. 中国城市规划学会. 城市时代, 协同规划——2013中国城市规划年会论文集 (05-工程防灾规划) [C]. 中国城市规划学会: 中国城市规划学会, 2013: 12.

[217] 王如松, 迟计, 欧阳志云. 中小城镇可持续发展的生态整合方法: 中小城镇可持续发展先进适用技术指南. 理论方法卷 [M]. 北京: 气象出版社, 2001.

[218] 王如松, 李锋, 韩宝龙, 黄和平, 尹科. 城市复合生态及生态空间管理 [J]. 生态学报, 2014, 34 (01): 1-11.

[219] 王如松, 李锋. 论城市生态管理 [J]. 中国城市林业, 2006 (02): 8-13.

[220] 王如松, 胡聃, 李锋, 刘晶茹, 叶亚平. 区域城市发展的复合生态管理 [M]. 北京: 气象出版社, 2010.

[221] 王如松. 城市复合生态与生态基础设施 [J]. 现代物业 (上旬刊), 2012, 11 (10): 19-21.

[222] 王如松. 从物质文明到生态文明——人类社会可持续发展的生态学 [J]. 世界科技研究与发展, 1998 (02): 87-98.

[223] 王如松. 生态安全·生态经济·生态城市 [J]. 学术月刊, 2007 (07): 5-11.

[224] 王如松. 系统化、自然化、经济化、人性化 (一): 21世纪我国城市建设的生态转型 [A]. 中国生态学会城市生态专业委员会 (UrbanEcologyCommission, ESC). 珠海-澳门生态城市建设学术讨论会论文选集 [C]. 中国生态学会城市生态专业委员会 (Urban Ecology Commission, ESC): 中国生态学学会, 2000: 2.

[225] 王如松, 刘晶茹. 城市生态与生态人居建设 [J]. 现代城市研究, 2010, 25 (03): 28-31.

[226] 王森. 基于生态环境与社会经济的生态经济区划研究 [D]. 太原理工大学, 2010.

[227] 王文杰, 潘英姿, 王明翠, 罗海江, 张峰, 申文明, 刘晓曼. 区域生态系统适应性管理概念、理论框架及其应用研究 [J]. 中国环境监测, 2007 (02): 1-8.

[228] 王小钢. 我国饮用水水源保护区制度浅析 [J]. 水资源保护, 2004 (05): 46-48+54.

[229] 魏艳, 赵慧恩. 我国屋顶绿化建设的发展研究——以德国、北京为例对比分析 [J]. 林业科学, 2007 (04): 95-101.

[230] 文贡坚, 李德仁, 叶芬. 从卫星遥感全色图像中自动提取城市目标 [J]. 武汉大学学报 (信息科学版), 2003 (02): 212-218.

[231] 吴昌广, 周志翔, 王鹏程, 肖文发, 滕明君, 彭丽. 基于最小费用模型的景观连接度评价 [J]. 应用生态学报, 2009, 20 (08): 2042-2048.

[232] 吴恒志. 城市生态基础设施规划的探索——以台州市为例 [J]. 浙江建筑, 2004, 21 (z1): 17-18, 24.

[233] 吴琼, 王如松, 李宏卿, 徐晓波. 生态城市指标体系与评价方法 [J]. 生态学报, 2005 (08): 2090-2095.

[234] 吴晓敏. 国外绿色基础设施理论及其应用案例 [A]. 中国风景园林学会. 中国风景园林学会2011年会论文

集（下册）[C]. 中国风景园林学会：中国风景园林学会，2011：5.

[235] 吴晓敏. 英国绿色基础设施演进对我国城市绿地系统的启示[J]. 华中建筑，2014，32（08）：102-106.

[236] 吴宇静. 快速城市化进程中城郊土地利用变化特征分析——以增城区为例[J]. 价值工程，2014，33（23）：316-317.

[237] 武文婷，任彝，赵衡宇，章怡，包志毅. 城市绿地植物的负面效应及其改善策略[J]. 生态经济，2012（08）：173-176.

[238] 夏宾. 北京市公园绿地的房产增值效应研究[D]. 北京工业大学，2012.

[239] 谢鸿宇，陈贤生，林凯荣，胡安焱，基于碳循环的化石能源及电力生态足迹[J]. 生态学报，2008，28（4）：1729-1735.

[240] 谢欣梅，丁成日. 伦敦绿化带政策实施评价及其对北京的启示和建议[J]. 城市发展研究，2012，19（06）：46-53.

[241] 徐翀崎，李锋，韩宝龙. 城市生态基础设施管理研究进展[J]. 生态学报，2016，36（11）：3146-3155.

[242] 徐东辉，郭建华，高磊. 美国绿道的规划建设策略与管理维护机制[J]. 国际城市规划，2014，29（03）：83-90.

[243] 徐广才，康慕谊，史亚军. 自然资源适应性管理研究综述[J]. 自然资源学报，2013，28（10）：1797-1807.

[244] 杨彪. 景观生态学原理与自然保护区设计[J]. 林业调查规划，2001（02）：51-53.

[245] 杨军. 城市林业规划与管理[M]. 中国林业出版社，2012.

[246] 杨培峰. 我国城市规划的生态实效缺失及对策分析——从"统筹人和自然"看城市规划生态化革新[J]. 城市规划，2010，34（03）：62-66.

[247] 杨锐. 试论世界国家公园运动的发展趋势[J]. 中国园林，2003（07）：10-15.

[248] 杨士弘. 城市绿化树木的降温增湿效应研究[J]. 地理研究，1994（04）：74-80.

[249] 杨跃军，刘羿. 生态系统服务功能研究综述[J]. 中南林业调查规划，2008，27（04）：58-62.

[250] 杨志峰，徐俏，何孟常，毛显强，鱼京善. 城市生态敏感性分析[J]. 中国环境科学，2002（04）：73-77.

[251] 尤建新. 城市定义的发展[J]. 上海管理科学，2006（03）：67-69.

[252] 于翠英，朝克图. 资源型城市生态承载力基本问题探究[J]. 生态经济，2013（06）：160-163.

[253] 于贵瑞. 生态系统管理学的概念框架及其生态学基础[J]. 应用生态学报，2001（05）：787-794.

[254] 余慧，张娅兰，李志琴. 伦敦生态城市建设经验及对我国的启示[J]. 科技创新导报，2010（09）：139-140.

[255] 余猛，吕斌. 低碳经济与城市规划变革[J]. 中国人口·资源与环境，2010，20（07）：20-24.

[256] 俞佳承. 论景观生态学及其规划的重要性[J]. 城市建设理论研究（电子版），2015，5（26）：2087.

[257] 俞可平. 科学发展观与生态文明[J]. 马克思主义与现实，2005（04）：4-5.

[258] 俞孔坚，韩西丽，朱强. 解决城市生态环境问题的生态基础设施途径[J]. 自然资源学报，2007（05）：808-816+855-858.

[259] 俞孔坚，李迪华，刘海龙，程进. 基于生态基础设施的城市空间发展格局——"反规划"之台州案例[J]. 城市规划，2005（09）：76-80+97-98.

[260] 俞孔坚，王思思，李迪华，李春波. 北京市生态安全格局及城市增长预景[J]. 生态学报，2009，29（03）：1189-1204.

[261] 俞孔坚，韩西丽，朱强. 解决城市生态环境问题的生态基础设施途径[J]. 自然资源学报，2007（05）：808-816+855-858.

[262] 俞孔坚. 生物保护的景观生态安全格局[J]. 生态学报，1999（01）：10-17.

[263] 张宏锋，欧阳志云，郑华. 生态系统服务功能的空间尺度特征[J]. 生态学杂志，2007（09）：1432-1437.

[264] 张继娟，魏世强. 我国城市大气污染现状与特点[J]. 四川环境，2006（03）：104-108+112.

[265] 张侃，张建英，陈英旭，朱荫湄. 基于土地利用变化的杭州市绿地生态服务价值CITY green模型评价[J]. 应用生态学报，2006（10）：1918-1922.

[266] 张利华，张京昆，黄宝荣. 城市绿地生态综合评价研究进展[J]. 中国人口·资源与环境，2011，21（05）：140-147.

[267] 张连国. 论复杂性管理范式下的生态协同治理机制[J]. 生态经济，2013（02）：165-170+183.

[268] 张舞燕，刘清臣，孟秀军. 基于SAR相干系数图像的城市边界提取[J]. 测绘与空间地理信息，2014，37（05）：56-59.

[269] 张晓佳. 英国城市绿地系统分层规划评述[J]. 风景园林，2007（03）：74-77.

[270] 张晓鹃. 社区尺度的绿色基础设施的近自然设计方法研究[D]. 华中科技大学，2012.

[271] 张媛明. 英国绿带政策经验总结及南京借鉴研究——英国2011版《国家规划政策框架草案》绿带章节解读[J]. 江苏城市规划，2011，（12）：20-23.

[272] 赵丹，王如松. 城市生态基础设施的整合及管理方法研究[A]. 中国城市规划学会. 城乡治理与规划改革——2014中国城市规划年会论文集（07城市生态规划）[C]. 中国城市规划学会：中国城市规划学会，2014：10.

[273] 赵丹，李锋，王如松. 基于生态绿当量的城市土地利用结构优化——以宁国市为例[J]. 生态学报，2011，31（20）：6242-6250.

[274] 赵丹. 城市地表硬化的复合生态效应及生态化改造方法[J]. 中国人口·资源与环境，2016，26（S1）：213-217.

[275] 赵东汉. 基于POE的公园使用状况评价研究——以中山市岐江公园为例[D]. 北京：北京大学，2007.

[276] 赵泾钧. 北京奥林匹克森林公园南园人工湿地园区使用后评价（POE）[D]. 北京交通大学，2014.

[277] 郑华，李屹峰，欧阳志云，罗跃初. 生态系统服务功

能管理研究进展［J］. 生态学报, 2013, 33（03）: 702-710.

［278］ 郑小康, 李春晖, 黄国和, 杨志峰. 流域城市化对湿地生态系统的影响研究进展［J］. 湿地科学, 2008（01）: 87-96.

［279］ 钟德. 增城市城市规划建设发展研究［D］. 华南理工大学, 2010.

［280］ 周廷刚, 郭达志. 基于GIS的城市绿地景观空间结构研究——以宁波市为例［J］. 生态学报, 2003（05）: 901-907.

［281］ 朱曼嘉. 城市公园管理护养中的难点、重点及建议［J］. 现代园艺, 2016（24）: 182-183.

［282］ 朱强, 俞孔坚, 李迪华. 景观规划中的生态廊道宽度［J］. 生态学报, 2005（09）: 2406-2412.

［283］ 诸大建, 李耀新. 建立上海可持续发展指标体系的研究［J］. 上海环境科学, 1999,（9）: 385-387.